全国医药中等职业教育药学类"十四五"规划教材（第三轮）

供药品制造类及相关专业使用

制药设备概论（第 2 版）

主　编　张　玲

副主编　庞心宇　邬思辉　江丽芸

编　者（以姓氏笔画为序）

江丽芸（江西省医药学校）

邬思辉（广东省食品药品职业技术学校）

孙陈杰（上海市医药学校）

张　帅（淄博市技师学院）

张　玲（山东药品食品职业学院）

张丽红（江苏省常州技师学院）

庞心宇（湖南食品药品职业学院）

董天梅（山东药品食品职业学院）

中国健康传媒集团

中国医药科技出版社

内 容 提 要

本教材为"全国医药中等职业教育药学类'十四五'规划教材（第三轮）"之一。本教材以药品生产过程各岗位所需要的技能和知识为依据，以生产流程为主线，内容涵盖制药设备基础知识、制药通用设备、原料药设备、中药前处理设备、制剂设备，介绍了从原料药生产及中药材前处理到药物制剂加工所使用的典型制药设备的结构、工作原理、设备操作和维护。本教材为书网融合教材，即纸质教材有机融合电子教材、数字配套资源（PPT、微课、视频等）、题库系统、数字化服务（在线教学、在线作业、在线考试），使教学资源更加多样化、立体化。

本教材供全国医药中等职业院校药品制造类及相关专业使用，也可作为制药企业职工培训教材。

图书在版编目（CIP）数据

制药设备概论／张玲主编 . —2 版 . —北京：中国医药科技出版社，2020. 12

全国医药中等职业教育药学类"十四五"规划教材. 第三轮

ISBN 978 – 7 – 5214 – 2176 – 7

I. ①制… II. ①张… III. ①制药工业 – 化工设备 – 中等专业学校 – 教材 IV. ①TQ460. 3

中国版本图书馆 CIP 数据核字（2020）第 235984 号

美术编辑　陈君杞
版式设计　友全图文

出版　**中国健康传媒集团**｜中国医药科技出版社
地址　北京市海淀区文慧园北路甲 22 号
邮编　100082
电话　发行：010 – 62227427　邮购：010 – 62236938
网址　www. cmstp. com
规格　787mm × 1092mm $^1/_{16}$
印张　19 $^1/_2$
字数　464 千字
初版　2011 年 5 月第 1 版
版次　2020 年 12 月第 2 版
印次　2023 年 11 月第 3 次印刷
印刷　三河市万龙印装有限公司
经销　全国各地新华书店
书号　ISBN 978 – 7 – 5214 – 2176 – 7
定价　**58. 00 元**

获取新书信息、投稿、为图书纠错，请扫码联系我们。

出版说明

2011 年，中国医药科技出版社根据教育部《中等职业教育改革创新行动计划（2010—2012 年）》精神，组织编写出版了"全国医药中等职业教育药学类专业规划教材"；2016 年，根据教育部 2014 年颁发的《中等职业学校专业教学标准（试行）》等文件精神，修订出版了第二轮规划教材"全国医药中等职业教育药学类'十三五'规划教材"，受到广大医药卫生类中等职业院校师生的欢迎。为了进一步提升教材质量，紧跟职教改革形势，根据教育部颁发的《国家职业教育改革实施方案》（国发〔2019〕4 号）、《中等职业学校专业教学标准（试行）》（教职成厅函〔2014〕48 号）精神，中国医药科技出版社有限公司经过广泛征求各有关院校及专家的意见，于 2020 年 3 月正式启动了第三轮教材的编写工作。

党的二十大报告指出，要办好人民满意的教育，全面贯彻党的教育方针，落实立德树人根本任务，培养德智体美劳全面发展的社会主义建设者和接班人。教材是教学的载体，高质量教材在传播知识和技能的同时，对于践行社会主义核心价值观，深化爱国主义、集体主义、社会主义教育，着力培养担当民族复兴大任的时代新人发挥巨大作用。在教育部、国家药品监督管理局的领导和指导下，在本套教材建设指导委员会专家的指导和顶层设计下，中国医药科技出版社有限公司组织全国 60 余所院校 300 余名教学经验丰富的专家、教师精心编撰了"全国医药中等职业教育药学类'十四五'规划教材（第三轮）"，该套教材付梓出版。

本套教材共计 42 种，全部配套"医药大学堂"在线学习平台。主要供全国医药卫生中等职业院校药学类专业教学使用，也可供医药卫生行业从业人员继续教育和培训使用。

本套教材定位清晰，特点鲜明，主要体现如下几个方面。

1. 立足教改，适应发展

为了适应职业教育教学改革需要，教材注重以真实生产项目、典型工作任务为载体组织教学单元。遵循职业教育规律和技术技能型人才成长规律，体现中职药学人才培养的特点，着力提高药学类专业学生的实践操作能力。以学生的全面素质培养和产业对人才的要求为教学目标，按职业教育"需求驱动"型课程建构的过程，进行任务分析。坚持理论知识"必需、够用"为度。强调教材的针对性、实用性、条理性和先进性，既注重对学生基本技能的培养，又适当拓展知识面，实现职业教育与终身学习的对接，为学生后续发展奠定必要的基础。

2. 强化技能，对接岗位

教材要体现中等职业教育的属性，使学生掌握一定的技能以适应岗位的需要，具有一定的理论知识基础和可持续发展的能力。理论知识把握有度，既要给学生学习和掌握技能奠定必要的、足够的理论基础，也不要过分强调理论知识的系统性和完整性；注重技能结合理论知识，建设理论－实践一体化教材。

3. 优化模块，易教易学

设计生动、活泼的教学模块，在保持教材主体框架的基础上，通过模块设计增加教材的信息量和可读性、趣味性。例如通过引入实际案例以及岗位情景模拟，使教材内容更贴近岗位，让学生了解实际岗位的知识与技能要求，做到学以致用；"请你想一想"模块，便于师生教学的互动；"你知道吗"模块适当介绍新技术、新设备以及科技发展新趋势、行业职业资格考试与现代职业发展相关知识，为学生后续发展奠定必要的基础。

4. 产教融合，优化团队

现代职业教育倡导职业性、实践性和开放性，职业教育必须校企合作、工学结合、学作融合。专业技能课教材，鼓励吸纳 1～2 位具有丰富实践经验的企业人员参与编写，确保工作岗位上的先进技术和实际应用融入教材内容，更加体现职业教育的职业性、实践性和开放性。

5. 多媒融合，数字增值

为适应现代化教学模式需要，本套教材搭载"医药大学堂"在线学习平台，配套以纸质教材为基础的多样化数字教学资源（如课程 PPT、习题库、微课等），使教材内容更加生动化、形象化、立体化。此外，平台尚有数据分析、教学诊断等功能，可为教学研究与管理提供技术和数据支撑。

编写出版本套高质量教材，得到了全国各相关院校领导与编者的大力支持，在此一并表示衷心感谢。出版发行本套教材，希望得到广大师生的欢迎，并在教学中积极使用和提出宝贵意见，以便修订完善，共同打造精品教材，为促进我国中等职业教育医药类专业教学改革和人才培养作出积极贡献。

数字化教材编委会

主　编　张　玲

副主编　庞心宇　邬思辉　江丽芸

编　者　（以姓氏笔画为序）

江丽芸（江西省医药学校）

邬思辉（广东省食品药品职业技术学校）

孙陈杰（上海市医药学校）

张　帅（淄博市技师学院）

张　玲（山东药品食品职业学院）

张丽红（江苏省常州技师学院）

庞心宇（湖南食品药品职业学院）

董天梅（山东药品食品职业学院）

　　本教材按照全国医药中等职业教育药学类"十四五"规划教材（第三轮）建设方案的要求，结合中等职业教育药学类专业的特点，考虑现阶段中等职业教育学生的理解能力、吸收近年来药学类中等职业教育教学改革的新成果、新进展编写而成。

　　本教材以药品生产过程各岗位所需要的技能和知识为依据，将药品安全生产和生产质量管理规范贯穿于整个教材中，注重知识和技能的融合，在淡化理论教学的同时，紧紧围绕职业能力训练的要求组织教学内容，将岗位知识和岗位能力融为一体。在分析制药设备的教学现状、广泛调研征求业内专家意见的基础上，通过任务引领、项目导向，以生产流程为主线，对接岗位，设计优化了五个教学模块，二十二个项目：模块一为制药设备基础知识，模块二为制药通用设备，模块三为原料药设备，模块四为中药前处理设备，模块五为制剂设备；介绍了从原料药生产及中药材前处理，到药品制剂加工所使用的典型的制药专用、通用设备，理实一体，易教易学。二十二个项目之间既有联系又相对独立，可根据专业教学需要灵活选用。每个项目均设立了"知识要求""岗位情景模拟""你知道吗""请你想一想""目标检测"等内容，增强教材的实用性、知识性和趣味性，便于学生自主学习和教师选用。

　　本教材由张玲统稿，编写人员分工如下：张玲（项目一、六、七、八）；董天梅（项目二）；庞心宇（项目三、九、二十二）；张丽红（项目四、五）；孙陈杰（项目十、十一）；张帅（项目十二、十三、十四）；江丽芸（项目十五、十六、十七）；邬思辉（项目十八、十九、二十、二十一）。

　　本书在编写过程中得到了各位编者所在单位的大力支持，在此深表感谢。由于受编者水平所限，不足之处在所难免，恳请广大读者批评指正。

编　者
2020 年 10 月

目录

1. 掌握制药设备的 GMP 要求和安全操作常识；动火作业和罐内作业的安全知识。

2. 熟悉制药设备的发展趋势。

1. 掌握常用机械传动和运动机构的类型。

2. 熟悉各类常用机械传动和运动机构的特点。

1. 掌握离心泵、往复压缩机、罗茨鼓风机和真空泵的结构、工作原理。

2. 熟悉离心泵的性能参数和往复压缩机的生产能力。

1. 掌握多效蒸馏水机的结构、原理和用途。

2. 熟悉离子交换器、反渗透器的结构、原理和用途。

1. 掌握空气洁净度级别；HVAC 系统各功能段的功能；空气过滤器的分类和作用。

2. 熟悉风淋室和超净工作台的结构和原理。

1. 掌握原料药设备的类型、结构、功能和原理。

2. 熟悉化学单元反应和单元操作的概念与类型。

1. 掌握反应设备的类型；反应釜、发酵罐的结构、性能。
2. 熟悉反应釜搅拌装置、轴封装置的类型；发酵罐消泡装置的类型；发酵罐操作方式的类型。

1. 掌握膜式蒸发器的类型、结构、特点和工作原理；结晶设备的类型、结构与特点。
2. 熟悉膜式蒸发器的辅助设备；蒸发设备的类型。

1. 掌握离心机、旋风分离器和空气过滤器的结构、原理。
2. 熟悉旋风分离器的分离性能指标及空气过滤器的性能参数。

1. 掌握沸腾干燥器的结构、工作过程。
2. 熟悉厢式干燥器和喷雾干燥器的主要构成和工作过程；干燥的方式。

1. 掌握药用粉碎设备的类型；万能粉碎机的结构、工作过程。
2. 熟悉气流式粉碎机和研磨机的的工作过程；粉碎的方式。

1. 掌握蒸馏的分类及原理；板式塔、填料塔的结构及原理。
2. 熟悉板式塔的类型；填料的种类以及相关附件。

模块四　中药前处理设备

1. 掌握洗药机、润药机、切药机和炒药机的结构及原理。
2. 熟悉洗药机、润药机、切药机和炒药机等的种类。

1. 掌握多功能提取罐和渗滤筒的结构、原理。

2. 熟悉多功能提取罐的分类。

1. 掌握混合机、高速搅拌制粒机、沸腾制粒机的结构、工作原理及使用。

2. 熟悉颗粒剂的一般生产工艺过程；颗粒剂生产过程使用的设备。

1. 掌握半自动胶囊充填机、全自动胶囊充填机、滴制式软胶囊机、滚模式软胶囊机的结构、工作原理及使用。

2. 熟悉胶囊剂的一般生产工艺过程；胶囊剂生产过程使用的设备。

1. 掌握旋转式压片机、高速压片机、普通包衣锅、高效包衣机的结构、工作原理及使用。

2. 熟悉片剂的一般生产工艺过程；片剂生产过程使用的设备。

1. 掌握全自动中药制丸机和全自动滴丸机的基本结构、原理及正确使用。

2. 熟悉制丸设备的类型；塑制法和泛丸法的生产工艺流程。

- 1. 掌握安瓿超声波洗瓶机、安瓿灌封机、安瓿洗烘灌封联动机和安瓿印字机的基本原理、结构及正确使用。
- 2. 熟悉水针剂的生产工艺过程及主要设备。

- 1. 掌握螺杆式分装机、气流分装机和西林瓶轧盖机的基本原理、结构及正确使用。
- 2. 熟悉无菌分装粉针剂的生产工艺过程及主要设备。

1. 掌握玻璃瓶输液剂灌封机和软袋输液剂联动生产线设备的基本原理、结构及正确使用。

2. 熟悉玻璃瓶输液剂灌封机和软袋输液剂的生产工艺过程及主要设备。

1. 掌握制袋包装机、泡罩包装机、数粒装瓶机的结构、原理。

2. 熟悉瓶装生产线其他设备的结构、原理和性能。

1
模块一

制药设备基础知识

PPT

▶▶ 项目一 职业认知

学习目标

知识要求

1. **掌握** 制药设备的 GMP 要求和安全操作常识；动火作业和罐内作业的安全知识。
2. **熟悉** 制药设备的发展趋势。
3. **了解** 制药设备的类型。

能力要求

1. 学会按 GMP 的要求使用制药设备。
2. 学会安全使用制药设备，会判断动火和罐内作业是否安全。

任务一 药厂机械设备认知 微课

岗位情景模拟

情景描述 ××制药机械厂在网页上宣传：本厂集科研、开发、生产、销售、服务为一体，是以生产制造制药机械、实验室设备为主的高科技新技术企业，主营中药制丸机、胶囊填充机、中草药粉碎机、药物混合机、中药烘干机、提取浓缩设备等。我厂科研力量雄厚、设备精良、测试仪器专业。"质量至上，诚信为本"是我们的宗旨。

讨论 1. 该厂家生产的设备属于制药机械中的哪种类型？

2. 只买这个厂家的设备，能做出合格的药品吗？

3. 要想生产合格药品，还需要购买什么设备？

医药工业是国民经济的重要组成部分，我国医药工业多年的快速增长带动了制药机械行业的飞速发展，我国现已成为制药装备生产大国，拥有自主知识产权，有较强研发能力，而高水平的制药机械又反过来为医药工业的发展提供了极大的助力。

药品生产企业为生产药品所采用的各种机器设备统称为制药机械，包括专用设备和通用设备。制药设备是制药生产的关键因素之一，制药设备的先进性影响着药品的质量。制药机械按 GB/T 15692-2008 分为 8 大类。

1. 原料药机械及设备 实现生物、化学物质转化，利用动物、植物、矿物制取医药原料的工艺设备及机械。包括反应设备、过滤设备、分离设备、提取设备、蒸发器、回收设备、换热器、干燥设备、筛分设备等。

2. 制剂设备 将药物制成各种剂型的设备。包括片剂设备、水针剂设备、粉针剂设备、输液剂设备、硬胶囊剂设备、软胶囊剂设备、丸剂设备、软膏剂设备、栓剂设备、口服液剂设备、滴眼剂设备等。

3. 药用粉碎设备 用于药物粉碎（含研磨）并符合药品生产要求的设备。包括万能粉碎机、锤击式粉碎机、气流粉碎机、球磨机等。

4. 饮片设备 对天然药用动物、植物、矿物进行选、洗、润、切、烘、炒、锻等方法制取中药饮片的设备。包括选药机、洗药机、切药机、润药机、炒药机、烘干机等。

5. 制药用水设备 采用各种方法制取制药用水的设备。包括多效蒸馏水机、热压式蒸馏水机、电渗析设备、反渗透设备、离子交换设备、纯蒸汽发生器等。

6. 药品包装设备 完成药品包装过程以及与包装过程相关的设备。包括小袋包装机、泡罩包装机、瓶装机、印字机、贴标签机、装盒机、捆扎机、拉管机、安瓿制造机、制瓶机、吹瓶机等。

7. 药用检测设备 检测各种药物成品或半成品质量的仪器与设备。包括多种测定仪、崩解仪、溶出试验仪、分光光度计、高效液相色谱仪、气相色谱仪等。

8. 其他制药机械及设备 执行非主要制药工序的有关机械与设备。包括空调净化设备、局部层流罩、送料传输装置、提升加料设备、冲头、冲模等。

要制造出临床使用的药物制剂，需要经过药物活性成分（以下简称API）制备和制剂加工两个过程，这两大过程需要用到不同种类的设备。本教材在介绍制药机械基础知识的基础上，结合药品加工的过程，分"制药通用设备""原料药设备""中药前处理设备""药物制剂设备"四个模块介绍各类制药设备，主要介绍典型制药设备的结构、原理、使用、故障排除及维护等。

你知道吗

API、药物制剂和原料药的关系

药物活性成分简称API（Active Pharmaceutical Ingredient），指用于生产各类制剂的原料药物，是制剂中的有效成分，包括由化学合成、植物提取或者生物技术所制备的各种用来作为药用的粉末、结晶、浸膏等，但患者无法直接服用。原料药物只有加工成制剂，才能成为可供临床应用的药品。

药物制剂是指为适应治疗或预防的需要，按照一定的剂型要求所制成的，可以最终提供给临床使用的药品。常用的有片剂、丸剂、胶囊剂、注射剂、颗粒剂、浸膏剂、软膏剂等。

原料药的称呼主要是相对于制剂来说的，通常指以化学合成或半合成手段获得的原料药物，是加工制剂的原料，其概念和API相近。

任务二　GMP 与制药机械

岗位情景模拟

情景描述　××省在 2018 年的 GMP 检查发现的部分设备相关缺陷项。

1. 纯化水分配系统用于在线监测的 PLC 未实行权限管理，岗位操作人员可自行删除历史报警数据。

2. 破碎间、煅药间直排较小，排尘效果较差；普通饮片生产车间蒸煮间通风除湿效果不佳；滴眼剂二车间配制间配液罐加料口上方有一直排口，对配制的溶液存在污染的风险。

3. 洗衣间、器具存放间地漏不能防鼠，下水处无 U 型水封；部分压差表安装不正确，如总混间。

4. 软胶囊剂生产车间内包间铝塑包装机部分零部件锈蚀。

5. 净化车间部分压力压差表损坏，如粉碎间。

6. 粉碎间回风口未及时清洗，切药间切药机清场不彻底。

7. 车间炒药锅停用，无停用标识。化工车间制葡醛内酯粗品的氧化釜、结晶釜等均无设备编号和状态标识。

8. 部分设备设施未校验，如中转间电子台秤无校验标识。

讨论　1. 以上查出的问题会对药品质量造成什么影响？

　　　　2. GMP 对设备有什么要求？

　　　　3. 为什么会出现这些问题，如何整改才能符合要求？

《药品生产质量管理规范》（GMP）是国际通用的药品生产质量管理标准。GMP 是在药品生产全过程中，用以确保药品的生产保持一致性，符合质量标准而进行的生产和质量控制；是药品生产和质量管理的一整套系统、科学的管理制度。GMP 对药厂有关人员、厂房、设备、物料与产品、确认与验证、文件管理、生产管理、质量控制与质量保证等诸多方面都做出了严格控制的规定，实行全过程质量管理。为了使药品生产符合 GMP 的要求，现在的制药设备逐步向密闭、高效、多功能、连续化、自动化、智能化方向发展，防止生产过程对药物可能造成的污染。产品质量与设备的选型、管理与 GMP 的实施也是密不可分的。GMP 对制药设备的要求如下。

（1）设备的设计、选型、安装、改造和维护必须符合预定用途，应当尽可能降低产生污染、交叉污染、混淆和差错的风险，便于操作、清洁、维护，以及必要时进行的消毒或灭菌。

（2）生产设备不得对药品质量产生任何不利影响。与药品直接接触的生产设备表面应当平整、光洁、易清洗或消毒、耐腐蚀，不得与药品发生化学反应、吸附药品或向药品中释放物质。

（3）设备的维护和维修不得影响产品质量。

（4）生产设备清洁的操作规程应当规定具体而完整的清洁方法、清洁用设备或工具、清洁剂的名称和配制方法、去除前一批次标识的方法、保护已清洁设备在使用前免受污染的方法、已清洁设备最长的保存时限、使用前检查设备清洁状况的方法。如需拆装设备，还应当规定设备拆装的顺序和方法；如需对设备消毒或灭菌，还应当规定消毒或灭菌的具体方法、消毒剂的名称和配制方法。

（5）生产设备应当有明显的状态标识，主要固定管道应当标明内容物名称和流向。

（6）应当按照操作规程和校准计划定期对生产和检验用衡器、量具、仪表、记录和控制设备以及仪器进行校准和检查，应当确保生产和检验使用的关键衡器、量具、仪表、记录和控制设备以及仪器经过校准，应当使用计量标准器具进行校准，且所用计量标准器具应当符合国家有关规定。

（7）纯化水、注射用水储罐和输送管道所用材料应当无毒、耐腐蚀；储罐的通气口应当安装不脱落纤维的疏水性除菌滤器；管道的设计和安装应当避免死角、盲管。

你知道吗

药品生产企业实施《药品生产质量管理规范》（GMP），推动了制药装备行业发展，并营造了很大的发展空间。制药装备行业产品的技术水平、质量等方面都有显著提高和发展，行业整体水平上了一个新台阶。

📋 任务三　安全生产与制药设备

安全生产是指在保证劳动者的安全和健康、国家和公司财产不受损失的前提下进行的生产。我国的安全生产方针是"安全第一、预防为主"。制药生产的原料和产品很多具有易燃、易爆、毒、腐蚀性，生产方式复杂多样，如高（低）温、高压等，存在诸多不安全因素。因此，在制药生产及制药设备操作中，一定要把安全问题放在首位。

一、制药设备的安全操作知识

在操作制药设备时，必须严格遵守安全操作规程，并掌握以下安全知识。

（1）必须正确穿戴好个人防护用品。该穿戴的必须穿戴，不该穿戴一定不要穿戴。

（2）操作前要对制药设备进行安全检查，如阀门开闭情况、盲板抽加情况、安全消防措施、各种机电设备及电器仪表等，而且要空车运转一下，确认正常后，方可投入运行。

（3）制药设备在运行中也要按规定进行安全检查。如各种指示仪表是否正常，是否有异常的噪音和振动，各紧固件是否松动等；保持环境整洁，防锈防潮，保持各转动部件的润滑良好。

（4）严禁向旋转部位、有相对运动或高温部件等一切有伤害可能的部位伸手。制药设备在运转时严禁用手调整，也不得用手测量零件或进行润滑、清扫杂物等。

（5）制药设备严禁带故障运行。在操作过程中发现设备异常应立即停机处理，不得在运行状态下进行处理，必要时通知维修人员处理。

（6）清理设备和处理故障时，必须停机后处理，必要时切断总电源。对一些特殊设备的清理、润滑等工作必须由一人完成，不得两人同时进行操作。对制药设备上的电气件进行维修清理时，必须断电后处理或制定有效的安全隔离措施，在电源开关处必须悬挂"禁止合闸"警示牌，并对电器采取临时接地保护措施，非专业维修人员严禁进行电器维修作业。

（7）制药设备的安全装置必须按规定正确使用，不准将其拆掉不使用。

（8）制药设备运转时操作者不得离开工作岗位，以防发生问题时无人处置。

（9）工作结束后，应关闭开关，切断电源，按清场 SOP 进行清场。

二、动火作业安全知识

在制药化工企业中，凡是动用明火或可能产生明火的作业都属于动火作业。例如：电焊、气焊、切割、喷灯、电炉、熬炼、烘烤、焚烧等明火作业；铁器工具敲击、铲、刮、凿、敲设备及墙壁或水泥构件，使用砂轮、电钻、风镐等工具，安装皮带传动装置、高压气体喷射等一切能产生火花的作业；采用高温能产生强烈热辐射的作业。动火作业是危险性很大的作业，必须严格贯彻执行安全动火和用火的制度，落实安全动火的措施。

1. 审证 禁火区内动火必须办理"动火证"的申请、审核和批准手续，要明确动火的地点、时间、范围、动火方案、安全措施、现场监护人等。无证或手续不全、动火证过期、安全措施没落实、动火地点或内容更改等情况下，一律不准动火作业。

2. 联系 动火前要和有关生产车间、工段联系好，明确动火的设备、位置。事先由专人负责做好动火设备的置换、中和、清洗、吹扫、隔离等工作，并落实其他安全措施。

3. 隔离 要将动火区和其他区域临时隔开，防止火星飞溅引起事故。

4. 拆迁 凡能拆迁到固定动火区或其他安全地方进行的动火作业，不应在生产现场内进行，尽量减少禁火区的动火作业。

5. 移去可燃物 将动火作业周围的一切可燃物转移到安全场所。

6. 灭火措施 动火期间，动火现场附近要保证有充足的水源；动火现场要备有足够适用的灭火器具。危险性大的重要地段动火作业，消防车和消防人员应到现场，做好充分准备。

7. 检查和监护 动火前，有关部门的负责人要到现场进行检查落实安全措施，并指定现场监护人和动火指挥，交待安全事项。

8. 动火分析 一般不要早于动火前 0.5 小时，如动火中断 0.5 小时以上，应重新进行取样分析。分析试样要保留到动火作业结束，分析结果要做记录，分析人员要在分析报告单上签字。

9. 动火作业　应由经安全考试合格的人员担任。特种作业（如电气焊和切割）要由工种考试合格的人员担任。无合格证者不得独立进行动火作业。动火作业中出现异常时，监护人或动火指挥应果断命令停止作业，并采取措施，待恢复正常，重新分析合格并经原审批部门审批后，才能重新动火。

10. 善后处理　动火作业结束后，应仔细清理现场，熄灭余火，不许遗漏任何火种，切断动火使用的电源。

你知道吗

动火作业六大禁令

①动火证未经批准，禁止动火。②不与生产系统可靠隔绝，禁止动火。③清洗、置换不合格，禁止动火。④不消除周围易燃物，禁止动火。⑤不按时作动火分析，禁止动火。⑥没有消防措施，禁止动火。

三、罐内作业安全知识

罐内作业是指进入塔、釜、槽、罐等容器以及地下室、阴井、下水道或其他密闭场所进行的作业。化工检修中，罐内作业非常频繁。和动火作业一样，罐内作业也是危险性很大的作业。由于设备内部活动空间小，工作场地狭窄，内部通风不畅、照明不良、人员出入困难、联系不便，设备内温、湿度高，更有酸、尘、烟、毒的残留物存在，加之氧气稀薄，稍有疏忽，就可能发生燃烧、爆炸、中毒等意外事故，且受伤人员难以抢救。所以，对罐内作业的安全问题必须予以高度重视。

1. 必须申请办证，并得到批准　凡是因生产需要进行下罐作业（含各种釜、槽、塔、柱等容器内作业），必须经安全专业负责人办理下罐作业许可证，许可证必须由下罐作业人和下罐作业监护人本人签字，并对下罐作业安全措施做全面检查，确认下罐作业准备工作符合下罐作业管理规定后，方准下罐作业。否则，严禁任何人擅自下罐作业。

2. 进行安全隔离　作业的设备必须和其他设备、管道进行可靠隔离，绝不允许其他系统的介质进入到检修的设备内。作业罐的明显位置要挂上"罐内有人作业"字样的牌子。

3. 切断电源　有搅拌等机械装置的设备，作业前应把传动皮带卸下，把启动电机的电源断开，并上锁使在作业中不能启动机械装置，还应在电源开关处挂上"有人检修，禁止合闸"的警示标志。上述措施均要有专人检查、确认。

4. 进行置换通风　下罐作业前必须排空罐内压力，按规定打开罐盖，并关闭所有通向罐体的阀门。下罐作业前，要对罐内进行清理，对盛装过易燃易爆及有毒有害物质的罐体进行罐内作业时，必须用压缩空气进行吹扫置换；置换完毕后，做罐内气体分析，确认无毒无害后，方准下罐作业。作业时应始终向罐内通压缩空气，保证置换、通风合格，防止罐内缺氧。

5. 取样分析　入罐作业前，必须按时间要求（一般30分钟内）进行安全分析，达到安全规定后，才能进行作业。作业中应每间隔一定时间就重新取样分析。

6. 个人防护　入罐作业必须佩戴规定的防护面具，切实做好个人防护。防护面具等务必要做严格检查，确保完好。除防护面具外，根据罐内物质特性，还应采取相应的个人防护，正确使用其他防护用品。为防止落物和滴液，罐内作业应戴安全帽。作业中不得抛掷材料、工具等物品。对于作业时间较长的情况，为减少罐内停留时间，应采取轮换作业。

7. 罐外监护　必须指定专人在外监护，罐内作业一般应指派两人以上进行监护。监护人应了解介质的各种性质；应位于能经常看见罐内作业人员的位置，眼光不得离开作业人员，更不准擅离岗位，发现罐内有异常时，应立即召集急救人员，如果没有代理监护人，在任何情况下，监护人也不能自己进入罐内。抢救人员绝不允许不采取个人防护而冒险入罐救人。

8. 用电安全　罐内作业、照明使用的电动工具，必须使用安全电压，干燥的罐内电压≤36V，潮湿环境电压≤12V，若有可燃物存在，还应符合防爆要求。严禁向罐内通氧气。使用电气焊作业时，焊具必须安全可靠，完整无损。使用气焊割具时，随用随放，用后立即提出罐外，严禁在罐内存放。

9. 急救措施　罐内作业必须有现场急救措施，如安全带、隔离式面具、苏生器等，对于可能接触酸碱的罐内作业，预先应准备好大量的水，以供急救时用。

10. 升降机　罐内作业用升降机具必须安全可靠。

作业结束后，应清理杂物，把所有工具、材料等搬出罐外，不得有遗漏。检修人员和监护人员共同仔细检查，在确认无疑后，由监护人在作业证上签字，然后检修人员才能封闭各入孔。

请你想一想

对盛装过易燃易爆及有毒有害物质的罐体进行罐内作业时，必须用压缩空气通风置换合格后方可下罐。能用氧气进行进行通风置换吗？为什么？

你知道吗

下罐作业8个必须

①必须申请办证，并得到批准；②必须进行安全隔绝；③必须切断动力电，并使用安全灯具；④必须进行置换、通风；⑤必须按时间要求进行安全分析；⑥必须配戴规定的防护用具；⑦必须有人在器外监护，并坚守岗位；⑧必须有抢救后备措施。

实训一 参观 GMP 车间的设备设施

一、实训目的

1. 熟悉 GMP 对制药设备设施的基本要求。包括材质、清洗、消毒、标识、卫生检查、校验、维护检修要求。

2. 了解制药设备设施文件。包括设备有关的标准操作规程、验证文件、设备档案、设备维护检修计划。

二、实训任务

1. 参观 GMP 车间的设备设施。
2. 写出参观 GMP 车间时所见到的设备设施的名称、用途。
3. 记录设备设施标识的内容，分析标识种类。
4. 查询设备设施清洁消毒、卫生检查的方法。
5. 列出设备设施的文件，分析文件类别。

三、实训方式

为培养同学的团队合作精神，不建议自由组合，在本项目理论教学结束后即安排实训任务。全班同学采用抽签软件抽签的方式均匀分成若干组，自行推选出组长。老师带领学生参观 GMP 车间，小组成员集体完成实训任务，写出实训报告。

四、实训要求

实训期间要遵守纪律，按要求更衣更鞋，不得乱碰或者开关设备。认真完成各项实训任务。

实训报告要求包含以下内容：实训目的、实训任务、实训任务完成情况、实训心得体会或感想。

五、实训考核与评价标准

根据学生实训任务完成情况、实训报告书写情况及实训纪律遵守情况，评价实训成果，百分制计分，按绩效考核与激励机制，小组长额外加 10 分，不得超过 100 分。

实训二 制药设备动火的安全检查

一、实训目的

1. 了解动火作业范围。由于制药生产用到的原料和产品很多具有易燃易爆性，而且生产方式复杂多样，经常高温、高压操作，安全动火、用火尤其重要，动用明火或可能产生明火的作业都属于动火作业的范围。通过查找资料，了解动用明火和可能产生明火的作业类型。

2. 熟悉设备动火安全检查的内容。包括能否拆迁动火，动火区域隔离情况，易燃易爆物料转移情况，灭火措施准备，动火现场监护人安排，动火前设备清洗置换吹扫情况，动火分析，动火方案、动火证审查。

二、实训任务

1. 查询动火作业的类型、范围。
2. 进行动火作业的安全检查
3. 记录动火作业的安全检查的内容。
4. 制订灭火措施和动火方案。
5. 进行动火分析。

三、实训方式

为培养同学的团队合作精神，不建议自由组合，在本项目理论教学结束后即安排实训任务。全班同学采用抽签软件抽签的方式均匀分成若干组，自行推选出组长。老师带领学生进行生产现场动火检查，小组成员集体完成实训任务，写出实训报告。

四、实训要求

实训期间要遵守纪律，按要求更衣更鞋，不得乱碰或者开关设备。认真完成各项实训任务。

实训报告要求包含以下内容：实训目的、实训任务、实训任务完成情况、实训心得体会或感想。

五、实训考核与评价标准

根据学生实训任务完成情况、实训报告书写情况及实训纪律遵守情况，评价实训成果，百分制计分，按绩效考核与激励机制，小组长额外加 10 分，不得超过 100 分。

实训三　制药设备罐内作业的安全

一、实训目的

1. 了解罐内作业的危险性和罐内作业的种类。制药设备生产或检修中罐内作业频繁。通过查找资料，了解罐内作业的危险性和罐内作业的种类。

2. 熟悉罐内作业安全检查的内容。包括设备管道的隔离情况，罐内清洗置换通风情况，个人防护用品穿戴情况，罐外监护安排，取样分析，急救措施，安全用电，下罐证审查。

二、实训任务

1. 查询罐内作业的类型和危险性。
2. 进行罐内作业的安全检查。
3. 记录罐内作业的安全检查的内容。
4. 制订急救措施。
5. 取样分析罐内作业安全性。

三、实训方式

为培养同学的团队合作精神，不建议自由组合，在本项目理论教学结束后即安排实训任务。全班同学采用抽签软件抽签的方式均匀分成若干组，自行推选出组长。老师带领学生进行罐内作业现场检查，小组成员集体完成实训任务，写出实训报告。

四、实训要求

实训期间要遵守纪律，按要求更衣更鞋，不得乱碰或者开关设备。认真完成各项实训任务。

实训报告要求包含以下内容：实训目的、实训任务、实训任务完成情况、实训心得体会或感想。

五、实训考核与评价标准

根据学生实训任务完成情况、实训报告书写情况及实训纪律遵守情况，评价实训成果，百分制计分，按绩效考核与激励机制，小组长额外加 10 分，不得超过 100 分。

目标检测

一、单项选择题

1. 以下几组设备中，属于原料药设备的是（　　）
   A. 反应罐、结晶罐、离心机、发酵罐、填料塔
   B. 反应罐、结晶罐、离心机、发酵罐、切药机
   C. 结晶罐、离心机、发酵罐、填料塔、超声波洗瓶机
   D. 反应罐、结晶罐、离心机、填料塔、压片机
2. 以下几组设备中，属于中药饮片设备的是（　　）
   A. 洗药机、润药机、切药机、离心机
   B. 洗药机、润药机、切药机、炒药机

  C. 洗药机、润药机、切药机、发酵罐

  D. 润药机、切药机、发酵罐、超声波洗瓶机

3. 以下几组设备中，属于药剂设备的是（　　　）

  A. 胶囊机、压片机、安瓿灌封机、制丸机

  B. 洗药机、胶囊机、压片机、安瓿灌封机

  C. 压片机、安瓿灌封机、制丸机、发酵罐

  D. 润药机、压片机、安瓿灌封机、超声波洗瓶机

4. 以下设备状况中，符合 GMP 要求的是（　　　）

  A. 电子台秤无校验标识

  B. 电子台秤校验有效期 2019.12.01

  C. 检查日期在电子台秤校验有效期之前

  D. 电子台秤无校验计划

5. 以下设备标识中，符合 GMP 要求的是（　　　）

  A. 车间炒药锅停用，无停用标识

  B. 葡醛内酯粗品氧化釜无设备编号

  C. 葡醛内酯粗品结晶釜无状态标识

  D. 压片机清洗合格后悬挂"已清洁"标志牌

6. 以下设备设计选型安装符合 GMP 要求的是（　　　）

  A. 器具存放间地漏不能防鼠，下水处无 U 型水封

  B. 软胶囊剂生产车间的铝塑包装机部分零部件锈蚀

  C. 配制间的配液罐加料口顶上方有一直排口

  D. 粉碎过筛间的空气由排风机抽走，经滤尘机组捕尘过滤后排放，不进入回风
   系统循环使用

7. 以下不属于制药设备操作前安全检查项目的是（　　　）

  A. 消毒柜内温度是否已升到 121℃

  B. 阀门开关是否正确

  C. 仪表是否灵敏可靠，在校验有效期内

  D. 手动盘车，检查设备有无摩擦卡死

8. 设备发生故障时，错误的做法是（　　　）

  A. 先停机后处理，必要时切断总电源

  B. 维修电气件，在电源开关处必须悬挂"禁止合闸"警示牌

  C. 非专业维修人员进行电器维修作业

  D. 对一些特殊设备的清理、润滑等工作必须由一人完成，不得两人同时进行操作

9. 罐内作业时，以下操作错误的是（　　　）

  A. 经安全专业负责人办理下罐作业许可证后，才能下罐作业

  B. 罐内空气如果氧气稀薄，下罐作业时可以向罐内通氧气

C. 罐内作业的设备必须断开其他设备的管道连接，断水断电断气断料

D. 在盛装过有害物质的罐内作业时，应向罐内通压缩空气，保证通风置换合格方可下罐

10. 关于罐内作业操作，以下说法错误的是（　　　）

A. 没办理下罐作业许可证拒绝下罐

B. 没有罐外监护人拒绝下罐

C. 不向缺氧的罐内通氧气拒绝下罐

D. 没做好断电隔离拒绝下罐

11. 在禁火区动火操作，以下说法错误的是（　　　）

A. 动火证未经批准，禁止动火

B. 不与生产系统可靠隔绝，禁止动火

C. 清洗、置换不合格，禁止动火

D. 消防车和消防人员不到现场，禁止动火

12. 在禁火区动火操作，以下说法错误的是（　　　）

A. 凡能拆迁到固定动火区进行的动火作业，不在禁火区内动火

B. 将周围的一切可燃物转移到安全场所后方可动火

C. 动火作业人员有丰富的动火实操经验，不需要经安全考试合格

D. 动火作业结束后，应仔细清理现场，熄灭余火，不许遗漏任何火种，切断动火使用的电源

二、思考题

1. 按 GB/T 15692－2008，制药机械分为哪 8 大类？

2. 在操作制药设备时，必须掌握哪些操作安全知识？

书网融合……

微课　　　划重点　　　自测题

制药设备常用的机械机构与传动装置

PPT

学习目标

知识要求

1. **掌握** 常用机械传动和运动机构的类型。
2. **熟悉** 各类常用机械传动和运动机构的特点。
3. **了解** 各类常用机械传动和运动机构的应用范围。

能力要求

1. 会按标准操作规程使用操作各类常用机械传动和运动机构。
2. 会对各类常用机械传动和运动机构进行基本维护保养，会判断和排除常见故障。

任务一 常用机械传动

微课

岗位情景模拟

情景描述 制药车间的离心机正常工作半年了，今天要满负荷分离制药中间体。开机后发现电机正常工作，离心转筒转不动了，经维修人员检查发现皮带松了。

讨论 1. 皮带是什么？有什么用途？

2. 皮带松了怎么办？

机械传动指利用机械方式传递动力和运动的传动，在制药设备中应用非常广泛。常用的有带传动、链传动、齿轮传动、蜗杆传动等。

一、带传动

（一）带传动的组成和类型

带传动是一种利用中间挠性件的摩擦传动。它是由主动带轮、从动带轮和张紧在两轮上的环形传动带所组成（图 2-1）。按传动原理不同，带传动分为摩擦型和啮合型两类。

1. 摩擦型带传动

（1）摩擦型带传动的原理 依靠带和带轮之间的摩擦力来传递运动和动力。

传动带套在主动带轮和从动带轮上，对带施加一定的张紧力，带与带轮接触面之间就会产生正压力；主动轮转动时，依靠带和带轮之间的摩擦力来驱动从动轮转动。

（2）传动比（i）　是带传动的一个重要参数。其计算方法如下：$i = n_1 / n_2 = D_2 / D_1$

式中，n_1、n_2 分别为主、从动轮的转速，D_1、D_2 分别为主、从动轮的直径。

（3）摩擦型带传动种类　按传动带截面形状，传动带可分为平带、V 形带（又称三角带）、圆形带等类型（图 2 - 2，图 2 - 3）。普通 V 形带的工作面是两侧面，与平带相比，由于截面的楔形效应，其摩擦力较大，所以能传递较大的功率。普通 V 形带无接头，传动平稳，应用最广泛。

图 2 - 1　带传动

1. 主动带轮；2. 从动带轮；3. 传动皮带

平带　　　　　V 形带　　　　　圆形带

图 2 - 2　带的横剖面形状

图 2 - 3　V 形带传动

2. 啮合型带传动　即同步齿形带传动，简称同步带，也称正时带（图 2 - 4，图 2 - 5）。同步齿形带是以钢丝绳或玻璃纤维绳为强力层，外面复以聚氨酯或氯丁橡胶，带的内周制成齿形，带轮轮面也制成相应的齿形，靠带齿与轮齿啮合实现传动。由于带与轮无相对滑动，能保持两轮的圆周速度同步，故称为同步齿形带传动。

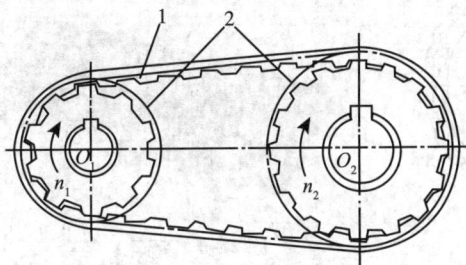

图 2 - 4　齿形带传动

1. 节线；2. 节圆

图 2 - 5　同步带传动

你知道吗

同步齿形带传动由于平均传动比准确，效率较高，约为98%，因而应用日益广泛；其带薄而轻，强力层强度高，故带速可达40m/s，传动比可达10，传递功率可达200kW，结构紧凑；但带及带轮价格较高，对制造安装要求高。

（二）带传动的特点和应用

（1）由于带具有弹性与挠性，故可缓和冲击与振动，运转平稳，噪声小。

（2）结构简单，便于维修，可用于两轴中心距较大的传动。

（3）由于它是靠摩擦力来传递运动的，当机器过载时，带在带轮上打滑，故能防止机器薄弱零件的破坏，具有安全保护作用。

（4）带传动在正常工作时有弹性滑动现象，它不能保证准确的传动比。另外，由于带摩擦起电，不宜用在有爆炸危险的地方。

（5）带传动的效率较低（与齿轮传动比较），为87%～98%。

通常V形带用于功率小于100kW、带速5～30m/s、传动比$i \leq 7$（少数可达10）且传动比要求不十分准确的中小功率传动。

带传动的失效形式包括打滑和疲劳破坏。

二、链传动

（一）链传动的组成

链传动是以链条作为中间挠性件，靠链与链轮轮齿的啮合来传递运动和动力的。链传动由主动链轮、从动链轮和与啮合链条所组成（图2-6，图2-7）。它适用于中心距较大、要求平均传动比准确或工作条件恶劣（如温度高、有油污、淋水等）的场合。

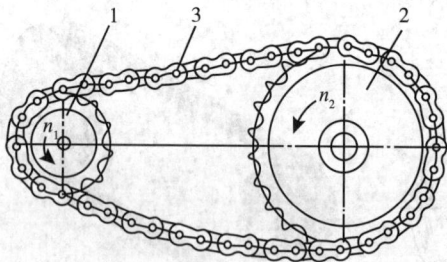

图2-6 链传动

1. 主动链轮；2. 从动链轮；3. 链条

图2-7 链轮、链条

在制药机械中常用的传动链是套筒滚子链，滚子链是标准化零件。GB1243—76规定滚子链分为A、B两级，A级用于重载、高速和重要传动；B级用于一般轻工及制药机械。套筒滚子链的链长以链节数表示，应尽量使链节数为偶数，以避免采用过渡链节。

（二）链传动的特点和应用

（1）链传动与带传动相比，摩擦损耗小，效率高，结构紧凑，承载能力大，且能保持准确的平均传动比（$i = n_1/n_2 = z_2/z_1$）。

（2）因有链条作中间挠性构件，与齿轮传动相比，链传动具有能吸振缓冲并能适用于较大中心距传动的特点。

（3）传递运动的速度不宜过高，只能在中、低速下工作，瞬时传动比不均匀，有冲击噪声。

通常，链传动的传动比 $i \leqslant 8$，中心距 $a \leqslant 5 \sim 6m$，传递功率 $P \leqslant 100kW$，圆周速度 $v \leqslant 15m/s$，闭式传动效率为 $95\% \sim 98\%$，开式传动效率为 $90\% \sim 93\%$。

（三）链传动的主要失效形式

1. 链条疲劳损坏 在链传动中，链条两边拉力不相等。在变载荷作用下，经过一定应力循环次数，链条将产生疲劳损坏，如发生疲劳断裂、滚子表面发生疲劳点蚀。在正常润滑条件下，疲劳破坏常是限定链传动承载能力的主要因素。

2. 链条铰链磨损 润滑密封不良时，极易引起铰链磨损，铰链磨损后链节变长，容易引起跳齿或脱链，从而降低链条的使用寿命。

3. 多次冲击破坏 受重复冲击载荷或反复启动、制动和反转时，滚子套筒和销轴可能在疲劳破坏之前发生冲击断裂。

4. 胶合 润滑不当或速度过高时，使销轴和套筒之间的润滑油膜受到破坏，以致工作表面发生胶合。胶合限定了链传动的极限转速。

> **请你想一想**
> 掉链子是链传动的失效形式吗？

5. 静力拉断 当载荷超过链条的静力强度时，链条就会被拉断。这种拉断常发生于低速重载或严重过载的传动中。

三、齿轮传动

（一）齿轮传动的组成和类型

齿轮传动是主、从动轮齿廓曲面直接接触（相互啮合）来传递运动和动力的一种直接的啮合传动。齿轮传动是应用最广泛的传动机构之一。

齿轮按齿形分为渐开线齿轮、摆线齿轮和圆弧齿轮。渐开线齿轮比较容易制造，应用最广；摆线齿轮和圆弧齿轮应用较少。齿轮按其外形分为圆柱齿轮、锥齿轮、非圆齿轮、齿条、蜗杆蜗轮；按齿线形状分为直齿轮、斜齿轮、人字齿轮、曲线齿轮；按轮齿所在的表面分为外齿轮、内齿轮；按制造方法可分为铸造齿轮、切制齿轮、轧制齿轮、烧结齿轮等。

常见齿轮传动的类型如图2-8所示。

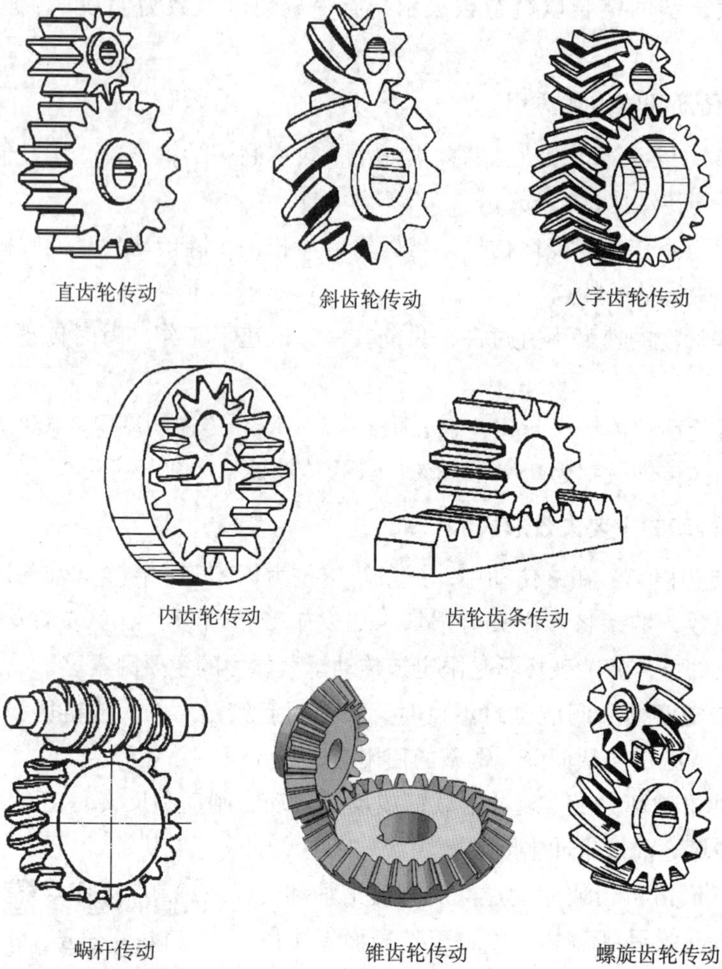

直齿轮传动　　　　　斜齿轮传动　　　　　人字齿轮传动

内齿轮传动　　　　　齿轮齿条传动

蜗杆传动　　　　　锥齿轮传动　　　　　螺旋齿轮传动

图 2 -8　齿轮传动常见种类

（三）齿轮传动的特点和应用

1. 齿轮传动的主要优点　适用的圆周速度和功率范围广，效率较高（一般为94% ~99%），瞬时传动比准确，寿命较长，工作可靠性较高，可实现平行轴、任意角相交轴和任意角交错轴之间的传动。

2. 齿轮传动的主要缺点　制造和安装精度要求高，成本较高；不适宜远距离两轴之间的传动。

3. 齿轮传动的失效形式　包括轮齿折断、齿面磨损、齿面点蚀、齿面胶合。在使用过程中要注意保养，避免齿轮失效。

四、蜗杆传动

（一）蜗杆传动的组成

蜗杆传动是传递空间交错两轴间的运动和动力的一种齿轮传动。蜗杆传动是由蜗杆和蜗轮组成的，蜗杆是螺旋齿，蜗轮沿齿宽方向做成圆弧形，将蜗杆部分包住；蜗杆蜗轮啮合时为线接触（图2-9、2-10），通常两轴交错角为90°。在一般蜗杆传动中，都是以蜗杆为主动件，蜗轮为从动件。

图2-9 蜗杆传动　　　　　图2-10 蜗轮减速箱

（二）蜗杆传动的特点和应用

（1）传动比大，且准确。通常称蜗杆的螺旋线数为螺杆的头数，若蜗杆头数为 z_1，蜗轮齿数为 z_2，则蜗杆传动的传动比为：$i = n_1/n_2 = z_2/z_1$。

通常蜗杆头数很少（$z_1 = 1 \sim 4$），蜗轮齿数很多（$z_2 = 30 \sim 80$），所以蜗杆传动可获得很大的传动比而使机构比较紧凑。单级蜗杆传动的传动比 $i \leqslant 100 \sim 300$，传递动力时常用 i 为 5 ~ 83。

（2）传动平稳、无噪声。可以实现自锁。

（3）因啮合处有较大的滑动速度，会产生较严重的摩擦磨损，引起发热，使润滑情况恶化，所以蜗轮一般用青铜等贵重金属制造。

由于普通蜗杆传动效率较低，所以一般只适用于传递功率值在 50 ~ 60kW 以下的场合。

任务二　机械常用机构

岗位情景模拟

情景描述　全自动胶囊充填机的工作转台和剂量转盘都在做间歇转动，孔板落料器、充填杆做上下移动，它们相互配合，完成胶囊入模、充填药物、胶囊套合等工作。

讨论　1. 为什么工作转台和剂量转盘能间歇转动？

2. 为什么孔板落料器、充填杆能做上下移动？

机构是把一个或几个构件的运动变换成其他构件所需的具有确定运动的构件系统。机构的种类繁多，制药设备常用机构有平面四杆机构、凸轮机构、间歇运动机构等。

一、平面四杆机构及其演化

平面四杆机构是由四个刚性构件用低副链接组成的，各个运动构件均在同一平面内运动的机构。

（一）平面四杆机构的基本形式

所有运动副均为转动副的四杆机构称为铰链四杆机构，它是平面四杆机构的基本形式，其他四杆机构都可以看成是在它的基础上演化而来的，如图2-11所示。在此机构中，构件4为机架，直接与机架相连的构件1、3称为连架杆，不直接与机架相连的构件2称为连杆。能做整周回转的连架杆称为曲柄，如构件1。仅能在某一角度范围内往复摆动的连架杆称为摇杆，如构件3。

铰链四杆机构中，按照连架杆是否可以做整周转动，可以将其分为三种基本形式，即曲柄摇杆机构（图2-11）、双曲柄机构（图2-12）和双摇杆机构（图2-13）。

图2-11 曲柄摇杆机构　　　图2-12 双曲柄机构　　　图2-13 双摇杆机构

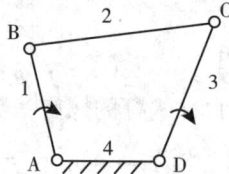

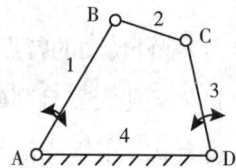

1. 曲柄摇杆机构 在铰链四杆机构中，若两连架杆中有一个为曲柄，另一个为摇杆，则称为曲柄摇杆机构。图2-14所示的颚式粉碎机构及图2-15所示的搅拌器机构均为曲柄摇杆机构的应用实例。

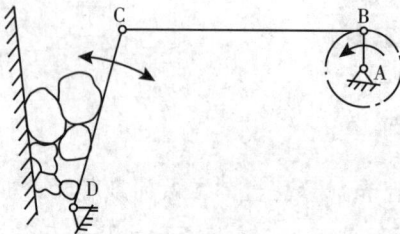

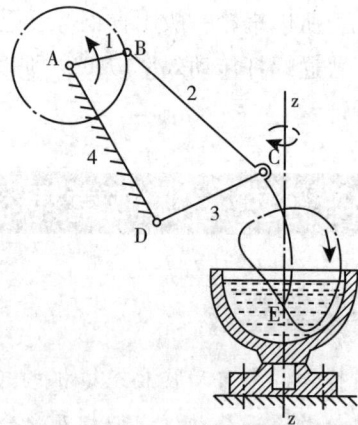

图2-14 颚式粉碎机　　　　　图2-15 搅拌器机构

2. 双曲柄机构 铰链四杆机构中，两连架杆均为曲柄，称为双曲柄机构。这种机构的传动特点是当主动曲柄连续等速转动时，从动曲柄一般做不等速转动。若两对边构件长度相等且平行，则称为平行四边形机构图2-16。这种机构的传动特点是主动曲柄和从动曲柄均以相同角速度转动，连杆平动。

图 2 - 17 所示为惯性筛机构，它利用双曲柄机构 ABCD
中的从动曲柄 3 的变速回转，使筛子 6 具有所需的加速度，
从而达到筛分物料的目的。图 2 - 18 所示的机车车轮联动机
构就是平行四边形机构的应用实例。

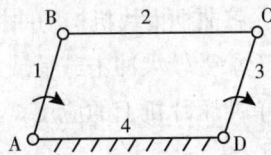

图 2 - 16　平行四边形机构

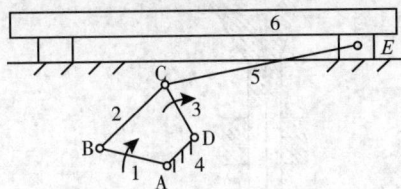

图 2 - 17　惯性筛机构

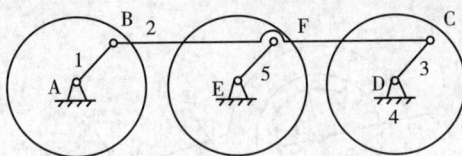

图 2 - 18　机车车轮联动机构

3. 双摇杆机构　在铰链四杆机构中，若两连架杆均为摇杆，则称为双摇杆机构。
图 2 - 19 所示的鹤式起重机中的四杆机构 ABCD 即为双摇杆机构，当主动摇杆 AB 摆动时，
从动摇杆 CD 也随之摆动，位于连杆 BC 延长线上的重物悬挂点 E 将沿近似水平直线移动。

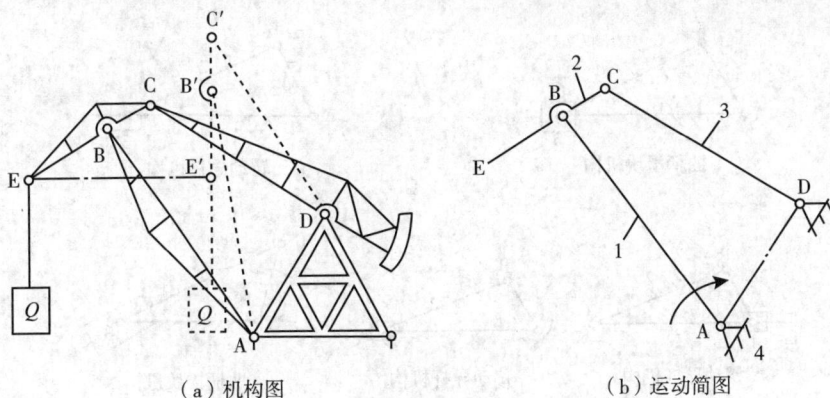

（a）机构图　　　　　　　　　　　（b）运动简图

图 2 - 19　鹤式起重机机构及其运动简图

（二）平面四杆机构的演化

除了上述三种铰链四杆机构外，在工程实际中还广泛应用着其他类型的四杆机构。
这些四杆机构都可以看作是由铰链四杆机构通过下述不同方法演化而来的。

曲柄摇杆机构中，把摇杆做成滑块，这种机构称为曲柄滑块机构（图 2 - 20）。
图 2 - 21 所示为药厂常用的自动送盒机构，就是曲柄滑块机构。

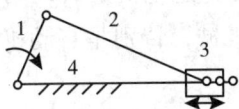

图 2 - 20　曲柄滑块机构

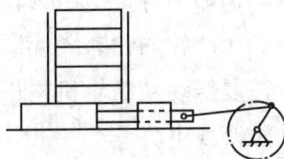

图 2 - 21　自动送盒机构

将曲柄滑块机构的曲柄做成偏心轮，这样形成的机构即称为偏心轮机构（图2-22），用于承受较大冲击载荷或曲柄长度受到限制的机构中。图2-23所示即为偏心轮机构在单冲压片机上的应用。

图2-22 偏心轮机构

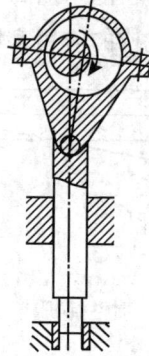

图2-23 单冲压片机上冲运动机构

曲柄摇杆机构的其他演化机构可见图2-24所示。

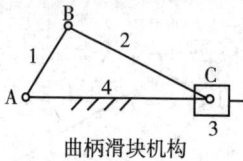

曲柄滑块机构

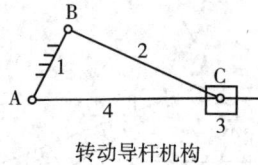

转动导杆机构

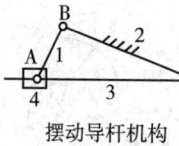

摆动导杆机构

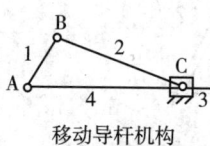

移动导杆机构

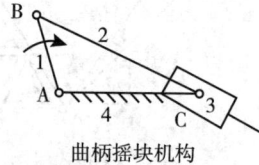

曲柄摇块机构

图2-24 曲柄摇杆机构的演化

二、凸轮机构

（一）凸轮机构的组成和应用

凸轮机构是由凸轮、从动件和机架三个基本构件组成的高副机构。凸轮是一个具有曲线轮廓或凹槽的构件，一般为主动件，做等速回转运动或往复直线运动。从动件的运动规律取决于凸轮的轮廓线或凹槽的形状，凸轮可将连续的旋转运动转化为往复的直线运动或往复摆动。凸轮机构广泛地应用于各种机械，特别是自动机械、自动控制装置和自动生产线中。

（二）凸轮的类型

1. 按照凸轮的形状 分为以下几种。

（1）盘形凸轮　如图 2-25 所示，凸轮是一个盘状构件。当其绕固定轴线转动时，可推动从动件在垂直于凸轮轴的平面内运动。它是凸轮最基本的形式，结构简单，应用最广。图 2-26 所示为盘形槽凸轮。

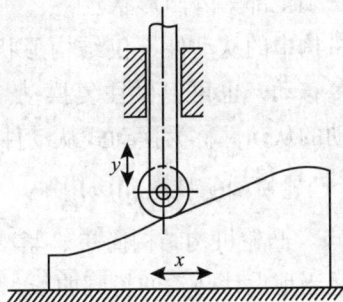

（a）尖端从动件　　　（b）曲面从动件　　　（c）滚子从动件　　　（d）平底从动件

图 2-25　盘形凸轮机构

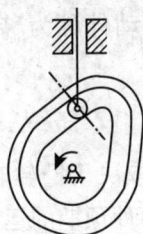

图 2-26　盘形槽凸轮

图 2-27　移动凸轮机构

（2）移动凸轮　当盘形凸轮的转轴位于无穷远处时，就演化成了如图 2-27 所示的凸轮，这种凸轮称为移动凸轮（或楔形凸轮）。凸轮呈板状，它相对于机架做直线往复移动。

（3）圆柱凸轮　如图 2-28 所示，凸轮的轮廓曲面做在圆柱体上。它可以看作是把上述移动凸轮卷成圆柱体演化而成的。图 2-29 所示为圆柱凸轮的端面凸轮。

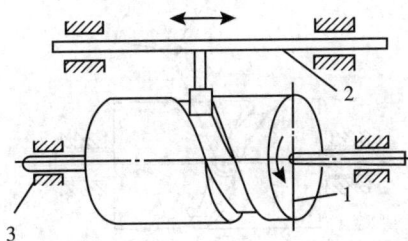

图 2-28　圆柱凸轮
1. 圆柱凸轮；2. 从动件；3. 机架

图 2-29　圆柱端面凸轮
1. 从动件；2. 圆柱凸轮；3. 机架

2. 按照从动件的形状 分为以下几种。

（1）尖端从动件 如图 2-25（a）所示。从动件的尖端能够与任意复杂的凸轮轮廓保持接触，从而使从动件实现任意的运动规律。这种从动件结构最简单，但尖端处易磨损，故只适用于速度较低和传力不大的场合。

（2）曲面从动件 为了克服尖端从动件的缺点，可以把从动件的端部做成曲面形状，如图 2-25（b）所示，称为曲面从动件。这种结构形式的从动件在生产中应用较多。

（3）滚子从动件 为了减小摩擦磨损，在从动件端部安装一个小滚轮，如图 2-25（c）所示。这样就把从动件与凸轮之间的滑动摩擦变成了滚动摩擦，摩擦磨损较小，可用来传递较大的动力。滚子从动件应用很广。

（4）平底从动件 如图 2-25（d）所示。从动件与凸轮轮廓之间为线接触，接触处易形成油膜，润滑状况好。此外，在不计摩擦时，凸轮对从动件的作用力始终垂直于从动件的平底，故受力平稳，传动效率高，常用于高速场合。其缺点是与之配合的凸轮轮廓必须全部为外凸形状。

凸轮机构中的从动件不仅结构形状不同，而且也可以有不同的运动形式，既可以做直线往复移动，也可以做往复摆动。做直线往复运动的从动件称为移动式从动件，做往复摆动的从动件称为摆动式从动件。

（三）凸轮机构的特点和应用

1. 特点 凸轮机构结构简单、紧凑。从动件的运动规律取决于凸轮轮廓曲线的形状，只要适当地设计凸轮的轮廓曲线，就可以使从动件获得各种预期的运动规律。

凸轮机构的缺点是凸轮廓线与从动件之间是点或线接触的高副，易于磨损，故多用在传力不太大的场合。

2. 应用 图 2-30 所示为内燃机的配气机构。图中 1 为凸轮，当它做等速转动时，其曲线轮廓通过与摆杆 2 的滚子接触，并在弹簧 4 的配合下，控制摆杆 2 推动阀芯 3 上下往复移动，使气阀有规律地开启和闭合。

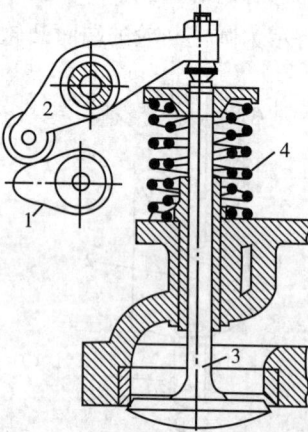

图 2-30 内燃机配气机构

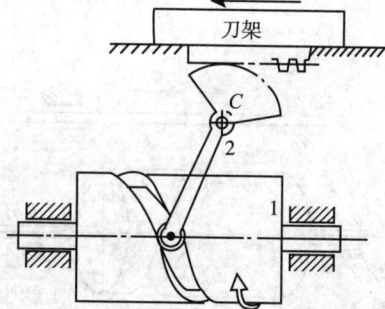

图 2-31 自动进刀机构

图 2 - 31 所示为自动机床的进刀机构。图中具有曲线凹槽的构件 1 叫作凸轮，当它做等速回转时，其上曲线凹槽的侧面推动从动件 2 绕 C 点做往复摆动，通过扇形齿轮和固连在刀架 3 上的齿条，控制刀架做进刀和退刀运动。刀架的运动规律则取决于凸轮 1 上曲线凹槽的形状。

三、间歇运动机构

有些机械需要其构件周期地运动和停歇。能够将原动件的连续转动转变为从动件周期性运动和停歇的机构称间歇运动机构。

常用的间歇运动机构有棘轮机构、槽轮机构、分度凸轮机构、不完全齿轮传动、星轮机构、曲柄导杆机构等，除上述机构外，还有气动、液压步进机构等。近年来还出现了微电脑控制与机械机构相配合的机电一体化机构，以实现更为复杂的间歇运动。

（一）棘轮机构

棘轮机构由棘轮、棘爪、机架等组成，工作原理如图 2 - 32 所示：主动杆 1 空套在与棘轮 3 固定在一起的从动轴上，驱动棘爪 2 与主动杆转动副相连，并通过弹簧 5 的张力使驱动棘爪 2 压向棘轮 3。当主动杆 1 逆时针方向摆动时，驱动棘爪 2 插入棘轮齿槽，推动棘轮转过一个角度。当主动杆 1 顺时针方向摆动时，棘爪被拉出棘轮齿槽，棘轮处于静止状态，从而实现棘轮 3 做单向的间歇转动。主动杆 1 的往复摆动可以利用连杆机构、凸轮机构、气动机构、液压机构或电磁铁等来驱动。

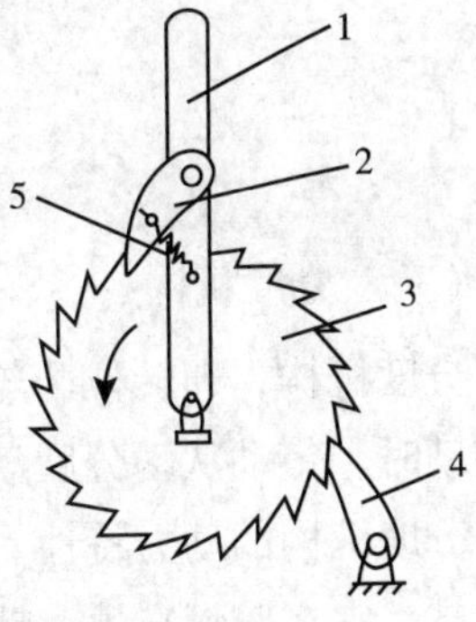

图 2 - 32　棘轮机构
1. 主动杆；2. 棘爪；3. 棘轮；
4. 止动爪；5. 弹簧

棘轮机构主要用于将周期性的往复运动转换为棘轮的单向间歇转动，也常用于防逆转装置。

（二）槽轮机构

槽轮机构有外啮合（图 2 - 33a）和内啮合（图 2 - 33b）两种。槽轮机构由带圆盘销的拨盘 1（或曲柄）、具有径向槽的槽轮 2 和机架所组成。当圆销插入槽轮的槽中，带动槽轮转动，当圆销离开槽时，槽轮停止转动，完成了将主动拨盘的连续转动变换为槽轮的周期性单向间歇转动。

槽轮每次转动的角度取决于槽轮上的槽数，槽数越多，转角越小。但槽轮的槽数越少，槽轮的角速度及角加速度越大，引起的冲击振动亦越大，因此通常槽轮的槽数取 4 ~ 8。拨盘每转一周，槽轮转动的次数与拨盘上的圆销数相同。

槽轮机构结构简单、工作可靠、转位迅速、工作效率高。其缺点是制造装配精度要求较高，且转角大小不能调节。

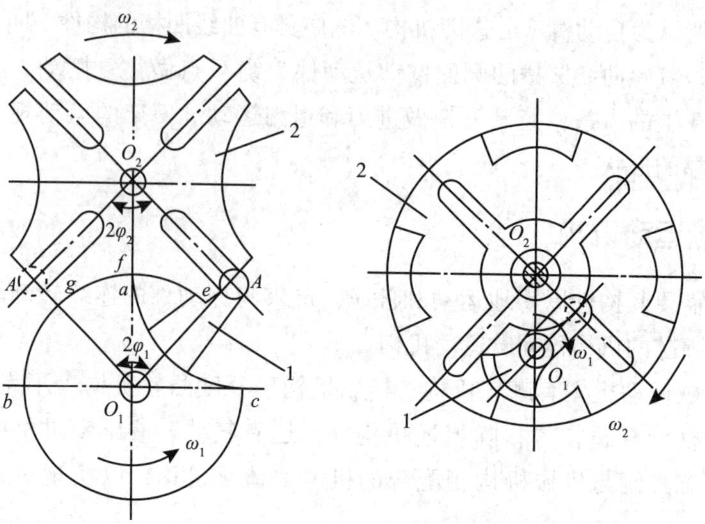

（a）外啮合式　　　　　　（b）内啮合式

图 2-33　槽轮机构
1. 转臂；2. 槽轮

（三）分度机构

分度机构，即转位凸轮机构，由转位凸轮、带销的分度盘、机架组成。当凸轮连续转动时，带动从动分度盘按角度间歇旋转。其结构见图 2-34 所示。

分度机构的动力特性、运转速度、分度精确性和步进周期都比棘轮机构和凸轮机构优越。它在胶囊充填、针药灌装等机器中应用较多。

（四）不完全齿轮传动

不完全齿轮传动也称欠齿轮传动。它是由切去部分齿的主动齿轮与全齿或非全齿的从动齿轮啮合而构成。其步进运动原理是利用主动齿轮的欠齿部分与从动齿轮脱开啮合，使从动齿轮及其所带动的从动部件停止不动并锁紧定位。不完全齿轮传动可分为外啮合式不完全齿轮传动和内啮合式不完全齿轮传动两种基本形式（图 2-35）。

图 2-34　蜗杆凸轮分度机构

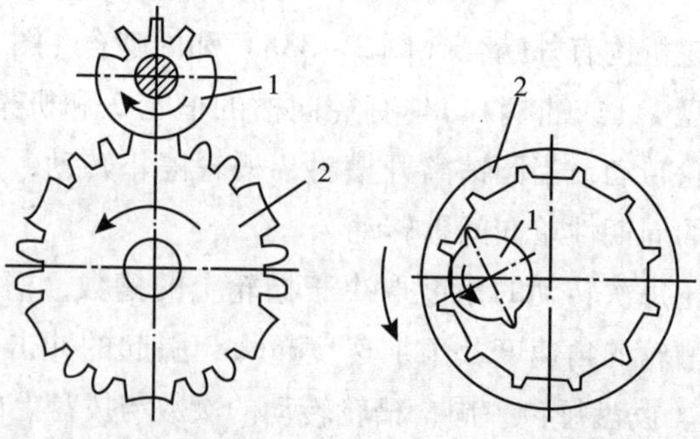

（a）外啮合式　　　　（b）内啮合式

图 2-35　不完全齿轮机构
1. 主动轮；2. 从动轮

实训四　认识各种机构与传动装置

一、实训目的

认识制药设备常见的各种传动装置和机械机构。

二、实训任务

1. 写出各种传动装置模型名称。
2. 认识并写出各种机械机构模型的名称。
3. 查询资料，列出各种机构和机械装置在实际生产生活中的应用。

三、实训方式

为培养同学的团队合作精神，不建议自由组合，在本项目理论教学结束后即安排实训任务。全班同学采用抽签软件抽签的方式均匀分成若干组，自行推选出组长。老师带领学生认识各种机构与传动装置，小组成员集体完成实训任务，写出实训报告。

四、实训要求

实训期间要遵守纪律，按要求更衣更鞋，不得乱碰或者开关设备。认真完成各项实训任务。

实训报告要求包含以下内容：实训目的、实训任务、实训任务完成情况、实训心得体会或感想。

五、实训考核与评价标准

根据学生实训任务完成情况、实训报告书写情况及实训纪律遵守情况，评价实训成果，百分制计分，按绩效考核与激励机制，小组长额外加 10 分，不得超过 100 分。

目标检测

一、多项选择题

1. 可以实现较远距离传动的有（　　）

　　A. 齿轮传动　　　B. 链传动　　　　C. 带传动　　　　D. 蜗杆传动

2. 链传动的失效形式是（　　）

　　A. 打滑　　　　　B. 掉链子　　　　C. 断裂　　　　　D. 磨损

3. 蜗杆传动的特点是（　　）

　　A. 传动比大　　　　　　　　　　　B. 磨损严重

C. 可以实现较远距离传动　　　　D. 可自锁

4. 凸轮机构可以将匀速转动转化为（　　　）

A. 间歇转动　　　B. 往复移动　　　C. 往复摆动　　　D. 变速转动

5. 凸轮机构的从动件型式有（　　　）

A. 平底　　　　　B. 尖底　　　　　C. 滚子　　　　　D. 曲面

6. 能够将连续转动转化为间歇转动的机构有（　　　）

A. 槽轮机构　　　B. 凸轮机构　　　C. 分度机构　　　D. 曲柄滑块机构

7. 能够将连续转动转化为往复移动的机构有（　　　）

A. 槽轮机构　　　B. 凸轮机构　　　C. 棘轮机构　　　D. 曲柄滑块机构

二、思考题

1. 电动机的皮带打滑怎么办？

2. 齿型带传动与齿轮传动一样吗？

书网融合……

微课　　　　　划重点　　　　　自测题

2
模块二

制药通用设备

▶▶ 项目三 流体输送设备

学习目标

知识要求

1. **掌握** 离心泵、往复压缩机、罗茨鼓风机和真空泵的结构、工作原理。
2. **熟悉** 离心泵的性能参数和往复压缩机的生产能力。
3. **了解** 离心泵、往复压缩机、罗茨鼓风机和真空泵的使用。

能力要求

1. 能按标准操作规程的要求使用离心泵、往复压缩机、罗茨鼓风机和真空泵。
2. 能对离心泵、往复压缩机、罗茨鼓风机和真空泵进行维护保养，会判断和排除常见故障。
3. 会对流体输送设备进行初步选型。

在制药化工生产中，流体输送是最常见的单元操作。流体输送机械就是向流体做功以提高流体机械能的装置。流体输送机械分为液体输送机械和气体输送机械。

对液体做功完成输送任务的机械称为液体输送机械，也称为泵。泵在生产中作为一种通用机械，根据用途分为清水泵、耐腐蚀泵、油泵、杂质泵等；按照工作原理的不同可分为离心式、旋转式、容积式、流体作用式四种类型。离心式是利用叶轮的高速旋转对液体做功，如离心泵等；旋转式是靠齿轮或转子的旋转将能量作用于流体，如齿轮泵；容积式是利用泵内工作容积的变化将流体吸入或压出，如往复泵等；流体作用式是利用一种流体机械能的转换达到将另一种流体输送的目的，如喷射泵、酸蛋等。

压缩和输送气体的设备统称为气体输送设备，气体输送设备主要用于克服气体在管路中的流动阻力或产生一定的高压和真空度。通常可按照终压（出口压力、表压）或压缩比（出口压力与进口压力之比）大小来分类。

通风机：出口压力不大于15kPa（表压），压缩比为 1～1.15。

鼓风机：出口压力为 15～300kPa（表压），压缩比 1.15～4。

压缩机：出口压力大于300kPa（表压），压缩比大于 4。

真空泵：用于减压，出口压力为大气压，压缩比由真空度决定。

本节结合制药生产的特点重点介绍离心泵、压缩机、罗茨鼓风机和真空泵。

📖 任务一 离心泵

📋 岗位情景模拟

情景描述 在某制药生产车间，需要从贮槽向反应器输送44℃的异丁烷，贮槽中异丁烷液面恒定，其上方绝对压力为652kPa。泵位于贮槽液面以下1.5m处，吸入管路全部压头损失为1.6m。44℃时异丁烷的密度为530kg/m³，饱和蒸汽压为638kPa。

讨论　1. 选用什么设备完成输送任务？

　　　2. 常用的液体输送设备有哪些？

一、离心泵的结构

离心泵的主要零部件有泵盖、泵体（又称泵壳）、叶轮、轴封装置、泵轴、联轴器、轴承及托架等（图3-1，图3-2）。叶轮按其结构形式不同可分为开式叶轮、半开式叶轮和闭式叶轮（图3-3）。叶轮按其吸液方式不同又可分为单吸式和双吸式。双吸叶轮（图3-3d）适用于大流量泵。

图3-1　离心泵装置简图

1. 叶轮；2. 泵壳；3. 泵轴；

4. 吸入口；5. 吸入管；6. 排出口；

7. 排出管；8. 底阀；9. 调节阀

图3-2　单级单吸悬臂式离心泵实物图

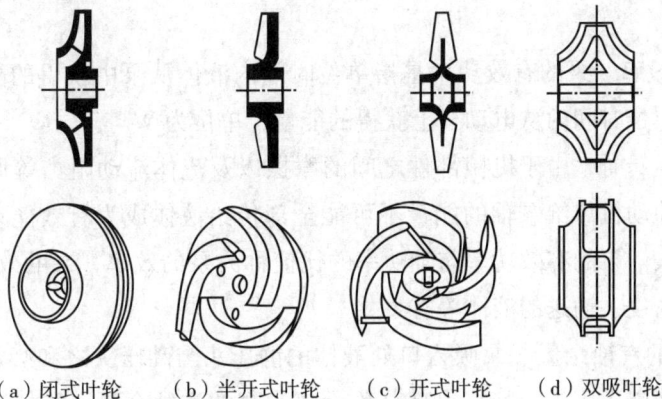

（a）闭式叶轮　　（b）半开式叶轮　　（c）开式叶轮　　（d）双吸叶轮

图3-3　叶轮的类型

二、离心泵的工作原理

离心泵的工作原理如图 3 - 4 所示，在启动前需先向泵内灌满被输送的液体，启动后，泵轴带动叶轮一起旋转，带动叶片间的液体旋转。液体在离心力的作用下自叶轮中心被甩向外周并获得能量后输出；泵内的液体被抛出后，叶轮的中心部位形成真空区域，在低位槽液面与叶轮中心部位压力差的作用下，液体通过底阀经吸入管路进入叶轮中心。如此循环不已，就可以实现连续输液。

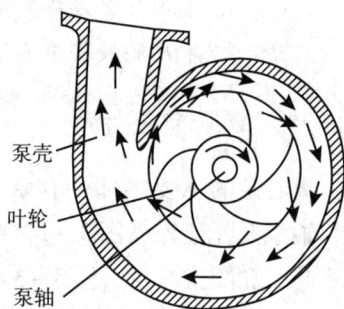

图 3 - 4　液体在泵壳内的流动情况

（泵壳、叶轮、泵轴）

离心泵吸入管底部装有带滤网的底阀，底阀为单向阀。单向阀的作用是防止在启动泵之前灌入的液体返回储槽；滤网的作用是防止杂物进入泵中造成泵和管路的堵塞。在排除管路上装有调节流量的调节阀。

三、离心泵的性能参数

离心泵的性能参数主要有流量、扬程、功率和效率、允许气蚀余量、转速等。离心泵一般由电机带动，因而转速是固定的。其性能参数通常在离心泵的铭牌或样本说明书中标明，以供选用时参考。

1. 流量　单位时间内由泵排出到管路系统内的液体体积，其单位为 m^3/s 或 m^3/h，其大小主要取决于泵的结构、尺寸和转速等。

2. 扬程　泵对单位重量（1N）液体所提供的有效能量，以 H 表示，其单位为 J/N 或 m。泵的扬程取决于泵的结构、尺寸、叶轮转速、流量及被输送液体的黏度等，一般由实验测定。

3. 功率和效率　泵的有效功率是指单位时间内液体从泵中获得的能量；泵的轴功率是指泵轴在单位时间内从电动机上获得的能量，单位为 W。

离心泵在运转时，由于机械部件之间的摩擦以及流体流动阻力等原因要消耗一部分能量。所以原动机传给泵轴的能量不可能全部传给液体成为有效能量，通常用效率来反映能量损失。泵的有效功率与轴功率的比值称为泵的效率，泵的效率与泵的大小、类型、制造精密度、输送的液体等有关。

4. 离心泵的汽蚀余量　泵吸入口处液体的静压头与动压头之和必须大于操作温度下液体的饱和蒸汽压压头，其超出部分称为离心泵的汽蚀余量。能保证不发生汽蚀现象的汽蚀余量最小值，称为允许汽蚀余量。离心泵允许汽蚀余量由实验测定，若输送的液体不是 101.3kPa 和 20℃ 的清水，应进行校正。

离心泵发生汽蚀的原因通常有以下几个方面：泵的安装高度过高；泵的吸入管路

阻力过大；输送液体的温度过高；密闭储槽中液面压力下降；泵运行工作点偏离额定流量太大等。

四、离心泵的使用 📱微课 1

1. 离心泵的安装　为保证离心泵运转时不发生汽蚀现象，其实际安装高度必须低于允许安装高度。尽量缩短吸入管路以减少吸入管阻力。泵的安装地点尽量靠近液体储器，吸入管接头不准漏气，管路上尽量少用弯头等管件，吸入管直径一般要大于压出管直径。

固定离心泵时应有坚实的混凝土基础，把离心泵底放在基础上，用垫铁调整径向使之水平，把泵固定牢固，以避免振动。泵轴与电动机应严格保持水平，以确保泵正常运转。

2. 离心泵的运转　启动离心泵前要先盘车，检查离心泵中有无摩擦卡死现象；启动前先灌泵，小型泵可在泵壳上安装漏斗以灌注液体，将泵内气体排净。

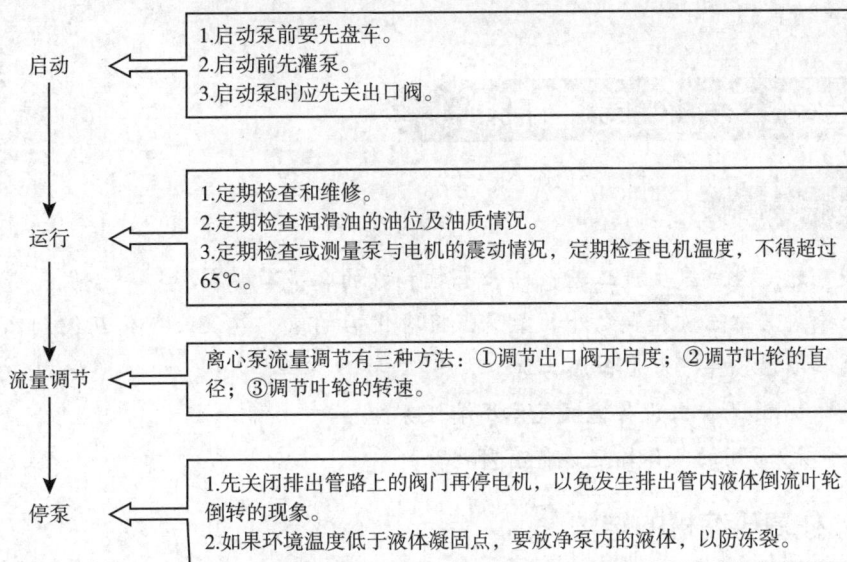

启动	←	1.启动泵前要先盘车。 2.启动前先灌泵。 3.启动泵时应先关出口阀。
↓		
运行	←	1.定期检查和维修。 2.定期检查润滑油的油位及油质情况。 3.定期检查或测量泵与电机的震动情况，定期检查电机温度，不得超过65℃。
↓		
流量调节	←	离心泵流量调节有三种方法：①调节出口阀开启度；②调节叶轮的直径；③调节叶轮的转速。
↓		
停泵	←	1.先关闭排出管路上的阀门再停电机，以免发生排出管内液体倒流叶轮倒转的现象。 2.如果环境温度低于液体凝固点，要放净泵内的液体，以防冻裂。

图 3-5　离心泵操作流程图

若开离心泵之前未向泵中灌满液体，则泵中就存有气体，使得储槽液面与叶轮中心部位的压力差变小，不足以将液体吸入泵内，泵就无法输送液体，这种现象称为气缚现象。

启动泵离心时应先关出口阀后开电机，以减少泵的启动功率防止烧坏电机。待电机运转正常后，再逐渐打开排出管路上的调节阀调节流量。

你知道吗

离心泵属于叶片式泵，可以提供大、中流量、中等压力。在制药生产中用于供料泵、循环泵、成品泵、废液泵等。如果采用耐腐蚀材料制作主要元件，还可以输送各种耐腐蚀液体。

五、离心泵常见故障及排除

1. 泵出液不正常　流量不足、扬程不够或不出液。

（1）灌泵不足，或泵内气体未排净引起气缚，应重新灌泵。

（2）泵叶轮堵塞、磨损、腐蚀。处理方法：清洗、检查、调换。

（3）泵转速太低。处理方法：检查转速，提高转速。

（4）滤网堵塞，底阀不灵。处理方法：检查滤网，消除杂物。

（5）吸上高度太高引起气蚀，减低吸上高度。

2. 轴承温升过高　通常由轴承损坏或润滑脂干燥缺少引起，需要更换轴承，加注润滑脂。

3. 泵泄漏　通常由机械密封件损坏或连接螺栓松动引起，此时要更换密封或上紧螺栓。

任务二　往复压缩机

岗位情景模拟

情景描述　合成氨生产工艺：制含有氢和氮的合成氨原料气；对合成气进行净化处理，以除去其中除氢和氮之外的杂质；将净化后的氢、氮混合气体压缩到高压，并在催化剂和高温条件下反应合成为氨。

讨论　1. 选用什么设备完成气体压缩任务？

2. 常用的气体输送设备有哪些？

一、往复压缩机的结构　微课2

往复压缩机的主要构造如图 3-6 和图 3-7 所示，主要由气缸、活塞、吸排气阀、连杆、曲轴等部件组成。

气体的密度小、可压缩，所以在结构上要求吸入阀和排出阀必须更加灵巧，易于启闭。为了移除压缩过程释放的热量以降低气体的温度，必须附设冷却装置。压出阶段终了时，为防止活塞与气缸壁碰撞，必须控制活塞与气缸之间的间隙容积，也称为余隙。各处配合较往复泵更加严密。

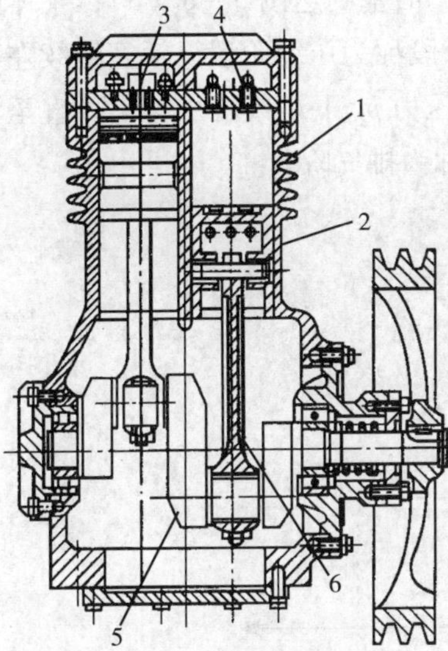

图3-6 立式活塞式压缩机

1. 气缸；2. 活塞；3、4. 吸排气阀；

5. 曲轴；6. 连杆

图3-7 往复压缩机实物图

二、往复压缩机的工作原理

现以单动往复压缩机为例说明其工作循环。如图3-8和图3-9所示，分别表示气缸内活塞运动阶段和气体在各阶段的状态。活塞在气缸左死点时，如图3-8（a）所示，活塞与气缸盖之间留有间隙，称为余隙，以防止活塞撞击气缸。此时缸内留有少量高压（p_2）气体，其状态如图3-9上的3点处。当活塞从左向右运动时，余隙中的高压气体膨胀，压力由p_2逐步降低到p_1，活塞达到图3-8（b）所示的位置，此时气体的状态位于图3-9的4点处，该阶段称为余隙气体的膨胀阶段。活塞再向右移动，气缸内压力下降稍低于p_1，吸入阀被吸入管内的气体顶开，气体由吸入管进入气缸，直至活塞运动到右死点，活塞位于图3-8（c）处，此时气体的状态位于图3-9的1点处，该阶段称为吸气阶段。以后，活塞从右死点向左运动，气缸内的气体被压缩，

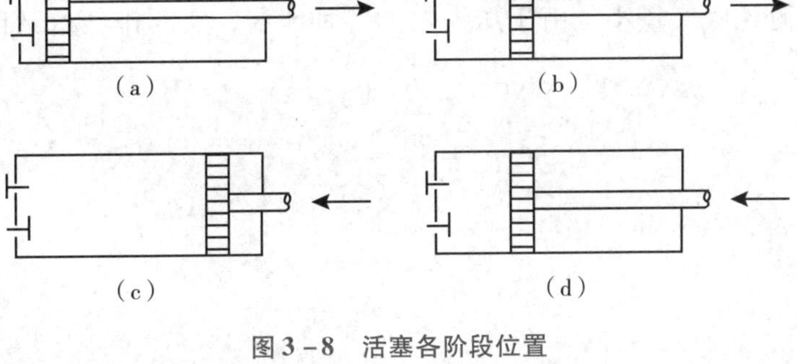

（a）

（b）

（c）

（d）

图3-8 活塞各阶段位置

气体压力升高，吸入阀门关闭，气体继续被压缩，活塞到达图3-8（d），气体的压强达到 p_2，气体的状态位于图3-9的2点处，该阶段称为压缩阶段。活塞继续左移，气体压力稍大于 p_2，缸内气体顶开排出阀，气体在压力 p_2 下从气缸中排出，直至活塞运动到左死点，即图3-8（a）所示位置，该阶段称为排气阶段。

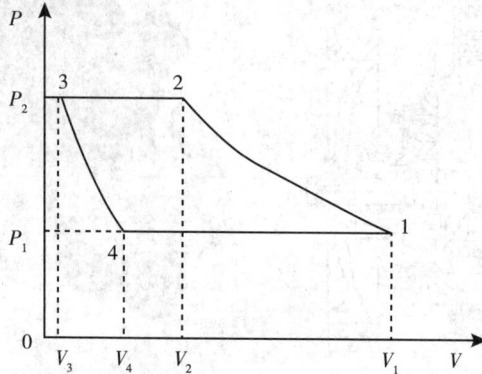

图3-9　各阶段的 $p-V$ 关系

综上所述，活塞往复一次，完成了一个工作循环。每个工作循环是由膨胀、吸气、压缩、排气四个过程组成。其工作过程在图3-9中可以用封闭曲线3-4-1-2-3表示：4-1为吸气阶段，1-2为压缩阶段，2-3为排气阶段，3-4为余隙体积膨胀阶段。1-2-3-4-1四边形所包含的面积即为活塞一个工作循环对气体所做的功。由于余隙内为高压气体，使吸气量减少，增加功耗，排气量也减少。故余隙体积不可过大，一般为活塞一次所扫过容积的3%~8%。

三、往复压缩机的生产能力

往复压缩机的生产能力又称排气量，是指单位时间内排出的气体量换算成吸入状态下的体积流量。因气体只有吸进气缸之后才能排出，故排气量的计算要从吸气量出发。

由于气缸里有余隙，余隙容积内高压气体膨胀后占据了部分气缸容积；气体通过吸入阀时有流动阻力，使气缸内压强比吸入气体压强稍低；气缸内的温度也比吸入气体的温度高，气体被吸入气缸内就要膨胀而占去气缸的一部分有效容积，所以实际吸气量比理论吸气量小。由于压缩机的各种泄漏，实际排气量又比实际吸气量小一点。

四、往复压缩机的使用

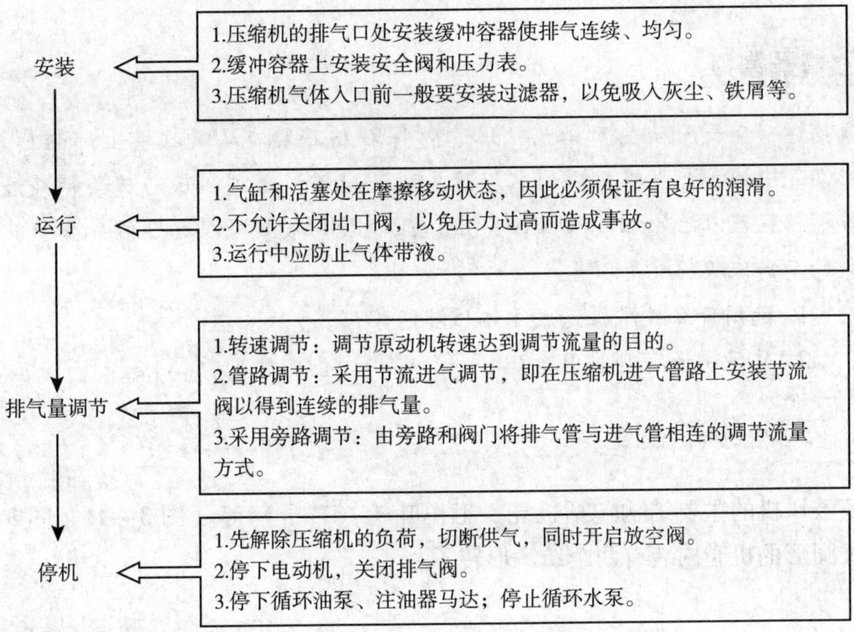

安装	1.压缩机的排气口处安装缓冲容器使排气连续、均匀。 2.缓冲容器上安装安全阀和压力表。 3.压缩机气体入口前一般要安装过滤器，以免吸入灰尘、铁屑等。
运行	1.气缸和活塞处在摩擦移动状态，因此必须保证有良好的润滑。 2.不允许关闭出口阀，以免压力过高而造成事故。 3.运行中应防止气体带液。
排气量调节	1.转速调节：调节原动机转速达到调节流量的目的。 2.管路调节：采用节流进气调节，即在压缩机进气管路上安装节流阀以得到连续的排气量。 3.采用旁路调节：由旁路和阀门将排气管与进气管相连的调节流量方式。
停机	1.先解除压缩机的负荷，切断供气，同时开启放空阀。 2.停下电动机，关闭排气阀。 3.停下循环油泵、注油器马达；停止循环水泵。

图 3-10　往复压缩机操作流程图

五、往复压缩机常见故障及排除

1. 气缸内发出异常声响

（1）气缸内有异物。处理方法：清除异物。

（2）油或水带入气缸造成水击。处理方法：减少油量，检查油水分离系统，定期放油水阀。

2. 曲轴连杆机构发出异常声响　处理方法：检查连杆螺栓并紧固。

3. 排气量降低　处理方法：检查阀片或更换。

4. 排气压力不正常，降低或升高　处理方法：吸排气阀或活塞环漏气应检查并排除。

你知道吗

荷兰被称为"风车之国"。荷兰风车，最大的有好几层楼高，风翼长达20米。有的风车，由整块大柞木做成。18世纪末，荷兰全国的风车约有1.2万架。这些风车用来碾谷物、粗盐、烟叶、榨油，压滚毛呢、毛毡、造纸，以及排除沼泽地的积水。正是这些风车不停地吸水、排水，保障了全国约70%的土地免于沉没水下的威胁。

任务三   罗茨鼓风机

岗位情景模拟

情景描述   煤气脱硫生产工艺：用喷嘴将石灰石浆液从吸收塔上部分喷入塔内，使得其中烟气中的 SO_2 在塔里遇到水以后生成亚硫酸，落到塔底与碳酸钙浆液反应生成亚硫酸钙，脱硫以后的烟气由塔顶排出，亚硫酸钙被鼓风机的压缩气体氧化，从而形成稳定的二水硫酸钙就是石膏。

讨论   1. 选用什么鼓风机完成气体压缩任务？

       2. 鼓风机还有哪些用途？

一、罗茨鼓风机的结构

罗茨鼓风机的主要结构包括机壳、工作叶轮（转子）等（图3-11，图3-12），在一个长圆形的机壳内装有两个纺锤形转子。

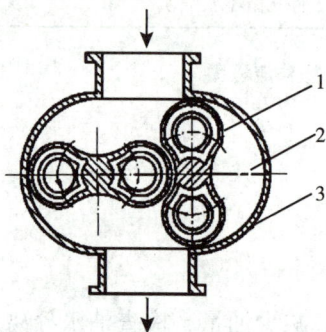

图3-11   罗茨鼓风机结构图

1. 转子；2. 所输送气体的容积；3. 机壳

图3-12   罗茨鼓风机实物图

二、罗茨鼓风机的工作原理

工作时，机壳内的两个纺锤形转子以相反的方向旋转，在机壳内形成两个空间，即低压区和高压区，气体从低压区吸入，从高压区排出。为了使转子既能自由旋转又可保持较好的密封，转子和转子、转子和机壳之间的间隙很小。

三、罗茨鼓风机的使用

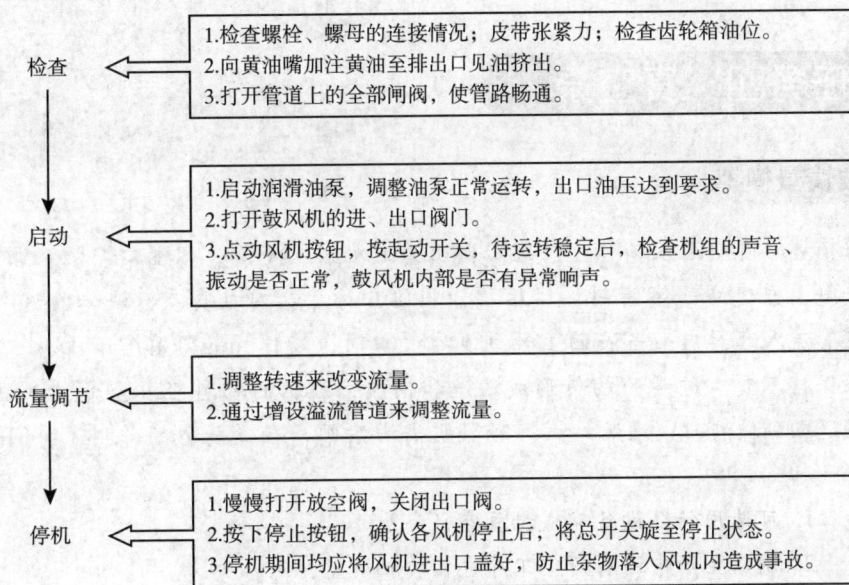

检查	1.检查螺栓、螺母的连接情况；皮带张紧力；检查齿轮箱油位。 2.向黄油嘴加注黄油至排出口见油挤出。 3.打开管道上的全部闸阀，使管路畅通。
启动	1.启动润滑油泵，调整油泵正常运转，出口油压达到要求。 2.打开鼓风机的进、出口阀门。 3.点动风机按钮，按起动开关，待运转稳定后，检查机组的声音、振动是否正常，鼓风机内部是否有异常响声。
流量调节	1.调整转速来改变流量。 2.通过增设溢流管道来调整流量。
停机	1.慢慢打开放空阀，关闭出口阀。 2.按下停止按钮，确认各风机停止后，将总开关旋至停止状态。 3.停机期间均应将风机进出口盖好，防止杂物落入风机内造成事故。

图 3 - 13 罗茨鼓风机操作流程图

四、罗茨鼓风机常见故障及排除

1. 风量波动或不足

（1）进口过滤堵塞。处理方法：清除过滤器的灰尘和堵塞物。

（2）叶轮磨损，间隙增大。处理方法：修复间隙。

（3）进口压力损失大。处理方法：调整进口压力达到规定值。

2. 叶轮与叶轮磨擦

（1）叶轮上有污染杂质。处理方法：清除污物。

（2）齿轮磨损。处理方法：调整齿轮间隙。

（3）轴承磨损。处理方法：更换轴承。

3. 漏油

（1）油箱位太高。处理方法：降低油位或换油。

（2）密封磨损。处理方法：更换密封。

你知道吗
_____

罗茨鼓风机名字的由来

据说在 1854 年，美国人罗特兄弟在设计水轮车的过程中发明了这种风机，在当时的影响非常大，这也为风机时代开辟了新路，后来世人将这种风机以他们的名字命名，就叫罗茨鼓风机，也是目前风机历史上唯一一个保留人名称呼的机器。由于其结构简单，运行稳定，维护方便，所以被许多行业所使用。

任务四　真空泵

岗位情景模拟

情景描述　真空灌装工艺：包装容器上升或灌装阀下降，容器口与灌装阀上的密封装置接触，并建立气密密封，然后打开阀门，对容器内抽真空，液体靠这个压差，通过吸液管流入容器内；当液面上升到真空管口时，液体开始沿真空管上升，使容器内的液位保持不变。过量的物料形成溢流和回流，溢出的物料经真空管流入真空室，由供液泵送回到储液缸；灌装结束，容器脱离灌装阀，在弹簧力的作用下，阀门自动关闭。

讨论　1. 可选用什么设备完成抽真空任务？
　　　　2. 制药生产中还有哪些工序也需要抽真空？

真空泵可分为干式和湿式两大类。干式真空泵只能从容器中吸出干燥气体，可达到96% ~ 99%的真空度；湿式真空泵在抽吸气体的同时，允许带走较多的液体，所以只能产生85% ~ 95%的真空度。真空泵从结构上可分为往复式、旋转式和喷射式等形式。药厂常用往复式真空泵和液环式真空泵。液环式真空泵属于湿式真空泵，其工作液体通常为水或油；往复式真空泵属于干式真空泵。

一、往复式真空泵

（一）往复式真空泵的结构和工作原理

往复式真空泵的结构和工作原理与活塞式压缩机基本相同，只是其吸气阀、排气阀要求更加轻巧，启闭更灵敏（图3-14，图3-15）。真空泵的压缩比往往比压缩机的压缩比大得多。往复式真空泵结构坚固，运行可靠，对水分不敏感，极限压力为1 ~ 2.6kPa，抽速范围为50 ~ 60L/s。主要用于大型粗真空系统，如真空干燥、真空过滤、真空浓缩、真空蒸馏、真空洁净以及其他气体抽除等。往复式真空泵不适于抽除含尘或腐蚀性气体，除非经过特殊处理。由于一般泵体气缸都设有润滑装置，所以有可能污染系统的设备。

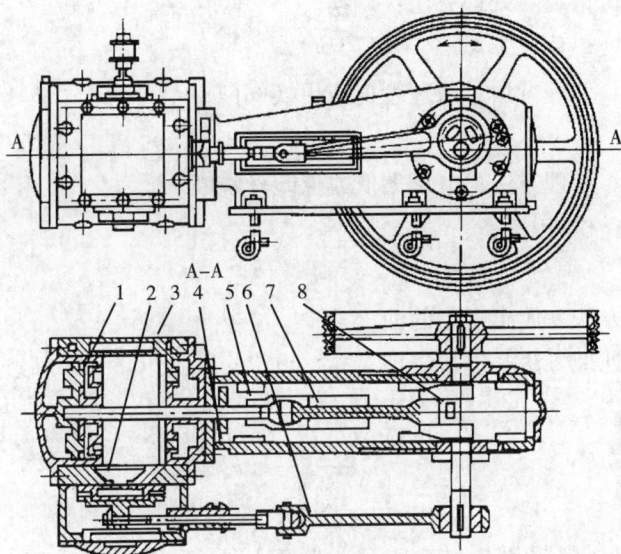

图 3 – 14 往复式真空泵结构图

1. 活塞；2. 气阀；3. 气缸；4. 泵体；

5. 十字头；6. 阀杆；7. 连杆；8. 曲轴

图 3 – 15 往复式真空泵实物图

（二）往复式真空泵的使用

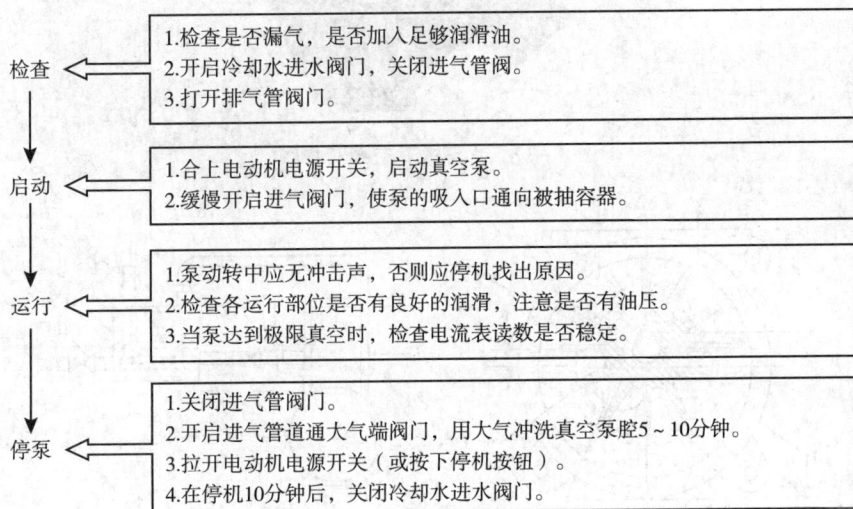

检查 ← 1.检查是否漏气，是否加入足够润滑油。
2.开启冷却水进水阀门，关闭进气管阀。
3.打开排气管阀门。

启动 ← 1.合上电动机电源开关，启动真空泵。
2.缓慢开启进气阀门，使泵的吸入口通向被抽容器。

运行 ← 1.泵动转中应无冲击声，否则应停机找出原因。
2.检查各运行部位是否有良好的润滑，注意是否有油压。
3.当泵达到极限真空时，检查电流表读数是否稳定。

停泵 ← 1.关闭进气管阀门。
2.开启进气管道通大气端阀门，用大气冲洗真空泵腔5～10分钟。
3.拉开电动机电源开关（或按下停机按钮）。
4.在停机10分钟后，关闭冷却水进水阀门。

图 3 – 16 往复真空泵操作流程图

（三）往复式真空泵常见故障及排除

1. 泵达不到要求的极限压力

（1）密封不严。处理方法：检查密封情况，消除泄漏。

（2）吸、排气阀或吸、排气弹簧错装。处理方法：调换。

（3）垫片损坏。处理方法：更换垫片。

（4）进气管道或进气阀门堵塞。处理方法：清理管道或更换阀门。

2. 泵不能启动

（1）启动电流或工作电流过大。处理方法：电压太低或保险丝烧断。

（2）泵或电机卡住。处理方法：检查。

3. 启动电流或工作电流过大

（1）曲轴箱内油位太高。处理方法：放出多余的油。

（2）排气管路或排气阀堵塞。处理方法：进行清理。

二、水环式真空泵

（一）水环式真空泵的结构

水环式真空泵的主要构造如图 3 - 17 和图 3 - 18 所示，主要由外壳、叶轮、水环、进气口、排气口等部件组成。

图 3 - 17　水环式真空泵实物图

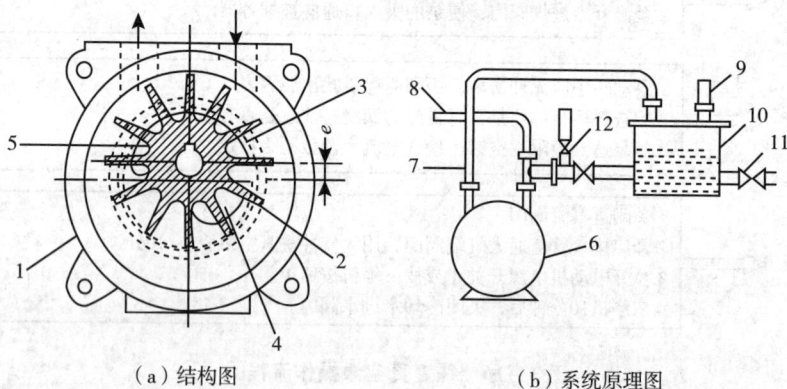

（a）结构图　　　　　　　　　（b）系统原理图

图 3 - 18　水环式真空泵结构与系统原理图

1. 外壳；2. 叶轮；3. 水环；4. 进气口；5. 排气口；6. 水环泵；

7. 排气管；8. 进气管；9. 排气管；10. 水箱；11, 12. 控制阀

（二）水环式真空泵的工作原理

如图 3-18 所示，泵壳内偏心安装叶轮，叶轮上有许多径向的叶片。启动前，泵内灌有适量的水；工作时，叶轮高速旋转，水受离心力的作用被甩向壳壁，形成转动的水环，水环兼有液封和活塞作用，将叶片之间分隔成许多大小不等的密闭空间。叶片旋转时，右边小室逐渐增大，左侧小室逐渐缩小，气体从右边吸入口吸入，从左边排出口排出。水环泵配有气液分离器，即水箱，可以有效地将真空泵排出的气液混合物分开，液体经换热器冷却后，通过泵的自吸力回流到真空泵，作为工作液的循环补充。

（三）水环式真空泵的特点

水环式真空泵的优点是结构简单紧凑，没有阀门，很少堵塞，排气量大而均匀，无需润滑，易损件少，工作可靠。但是由于泵内有水，总有水蒸气分压存在，所以不能产生很高的真空度。适用于抽含有液体的气体，尤其是输送有腐蚀性或有爆炸性的气体。

你知道吗

在制药生产中，一些工艺过程需要在低于大气压下操作，如减压蒸馏、减压浓缩、真空过滤、真空干燥、真空包装等，都需要用真空泵从设备中抽出气体，使设备内压强低于当地大气压，形成真空。

目标检测

一、单项选择题

1. 单项液体输送机械不包括（　　）
   A. 清水泵　　　　　B. 油泵　　　　　C. 真空泵　　　　　D. 杂质泵

2. 气体输送设备不包括（　　）
   A. 通风机　　　　　B. 鼓风机　　　　　C. 真空泵　　　　　D. 齿轮泵

3. 离心泵的主要结构不包括（　　）
   A. 泵壳　　　　　B. 叶轮　　　　　C. 轴封　　　　　D. 曲轴

4. 往复压缩机的主要结构不包括（　　）
   A. 气缸　　　　　B. 泵轴　　　　　C. 连杆　　　　　D. 活塞

5. 离心泵的性能参数不包括（　　）
   A. 流量　　　　　B. 扬程　　　　　C. 排气量　　　　　D. 轴功率

6. 离心泵发生汽蚀的原因不包括（　　）
   A. 泵的安装高度过高　　　　　　B. 泵的吸入管路阻力过大
   C. 密闭储槽中液面压力上升　　　D. 输送液体的温度过高

7. 下列与离心泵的效率无关的参数是 （　　　）

　A. 泵的大小　　　　B. 活塞的行程　　C. 输送的液体　　D. 制造精密度

8. 罗茨鼓风机流量的调节可以采用 （　　　）

　A. 改变活塞的行程　　　　　　　B. 改变出口阀开启度

　C. 调整转速　　　　　　　　　　D. 旁路调节

9. 往复式真空泵与往复压缩机相比 （　　　）

　A. 压缩比较大　　　　　　　　　B. 吸入和排出阀更轻巧

　C. 阻力小　　　　　　　　　　　D. 吸入和排出阀较重

10. 往复压缩机活塞往复一次经历了膨胀、吸气、压缩、（　　　）四个阶段

　A. 循环　　　　　　B. 排气　　　　　C. 通风　　　　　D. 冷却

二、思考题

1. 离心泵为什么启动前要灌泵？

2. 简述往复式压缩机的工作原理。

3. 往复式真空泵工作时，如出现泵达不到要求的极限压力的现象，如何处理？

4. 罗茨鼓风机工作时，如风量波动或不足，如何处理？

书网融合……

　ⓔ微课1　　　　　ⓔ微课2　　　　　📝划重点　　　　　📋自测题

▶▶ 项目四 制药用水设备

📋 任务一 制药用水设备认知

🗂 岗位情景模拟

情景描述 制药过程中，很多地方都会用到水。比如固体制剂粘合剂的配制、注射剂药液的配制、设备和各类容器具的清洗、消毒液的配制等。

讨论 1. 这些用水来自哪里？

2. 这些用水都是一样的吗？

3. 哪些地方的用水要求会更高？

4. 制药用水需要检测吗？

制药用水是用于生产过程和药物制剂制备的一种辅料。用量大、使用广。

根据使用范围的不同，制药用水分为饮用水、纯化水、注射用水和灭菌注射用水。一般应根据各生产工序或使用目的与要求选用适宜的制药用水。

一、制药用水的类型

1. 饮用水 为天然水经净化处理所得的水，其质量必须符合现行中华人民共和国国家标准《生活饮用水卫生标准》。

2. 纯化水 是饮用水经蒸馏法、离子交换法、反渗透法或其他适宜的方法制备的制药用水。不含任何附加剂，其质量应符合现行版《中国药典》纯化水项下的规定。

3. 注射用水 是纯化水经蒸馏所得的水，应符合细菌内毒素试验要求。注射用水必须在防止细菌内毒素产生的设计条件下生产、贮藏及分装。其质量应符合现行版《中国药典》注射用水项下的规定。

4. 灭菌注射用水 是注射用水按照注射剂生产工艺制备所得。不含任何添加剂。

其质量应符合现行版《中国药典》灭菌注射用水项下的规定。

你知道吗

饮用水可作为药材净制时的漂洗、制药用具的粗洗用水。除另有规定外，也可作为饮片的提取溶剂。

纯化水可作为配制普通药物制剂用的溶剂或试验用水，中药注射剂、滴眼剂等灭菌制剂所用饮片的提取溶剂，口服、外用制剂配制用溶剂或稀释剂，非灭菌制剂用器具的精洗用水，以及非灭菌制剂所用饮片的提取溶剂。纯化水不得用于注射剂的配制与稀释。

注射用水可作为配制注射剂、滴眼剂等的溶剂或稀释剂及容器的精洗。

灭菌注射用水主要用于注射用灭菌粉末的溶剂或注射剂的稀释剂。

我国制药企业使用的原水主要有两个途径：一是天然水，如井水或地表水等，二是市政供水。各地原水（饮用水）质量差异较大，制药企业需要先把天然水或市政供水处理成符合国家标准的饮用水，作为纯化水的原水，处理得到纯化水；再将纯化水作为注射用水的原水，处理得到注射用水。

二、纯化水的制备

目前国内纯化水制备系统的主要配置方式如图4-1所示，但不局限于这几种。

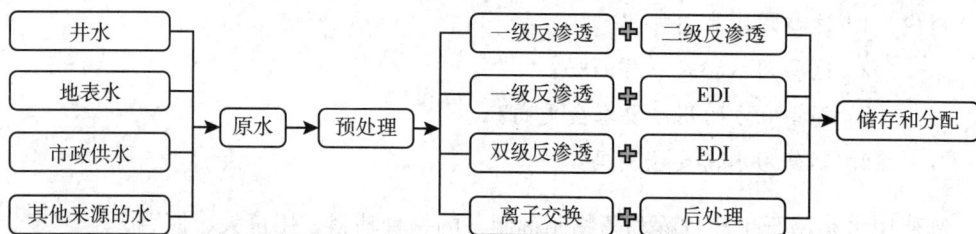

图4-1　纯化水制备系统的主要配置方式

（一）原水的预处理

原水中往往含有电解质、有机物、悬浮颗粒等各类杂质，不能满足饮用水的要求。如果原水不经过预处理，对设备的使用年限或者设备的性能会产生影响，导致出水质量不合格，所以在制备用水工艺中，原水的预处理显得尤为重要。

1.加入凝聚剂　凝聚剂多为高电荷的阳离子或高分子聚合物。经电性中和，使表面带有负电荷的物质凝聚，可去除原水中的悬浮物和胶体物质。常用的絮凝剂有ST高效絮凝剂、聚合氯化铝（PAC）等。

2.机械过滤　是采用机械过滤器进行过滤，去除杂质的操作。机械过滤器主要有多介质过滤器、活性炭吸附器、软化器、保安过滤器等。

（1）多介质过滤器　是由带支撑板的筒体、布水器和滤料、内装多介质（如锰砂、石英砂）、进水阀和排水阀等组成。

多介质过滤器是按深度过滤，水中较大的颗粒在顶层被去除，较小的颗粒在过滤器介质的较深处被去除。

多介质过滤器主要用于去除水中的悬浮杂质或铁离子。

（2）**活性炭吸附器**　是由带支撑板筒体、石英砂垫层和活性炭（滤粒为5mm的颗粒活性炭）、进水阀、排水阀等组成。

活性炭吸附器对水中的游离氯有极强的吸附作用，对有机物及色素也有较高的去除率，一般与多介质过滤器组合使用。

活性炭吸附器使用时注意事项：①颗粒活性炭进过滤器前需进行预处理；②根据进水水质情况应定期更换活性炭滤料，一般3~6个月更换一次；③运行过程中，若出水流量小，说明进水流量小或滤料层堵塞，需及时调整进水流量，或对滤料进行反洗，甚至更换滤料；④若反洗时滤料泄漏，说明反洗流量过大，应及时调整反洗流量。

（3）**软化器**　由软化罐内填充钠型阳离子交换树脂而成。软化过程中，水中的钙、镁离子被树脂中钠离子（软离子）置换出来，使水得以软化，防止管道和设备结垢。

软化器使用一段时间后，需要进行再生操作，再生液为4%~5%氯化钠溶液。再生结束后，需用纯化水冲洗树脂中残存的再生液，再用原水冲洗至符合用水要求后，继续产水。如果原水的硬度较高，在进行预处理时，需加软化工序。

（4）**保安过滤器**　又称精密过滤器，是原水进入反渗透膜的最后一道过滤装置，可以截留粒径大于5μm的物质，包括由前处理系统流失的滤料，如活性炭粉末等。可以满足反渗透的进水要求，有效保护反渗透膜不受或少受污染。

（5）**超滤**　超滤系统可作为反渗透的前处理，用于去除水中的有机物、细菌以及病毒和热原等，确保反渗透制备纯化水的进水品质。

> **请你想一想**
> 各种机械过滤的方法主要用于去除水中的何种物质？

（二）常用的纯化水制备方法 微课

1. 反渗透法（RO）　是压力驱动工艺，利用半渗透膜可以渗透水，而其他物质几乎不渗透的原理，使水中的离子、有机大分子、前阶段没有去除的小颗粒、细菌和内毒素等截留在膜的进水侧，达到分离净化的目的。

2. 离子交换法（IE）　主要作用是去除盐类。当水经过离子交换床，水中的盐离子交换树脂中的氢和氢氧根离子，水得到纯化。

由于离子交换树脂的再生对环境有污染和操作比较烦琐，所以目前在国内很少使用，而趋向于使用电去离子装置。

3. 电去离子法（EDI）　该技术是将电渗析和离子交换相结合的除盐工艺，该工艺把电渗析技术和离子交换技术相结合，互相取长补短，即利用离子交换做深度处理，又利用电离产生的 H^+ 和 OH^-，达到再生树脂的目的。EDI 的原理如图 4-2 所示。

给水
Cl⁻,
Na⁺

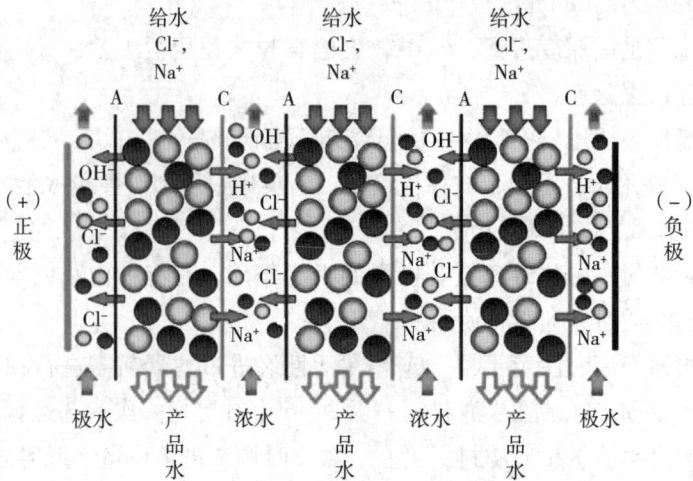

图 4 - 2　电去离子法设备原理示意图

三、注射用水的制备

《中国药典》2020 版规定，注射用水是使用纯化水作为原水，通过蒸馏的方法来获得。注射用水的制备通常用以下三种蒸馏方式获得。

1. 单效蒸馏水机　主要用于实验室或科研机构的注射用水制备，产量较低。由于单效蒸馏只蒸发一次，加热蒸汽消耗量较高，在我国制药企业是属于淘汰的产品。

2. 多效蒸馏水机　是将几个蒸发器串联进行蒸发的操作。在一个多效蒸馏设备中，经过每一效蒸发器产生的纯化的蒸汽（纯蒸汽）都用于加热原料水，并在后面的各效中产生更多的纯蒸汽，纯蒸汽在加热蒸发原料水后经过相变冷凝成为注射用水。由于在这个分段蒸发和冷凝过程当中，只有第一效蒸发器需要用外部热源加热，而经最后一效产生的纯蒸汽和各效产生的注射用水的冷却是用外部冷却介质来冷却的。所以在能源节约方面效果非常明显，效数越多节能效果越好，但这样就会增加投资成本。多效蒸馏水机是我国制药企业广泛采用的制备注射用水的设备。

3. 热压式蒸馏水机　蒸汽压缩是一种蒸馏方法，水在蒸发器的管程里面蒸发，进料水在列管的一侧被蒸发，产生的蒸汽通过分离空间后再通过分离装置进入压缩机，通过压缩机的运行使被压缩蒸汽的压力和温度升高，然后高能量的蒸汽被释放回蒸发器和冷凝器的容器，在这里蒸汽冷凝并释放出潜在的热量，这个过程是通过列管的管壁传递给水的。水被加热蒸发的越多，产生的蒸汽就越多，此工艺过程不断重复。流出的蒸馏物和排放水流用来预热原料水进水，非常节约能源。

从节能方面考虑，热压蒸馏水机相比多效蒸馏水机，电耗较高，但蒸汽消耗非常少，10T/h 产量设备只需 0.3MPa 就可运行，2T/h 以下产量设备完全可以采用电加热运行，总体比多效蒸馏水机节能 40% ~ 50%。

任务二 电渗析器

电渗析器，简称 ED，利用离子交换膜和直流电场，使水中电解质的离子产生选择性定向迁移，达到使水淡化的目的。

一、电渗析器的结构

电渗析器由离子渗透膜、隔板、电极和夹紧装置、直流电源、水泵、水槽和进水预处理设备等组成（图 4-3）。

电极和膜组成的隔室称为极室。阳极室内发生氧化反应，阳极水呈酸性；阴极室内发生还原反应，阴极水呈碱性。阳极容易被腐蚀，阴极容易结垢。

离子渗透膜按离子的电荷性质可分为阳离子交换膜（阳膜）和阴离子交换膜（阴膜）两种。在电解质水溶液中，阳膜允许阳离子透过而排斥阻挡阴离子，阴膜允许阴离子透过而排斥阻挡阳离子。这就是离子交换膜的选择透过性。

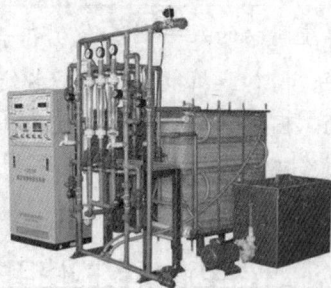

图 4-3 电渗析器

"膜对"是在电渗析器中最小电渗析工作单元，它由阴膜、淡水隔板、阳膜和浓水隔板组成。若干个膜对组成"膜堆"。

二、电渗析器的工作原理

电渗析器除盐的基本原理：在直流电场的作用下，正、负离子通过半透膜分别向阴、阳极迁移。利用离子交换膜的选择透过性，阳离子交换膜只允许阳离子通过，阴离子交换膜只允许阴离子通过，最后在两个膜之间的中间室内，盐的浓度降低，从而达到含盐水淡化的目的（图 4-4）。

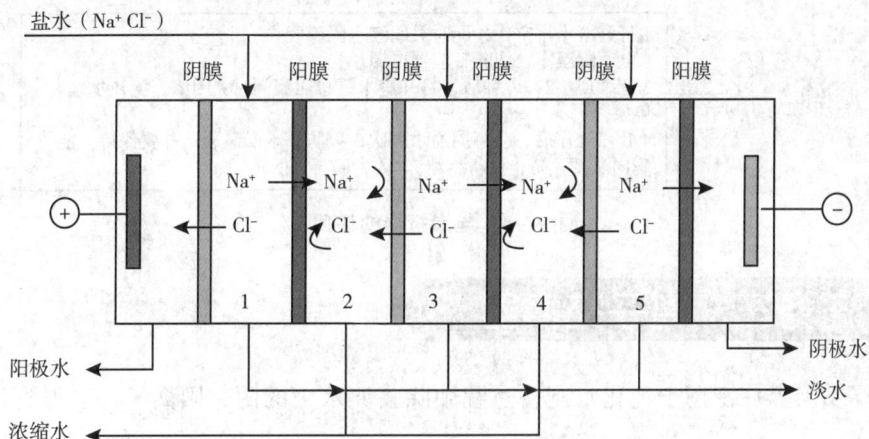

图 4-4 电渗析除盐的原理

在图4-4中，2、4室为浓水室，1、3、5室为淡水室。当原料水进入电渗析器后，在直流电场的作用下，2、4室中的阳离子向负电极方向迁移时受到阴膜阻挡，阴离子向正电极方向迁移时受到阳膜阻挡，浓水室中离子浓度越来越大，成为浓水，故2、4室称为浓水室，浓水沿浓水通道流汇总后流出。而1、3、5室中的阳离子向负电极方向迁移，经过阳膜进入浓水室，阴离子向正电极方向迁移，经过阴膜进入浓水室，使水得到淡化，故1、3、5室称为淡水室，自淡水室流出的淡水汇总后流出。

你知道吗

电渗析器的组装是用"级"和"段"来表示，一对电极之间的膜堆称为"一级"。水流同向的每一个膜称为"一段"。增加段数就等于增加脱盐流程，也就是提高脱盐效率，增加膜堆数，可提高水处理量。电渗析器的组装方式可根据淡水产量和出水水质的不同要求而调整，一般有以下几种组装形式：一级一段；一级多段；多级一段；多级多段。

三、电渗析器的使用

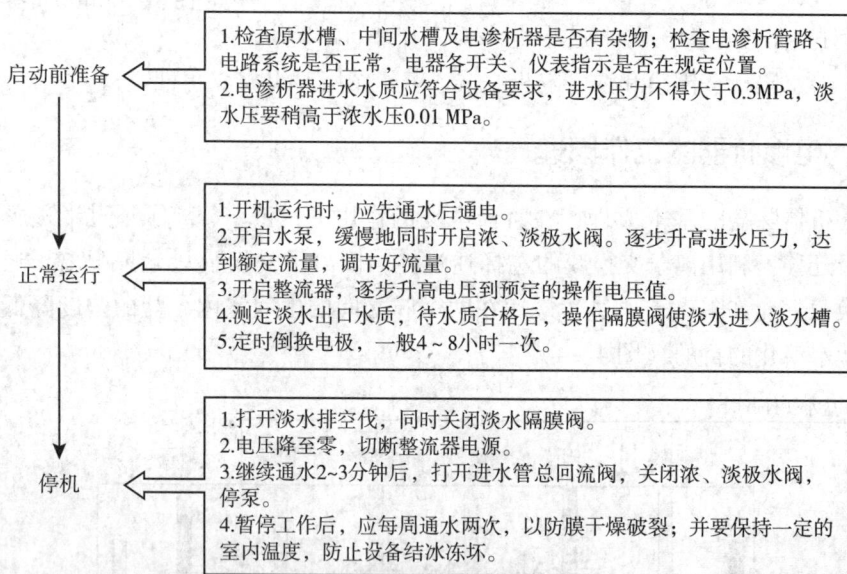

启动前准备 ←
> 1.检查原水槽、中间水槽及电渗析器是否有杂物；检查电渗析管路、电路系统是否正常，电器各开关、仪表指示是否在规定位置。
> 2.电渗析器进水水质应符合设备要求，进水压力不得大于0.3MPa，淡水压要稍高于浓水压0.01 MPa。

正常运行 ←
> 1.开机运行时，应先通水后通电。
> 2.开启水泵，缓慢地同时开启浓、淡极水阀。逐步升高进水压力，达到额定流量，调节好流量。
> 3.开启整流器，逐步升高电压到预定的操作电压值。
> 4.测定淡水出口水质，待水质合格后，操作隔膜阀使淡水进入淡水槽。
> 5.定时倒换电极，一般4~8小时一次。

停机 ←
> 1.打开淡水排空伐，同时关闭淡水隔膜阀。
> 2.电压降至零，切断整流器电源。
> 3.继续通水2~3分钟后，打开进水管总回流阀，关闭浓、淡极水阀，停泵。
> 4.暂停工作后，应每周通水两次，以防膜干燥破裂；并要保持一定的室内温度，防止设备结冰冻坏。

图4-5　电渗析器的使用

📖 任务三　离子交换器

离子交换器广泛用于纯化水制备过程中除去原水中的阴、阳离子，以得到纯化水（图4-6）。

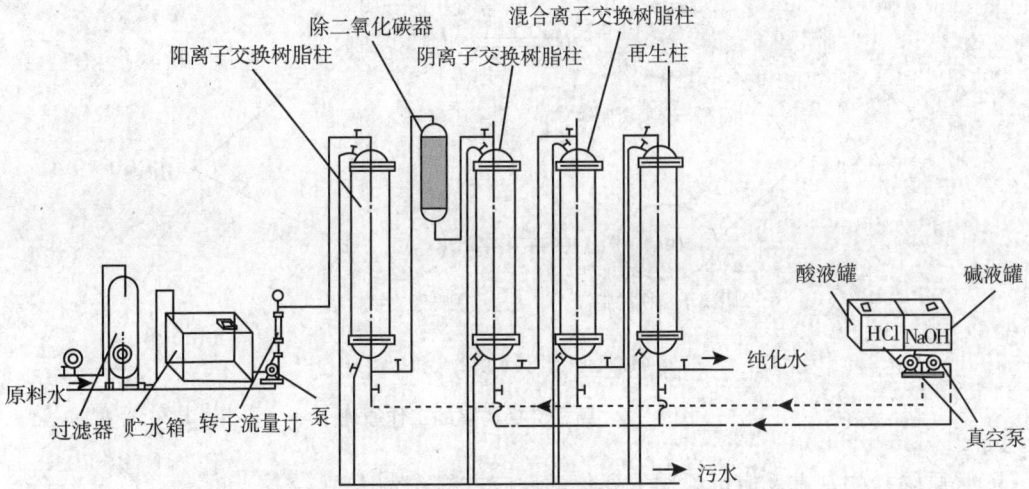

图 4 - 6 离子交换器成套装置示意图

一、离子交换器的结构

离子交换器由离子交换树脂柱、进水阀、出水阀、连接管道和再生装置等组成（图 4 - 7）。离子交换树脂柱有钢衬胶柱体、有机玻璃柱、不锈钢和玻璃钢等材质。柱体内装阳树脂的称为阳柱（即阳床），柱内装阴树脂的称为阴柱（即阴床），柱内装阴、阳树脂（阴、阳树脂一般按照 2：1 的比例混合）则称为混合柱（即混合床）。

单独的离子交换树脂柱不能满足纯化水的要求，一般由阳床→（脱气塔）→阴床→混合床所构成，得水的化学纯度高。

二、离子交换树脂柱的工作原理

离子交换法的工作原理是：水经过离子交换树脂时，依靠阳、阴离子交换树脂中含有的氢离子和氢氧根离子，与原料水中电解质解离出的阳离子（Ca^{2+}、Mg^{2+} 等）、阴离子（Cl^-、SO_4^{2-} 等）进行交换，原料水的离子被吸附在树脂上，而从树脂上交换下来的氢离子和氢氧根离子结合，生成水，最后得到去离子的纯化水。

以氯化钠（NaCl）代表水中无机盐类，离子交换原理如图 4 - 8 所示。

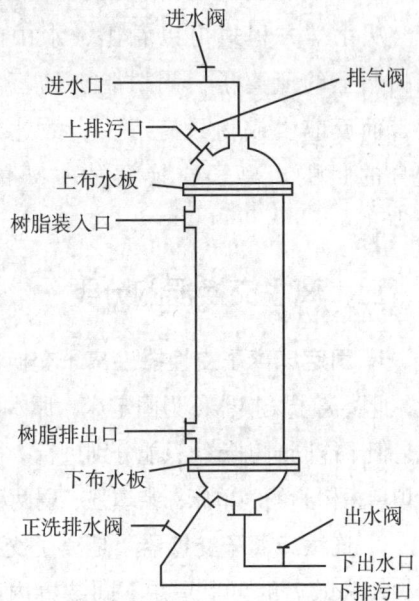

图 4 - 7 离子交换柱示意图

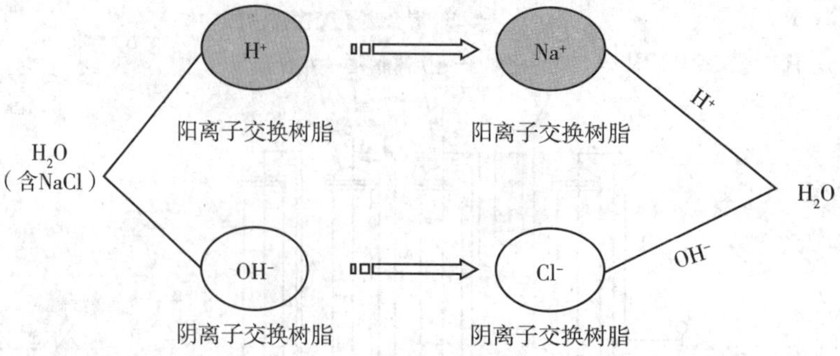

（以氯化钠作为水中的无机盐类）

图 4 - 8　离子交换树脂的工作原理

水质除盐的基本反应可以用下列化学反应方程式表达。

水中的阳离子与阳树脂上的氢离子交换：$(H-R)+(M^+)\rightarrow(M-R)+(H^+)$

水中的阴离子与阴树脂上的氢氧根离子交换：$(OH-R)+(X^-)\rightarrow(X-R)+(OH^-)$

从化学方程式可以看出，水中的盐已分别被阳树脂上的氢离子、阴树脂上的氢氧根离子所取代，而反应生成物只有 H_2O，故达到了去除水中盐分的目的。离子交换器的主要的作用是去除盐类。

> **请你想一想**
>
> 电渗析器的的离子交换膜和离子交换树脂的离子交换原理有什么不一样？

三、离子交换器的分类

1. 固定床离子交换器　离子交换器内装设的离子交换树脂在交换过程中处于固定位置，此类离子交换器称为固定床。原水的交换处理和树脂失效后再生是在同一交换器内完成，但不能同时进行，只能分别进行。根据交换器内树脂的种类可分为单床、双床和混床。装填单一树脂的为单床；装填强、弱两种树脂的为双床；装填阴、阳两类树脂的为混床。

2. 连续床离子交换器　是离子交换树脂在动态下运行的交换器。原水的交换处理和树脂失效后的再生是在不同装置内同时进行的。离子交换过程分别在交换塔、再生塔和清洗塔中完成。三个塔以管道首尾相连，构成循环系统。与固定床相比，连续床离子交换器具有树脂装填量少、再生剂用量少、设备体积小、出水质量好和出水水质稳定等优点；但其操作复杂，树脂耗损多。

四、离子交换树脂的再生

离子交换器工作一段时间后，树脂交换达到饱和，会失去置换能力。将交换容量耗竭的树脂与适当的酸、碱或盐溶液发生交换，使树脂转换为所需要的形式的过程称为再生。再生过程中使用的酸、碱或盐溶液称为再生剂（再生液）。对树脂进行再生操作可使其恢复交换能力。固定床的再生方式有顺流再生和逆流再生两种。再生剂的流向与交换时水流方向相同者，称为顺流再生；反之称为逆流再生。一般来讲，逆流再生法出水质量好，再生效率高，且再生剂损耗量少。

你知道吗

医药行业现多把 EDI 系统加入到制备纯化水的系统中，EDI 又称连续电除盐技术，它将电渗析技术和离子交换技术融为一体，通过阳、阴离子膜对阳、阴离子的选择透过作用以及离子交换树脂对水中离子的交换作用，在电场的作用下实现水中离子的定向迁移，从而达到水的深度净化除盐目的，并通过水电解产生的氢离子和氢氧根离子对装填树脂进行连续再生，因此，EDI 制水过程不需酸、碱、盐再生即可连续制取高品质超纯水。它具有技术先进、结构紧凑、操作简便的优点，可广泛应用于电力、电子、医药、化工、食品和实验室领域，是水处理技术的绿色革命，出水水质具有极佳的稳定度。

五、离子交换器的使用

以离子交换法制备纯化水为例，目前药厂使用的是逆流再生式离子交换器，其关键部件是离子交换柱。

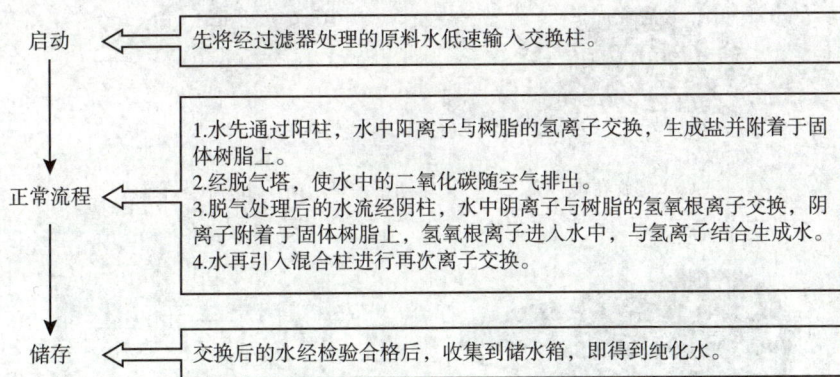

启动 ← 先将经过滤器处理的原料水低速输入交换柱。

正常流程 ←
1.水先通过阳柱，水中阳离子与树脂的氢离子交换，生成盐并附着于固体树脂上。
2.经脱气塔，使水中的二氧化碳随空气排出。
3.脱气处理后的水流经阴柱，水中阴离子与树脂的氢氧根离子交换，阴离子附着于固体树脂上，氢氧根离子进入水中，与氢离子结合生成水。
4.水再引入混合柱进行再次离子交换。

储存 ← 交换后的水经检验合格后，收集到储水箱，即得到纯化水。

图 4-9 离子交换器的使用

任务四 反渗透器

反渗透（RO）属于膜分离技术，通过反渗透膜把水溶液中的水分离出来。反渗透不能完全去除水中的污染物，很难甚至不能去除极小分子量的溶解有机物；但是反渗透能大量去除水中细菌、内毒素、胶体和有机大分子。目前用反渗透法制备纯化水是一项应用广泛的技术。

一、反渗透器的结构和装置

反渗透器由高压泵、反渗透膜壳（为不锈钢壳或玻璃钢壳）、反渗透膜、电导率仪等组成（图4-10）。现在常用二级反渗透，是以采用一级反渗透的产水作为原水，进行第二次反渗透操作。设备在一级反渗透装置的基础上增加二级高压泵和二级反渗透装置，可使产水电导率达到5μs/cm以下。

反渗透器的核心是反渗透膜，将渗透膜以某些形式组装成的器件称为膜组件，是反渗透膜装置的核心部件。膜组件由膜、固定膜的支撑体、间隔物以及容纳这些部件的容器构成。

图4-10　反渗透器

膜组件的结构根据反渗透膜的形式，可分为板式、螺旋卷式、管状式和中空纤维式膜组件，制药用水生产中多采用多数采用卷式、中空纤维式结构的反渗透膜（图4-11）。

（a）螺旋卷式

（b）中空纤维式

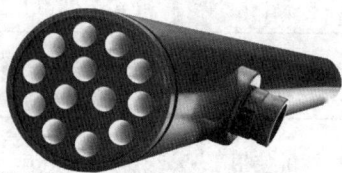

（c）管状式

（d）板式

图4-11　四种反渗透膜组件

二、反渗透器的工作原理

反渗透过程中使用的反渗透膜，是用高分子材料经特殊工艺加工制成的半透膜，具有选择透过性，只允许水分子透过而不允许溶质通过。若用高压泵打压，使处于半透膜一侧的原料水的压力超过渗透压时，原料水中的水分子则向半透膜迁移，并透过半透膜进入另一侧，得到纯化水，而原料水中的溶质、非溶解的有机物、胶体、细菌、病毒等杂质均无法通过半透膜，留在原料水一侧。原料水逐渐变为浓度较大的水，即浓水，由浓水道排出。反渗透过程属于压力推动过程，借助于一定的推力，迫使原料水中的水分子通过反渗透膜，而杂质被截留、除去。

你知道吗

目前，美国药典是允许采用反渗透法制备注射用水的，而欧洲药典要求注射用水必须采用蒸馏方法制备。但是美国 FDA 对该类系统制订了严格的验证和维护要求。

三、反渗透器的使用

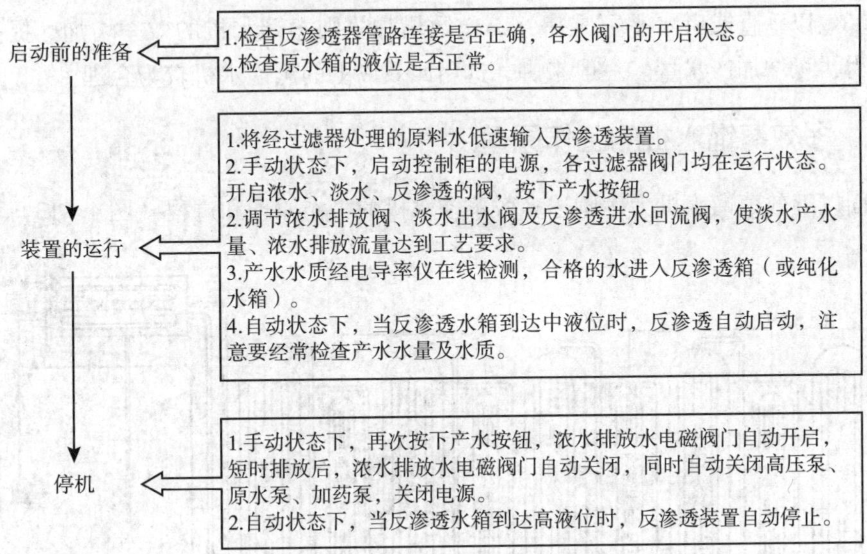

启动前的准备 →	1.检查反渗透器管路连接是否正确，各水阀门的开启状态。 2.检查原水箱的液位是否正常。
装置的运行 →	1.将经过滤器处理的原料水低速输入反渗透装置。 2.手动状态下，启动控制柜的电源，各过滤器阀门均在运行状态。开启浓水、淡水、反渗透的阀，按下产水按钮。 2.调节浓水排放阀、淡水出水阀及反渗透进水回流阀，使淡水产水量、浓水排放流量达到工艺要求。 3.产水水质经电导率仪在线检测，合格的水进入反渗透箱（或纯化水箱）。 4.自动状态下，当反渗透水箱到达中液位时，反渗透自动启动，注意要经常检查产水水量及水质。
停机 →	1.手动状态下，再次按下产水按钮，浓水排放水电磁阀门自动开启，短时排放后，浓水排放水电磁阀门自动关闭，同时自动关闭高压泵、原水泵、加药泵，关闭电源。 2.自动状态下，当反渗透水箱到达高液位时，反渗透装置自动停止。

图 4－12 反渗透器的使用流程图

四、反渗透器常见故障及排除

1. 原水泵、高压泵不启动

（1）电器故障 处理方法：检修相关电器。

（2）泵电机烧毁 处理方法：检修电机。

2. 反渗透产水量下降

（1）进水温度过低 处理方法：提高水温或提高操作压力至流量合适为止。

（2）反渗透膜堵塞 处理方法：清洗或更换膜组件。

（3）流量计失灵 处理方法：检修流量计。

3. 反渗透产水水质变差

（1）原水水质变差 处理方法：对原水进一步处理，如增加除盐设备。

（2）反渗透膜堵塞（水质缓慢变差） 处理方法：清洗或更换膜组件。

（3）反渗透膜破裂（水质迅速变差）　处理方法：更换膜组件。

（4）密封件老化或破损（水质迅速变差）　处理方法：检查更换密封件。

任务五　多效蒸馏水机

一、多效蒸馏水机的结构

多效蒸馏设备通常由两个或更多蒸发换热器、分离装置、预热器，两个冷凝器及阀门、仪表和控制部分等组成。一般的系统有 3~8 效，每效包括一个蒸发器、一个分离装置和一个预热器。

每一效以垂直或者水平方式串接，效数增加，则蒸馏水机的效率增加，提高工业蒸汽压力，可增加产水量。一般来讲，选用四效以上的蒸馏水机较为合理。

二、多效蒸馏水机的工作原理

下面以五效蒸馏水机为例阐述多效蒸馏水机的工作原理和过程（图 4-13）。

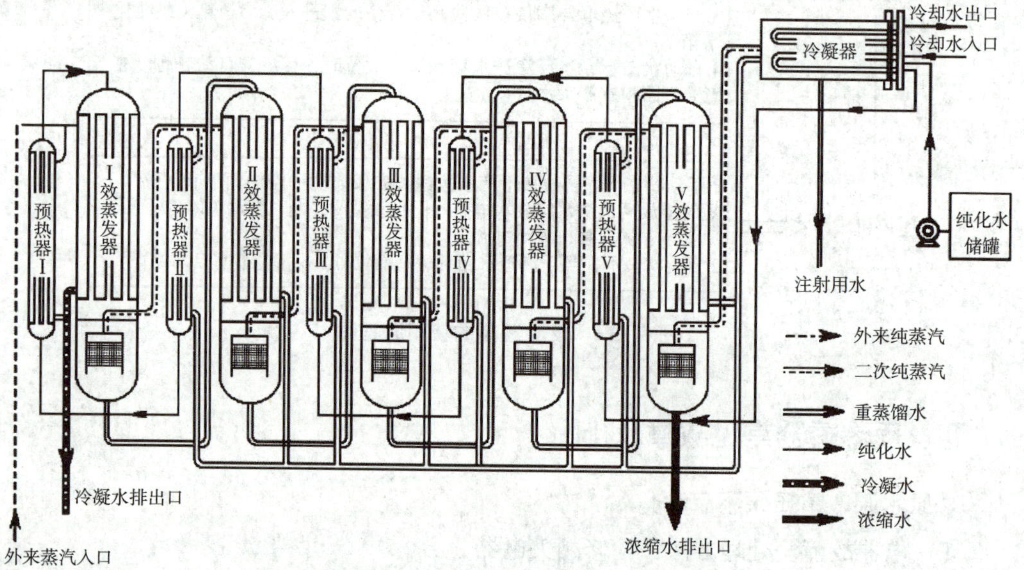

图 4-13　五效蒸馏水机的结构与流程示意图

五效蒸馏水机的工作原理：进料水（即纯化水）由泵输送，进入冷凝器作为冷却剂且本身被预热，然后依次进入预热器 V、IV、III、II 及 I 中，从预热器 I 再进入到 I 效蒸发器内。外来加热蒸汽先进入 I 效蒸发器的列管间，将进入到 I 效蒸发器内的被预热的进料水加热蒸馏，使进料水的一部分蒸发变成二次纯蒸汽，进入到 II 效蒸发器的列管间作为热源；其余部分虽已被加热，但未气化的进料水，则进入 II 效蒸发器的列管内，继续被进来的二次纯蒸汽加热蒸发。依此类推，在 II 效、III 效、IV 效、V

效蒸发器产生的二次纯蒸汽依次被冷凝，各效蒸发器与预热器产生的冷凝水合并，一起进入冷凝器，作为新的进料水的加热热源，同时在冷凝器继续冷凝、冷却，最终以注射用水排出。

由Ⅴ效蒸发器底部排放的浓缩水含热原、粒子多，作为废水弃去。进入Ⅰ效蒸发器的列管间的外来加热蒸汽，放出潜热后被冷凝，冷凝水由Ⅰ效蒸发器的底部排出。

Ⅰ效蒸发器直接利用外来蒸汽作为热源，而Ⅱ效蒸发器则利用Ⅰ效蒸发器产生的二次纯蒸汽作为加热蒸汽。依此类推，Ⅲ效蒸发器、Ⅳ效蒸发器、Ⅴ效蒸发器均利用其前一效蒸发器产生的二次纯蒸汽作为后一效蒸发器的加热蒸汽，以节约能源。

三、多效蒸馏水机的使用

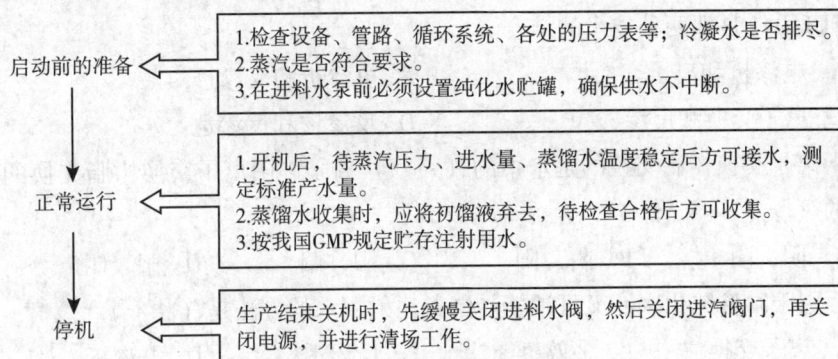

图 4-18　多效蒸馏水机的使用

四、多效蒸馏水机的使用要求

（1）一般需要 0.3~0.8MPa 的工业蒸汽。

（2）原料水为满足《中国药典》要求的纯化水，其供给能力应大于多效蒸馏设备的生产能力。

（3）冷却水的温度一般为 4~16℃，为了防止冷凝器结垢堵塞，通常情况下至少要使用软水作为冷却水；冷却水经过换热后水温会升至 65~70℃。

（4）工业蒸汽和冷却水的消耗量因注射用水的产量和效数的不同而不同。

（5）用于控制系统压缩空气的压力一般为 0.55~0.8MPa。

（6）注射水的产水温度通常在 95~99℃，产水温度可以在控制程序里设置，通过冷却水来调节。

（7）不同生产能力的设备对电源功率要求不一样。

你知道吗

如果每生产 1000kg 注射用水：对于 4 效水机来说，消耗 340kg 蒸汽、1110kg 冷却水、1150kg 原料水；对于 5 效水机来说，消耗 270kg 蒸汽、580kg 冷却水、1150kg 原料水；对于 6 效水机来说，消耗 230kg 蒸汽、210kg 冷却水、1150kg 原料水。

目标检测

一、单项选择题

1. 下列不属于制药用水的是（　　）
   A. 饮用水　　　　B. 纯化水　　　　C. 注射用水　　　D. 自来水

2. 以下不能作为制备纯化水的设备是（　　）
   A. 离子交换器　　B. 精密过滤器　　C. 反渗透器　　　D. EDI

3. EDI 系统是那两种技术的结合（　　）
   A. 电渗析和离子交换　　　　　　B. 电渗析和反渗透
   C. 离子交换和反渗透　　　　　　D. 反渗透和反渗透

4. 阳离子交换树脂交换的是水中的（　　）离子，阴离子交换树脂交换的是水中的（　　）离子。
   A. 阴，阴　　　　B. 阴，阳　　　　C. 阳，阳　　　　D. 阳，阴

5. 可用于制备纯化水，又可被接受制备注射用水的方法是（　　）。
   A. 离子交换法　　B. 多效蒸馏法　　C. 反渗透　　　　D. 电渗析

6. 五效蒸馏水机直接利用外来蒸汽作为热源的蒸发器是（　　）。
   A. Ⅰ效　　　　　B. Ⅱ效　　　　　C. Ⅲ效　　　　　D. Ⅳ效

7. 水进入成套离子交换装置后，首先经过的离子交换器为（　　）。
   A. 阳离子交换器　　　　　　　　B. 阴离子交换器
   C. 混合离子交换器　　　　　　　D. 离子交换柱

二、多项选择题

1. 原水预处理常用机械过滤器为（　　）
   A. 多介质过滤器　　　　　　　　B. 活性炭吸附器
   C. 软化器　　　　　　　　　　　D. 保安过滤器

2. 下列关于反渗透器叙述，正确的是（　　）
   A. 属于膜分离技术
   B. 借助一定的推力迫使原料水中的水分子通过反渗透膜
   C. 反渗透器的核心是反渗透膜
   D. 反渗透膜是一种特殊的半透膜

3. 反渗透膜组件的形式包括（　　）
   A. 螺旋卷式　　　B. 管状式　　　　C. 中空纤维式　　D. 板式

三、思考题

1. 为什么要对原水进行预处理?
2. 离子交换法制备纯化水的原理是什么?
3. 离子交换树脂的再生指的是什么?
4. 反渗透法制备纯化水的原理是什么?
5. 反渗透膜组件的装置主要有哪几种?
6. 简述多效蒸馏水机制备注射用水的制备过程。

书网融合……

　　微课　　　　　　划重点　　　　　自测题

项目五 空气净化设备

学习目标

知识要求

1. **掌握** 空气洁净度级别；HVAC 系统各功能段的功能；空气过滤器的分类和作用。
2. **熟悉** 风淋室和超净工作台的结构和原理。
3. **了解** 空调系统的故障和维修。

能力要求

1. 能正确使用风淋室、超净工作台。
2. 能进行 HVAC 设备的开机、关机及日常维护。

药品的质量不是检验出来的，而是生产出来的。药品的生产要按照 GMP 的要求进行全过程的管理，空气净化是非常重要的一项内容。

任务一 风淋室

一、风淋室简介

洁净厂房内众多的污染源中，人是主要的污染源之一，尤其是工作人员在洁净环境中的活动，会明显地增加洁净环境的污染程度。

人员在进入洁净区之前，要进行换鞋、更衣、手消毒等一系列操作，有的药企在进入洁净室之前设置了风淋室，人员要进行吹淋后再进入洁净区。

有的企业将风淋室安装于洁净室与非洁净室之间，也有的企业在进入 C 级洁净室之前也设置了风淋室。风淋室的设置根据企业需要进行选择。当人与货物要进入洁净区时，经风淋室吹淋，其吹出的洁净空气可去除人或者货物所携带的尘埃，能有效地阻断或减少尘源进入洁净区。

二、风淋室的结构

风淋室由箱体、不锈钢门、高效过滤器、风机、配电箱、喷嘴等主要部件组成（图 5 –1）。

三、风淋室的工作原理

风淋室内的空气经初效空气过滤器由离心风机压入静压箱，再经高效过滤器过滤后，洁净空气从风淋室的喷嘴高速喷出。喷嘴角度可调节，可有效地吹除人体或物品表面附着的尘埃，吹下的尘埃再回收进入初效空气过滤器，有效阻止外界污染源进入洁净区域。

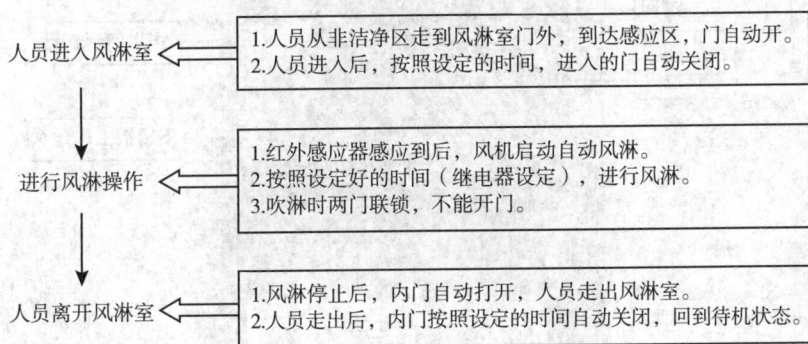

图5-1　风淋室

四、风淋室的分类

1. 根据使用的对象不同　可分为人用风淋室和货用风淋室。

2. 根据自动化程度不同　可分为人工智能风淋室和自动门风淋室等。

采用 PLC 智能化的控制的风淋室，控制面板上的 LED 显示屏可显示风淋的运行状态、双门的互锁状态、风淋周期进度和延时开门状态。智能风淋室还设有光电感应器，对于单向通道风淋室，从非洁净区进入，关门后红外线感应到人就吹淋，吹淋后入门锁闭，只能从出门走出风淋室。

3. 根据吹淋方式　可分为单人单吹风淋室、单人双吹风淋室、单人三吹风淋室、双人双吹风淋室、双人三吹风淋室、多人风淋室等。

五、风淋室的使用

人员进入风淋室 ← | 1.人员从非洁净区走到风淋室门外，到达感应区，门自动开。
2.人员进入后，按照设定的时间，进入的门自动关闭。 |

进行风淋操作 ← | 1.红外感应器感应到后，风机启动自动风淋。
2.按照设定好的时间（继电器设定），进行风淋。
3.吹淋时两门联锁，不能开门。 |

人员离开风淋室 ← | 1.风淋停止后，内门自动打开，人员走出风淋室。
2.人员走出后，内门按照设定的时间自动关闭，回到待机状态。 |

图5-2　风淋室的使用流程图

你知道吗

国外有观点认为，风淋室作为洁净区与非洁净区的一个分界，具有某种警示性的心理作用，有利于规范入室人员在洁净车间内的活动。

六、风淋室常见故障及处置

（1）风淋室风机不工作时，检查箱体外和箱体内的急停开关是否被按下，用手轻轻按住，按照箭头方向旋转一下，然后松手即可。

（2）风淋室风机倒转或者风淋室风速很小时，检查一下380V三相四线的线路是否反接，如反接了风淋室的线源，轻者会导致风淋室风机不工作或反转，风淋室风速减小，重者会烧掉整个风淋室的线路板。不要轻意更换接线。

（3）风淋室不能自动感应吹淋时，检查风淋室内箱体的光感系统是否安装正确。

（4）风淋室使用一段时间出现风速很低时，要检查风淋室的初、高效过滤器是否积尘过多，如果是，需要更换过滤器（风淋室初效过滤器一般 1 ~ 6 个月内更换一次，风淋室高效过滤器一般 6 ~ 12 个月内更换一次）。

任务二 超净工作台

一、超净工作台简介

超净工作台是为了适应现代化工业、光电产业、生物制药以及科研试验等领域对局部工作区域洁净度的需求而设计的（图 5 - 3）。

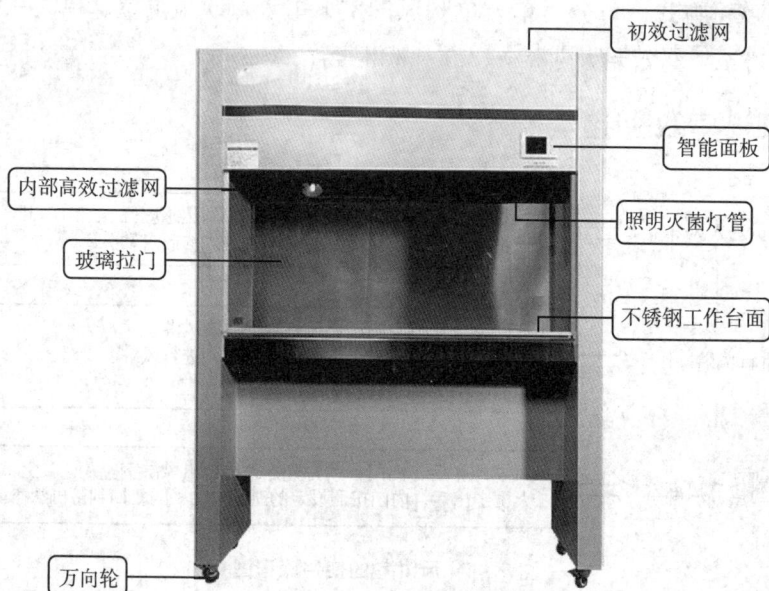

图 5 - 3 超净工作台

超净工作台是一种局部净化设备，即利用空气净化技术使一定操作区内的空间达到相对的无尘、无菌状态。超净工作台可以达到 A 级或 B 级的洁净级别。根据 2020 版《中国药典》要求，无菌检查应在 B 级背景下的 A 级单向流洁净区域中进行；微生物限度检查应在不低于 D 级背景下的生物安全柜或 B 级洁净区域内进行。

二、超净工作台的结构

超净工作台主要由箱体、初效过滤器、高效过滤器、风机、紫外灭菌灯等组成（图 5 - 3）。

三、超净工作台的工作原理

超净工作台是在特定的空间内，室内空气经预过滤器初滤，由小型离心风机压入静压箱，再经空气高效过滤器二级过滤，将过滤后的洁净空气以垂直或水平气流的状态送出，将尘埃颗粒和生物颗粒带走，使操作区域持续在洁净空气的控制下达到所需要的洁净度，保证生产对环境洁净度的要求。

四、超净工作台的分类

超净工作台根据气流的方向分为垂直流超净工作台（图5-4）和水平流超净工作台（图5-5）。垂直流工作台由于风机在顶部，风垂直吹，多用在医药工程；水平流工作台，风向外吹，多用在电子行业。

超净工作台根据操作结构分为单边操作及双边操作两种形式；按其用途可分为普通超净工作台和生物（医药）超净工作台；从操作人员数上分为单人超净台和双人超净台。

图5-4 垂直单向流
1. 高效空气过滤器；2. 格栅地板回风；
3. 回风夹道

图5-5 水平单向流
1. 高效空气过滤器；2. 格栅地板回风；
3. 回风夹道

五、超净工作台的使用与保养

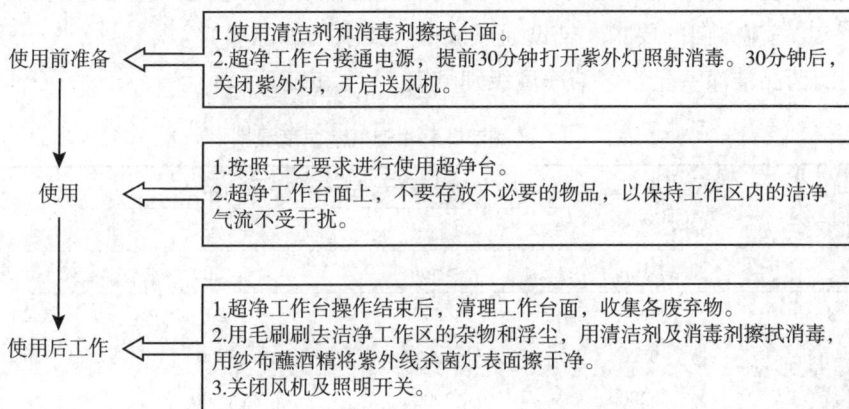

使用前准备 ←
1. 使用清洁剂和消毒剂擦拭台面。
2. 超净工作台接通电源，提前30分钟打开紫外灯照射消毒。30分钟后，关闭紫外灯，开启送风机。

使用 ←
1. 按照工艺要求进行使用超净台。
2. 超净工作台面上，不要存放不必要的物品，以保持工作区内的洁净气流不受干扰。

使用后工作 ←
1. 超净工作台操作结束后，清理工作台面，收集各废弃物。
2. 用毛刷刷去洁净工作区的杂物和浮尘，用清洁剂及消毒剂擦拭消毒，用纱布蘸酒精将紫外线杀菌灯表面擦干净。
3. 关闭风机及照明开关。

图5-6 超净工作台使用流程图

六、超净工作台的维护与保养

（1）超净工作台应每月进行一次维护检查，风速计测量一次工作区平均风速，如发现不符合技术标准，应调节调压器手柄，改变风机输入电压，使工作台处于最佳状况。

（2）更换新的高效过滤器，需要用尘埃粒子计数器检漏，尤其要在高效过滤器边框四周经行扫描检查。如果本身工作台处于洁净界别高的环境中，更换频率较低；如果只是普通实验室，应2年换一次过滤器，以保证其效果。

任务三　空气调节净化系统

岗位情景模拟

情景描述　进入粉针剂生产的分装岗位，生产操作人员需换鞋、更衣、风淋，又换了两次鞋，穿了无菌内衣，再穿无菌外衣，到达生产岗位后，进行生产前准备，并记录了操作间的温度、湿度和压差。

讨论　1. 你知道什么是洁净区吗？

2. 你认为粉针剂生产的分装岗位应该是哪一个级别的洁净区？

3. 洁净区内的温度、湿度、压差、尘埃粒子数以及微生物的控制是如何保证的？

GMP 规定，应当根据药品品种、生产操作要求及外部环境状况等配置空调净化系统，使生产区域有效通风，并有温度、湿度控制和空气净化过滤，保证药品的生产环境符合要求。

洁净室参数包括温度、相对湿度、洁净级别、自净时间（洁净室从污染状态恢复到其正常洁净度状态所需要的时间）、换气次数要求、微粒控制或过滤要求（如无分级）、压差或气流方向的要求、辅助通风或排风要求（如除尘）。

我国的药品洁净室生空气洁净度级别见表 5 – 1 和表 5 – 2。

表 5 – 1　药品洁净室生空气洁净度级别

洁净度级别	悬浮粒子最大允许数/立方米			
	静态		动态	
	≥0.5μm	≥5μm	≥0.5μm	≥5μm
A 级	3520	20	3520	20
B 级	3520	29	352000	2900
C 级	352000	2900	3520000	29000
D 级	3520000	29000	不作规定	不作规定

表 5 – 2　洁净区微生物监测的动态标准

洁净度级别	浮游菌 cfu/m³	沉降菌（φ90mm） cfu /4 小时	表面微生物	
			接触（φ55mm） cfu/碟	5 指手套 cfu/手套
A 级	<1	<1	<1	<1
B 级	10	5	5	5
C 级	100	50	25	—
D 级	200	100	50	—

除此以外，GMP 还规定：洁净区与非洁净区之间、不同级别洁净区之间的压差应当不低于 10 帕斯卡；必要时，相同洁净级别的不同功能区域之间也应当保持适当的压差梯度。这些都需要空气调节净化系统来完成。

一、空气调节净化系统简介 🅴 微课

空气调节净化系统（HVAC 系统）由处理空气的空调净化设备（图 5 – 7）、输送空气的管路系统和用来进行生产的洁净室三大部分构成。

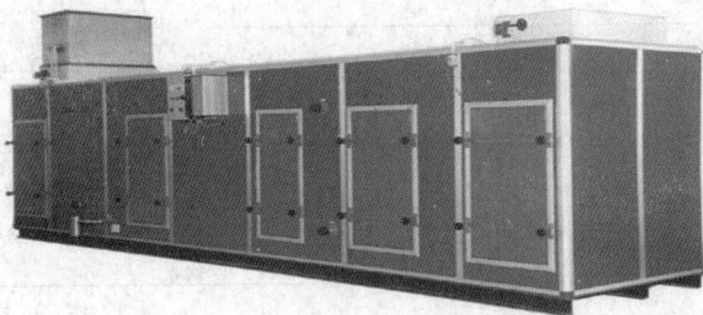

图 5 – 7　空调机组

直流型空调系统是指将经过处理的、能满足空间要求的室外空气送入室内，然后又将这些空气全部排出。

再循环型空调系统是指洁净室的送风是由部分经处理的室外新风与部分从洁净室空间的回风混合而成。由于再循环型空调系统具有运行费用低的优势，故在空调系统设计中应尽可能合理采用再循环型空调系统。

在下列情况空调系统的空气不能循环使用：①生产过程散发粉尘的洁净室（区），其室内空气如经处理仍不能避免交叉污染时；②生产中使用有机溶媒，且因气体积聚可构成爆炸或火灾危险的工序；③病原体操作区；④放射性药品生产区；⑤生产过程中产生大量有害物质、异味或挥发性气体的生产工序。

二、空调调节净化系统的结构

空气处理机组（Air Handling Unit，AHU）是 HVAC 系统的主要设备，通过不同功能的组合可以实现对空气的混合、过滤、冷却、加热、加湿、除湿、消声、加压输送等。空气处理设备的风量、供冷量、供热量、机外静压、噪声及漏风率等性能的优劣直接关系到洁净室受控环境条件的实现与否。

空调净化系统主要由风机、冷却器、加热器、加湿器、粗中效过滤器、传感器和控制器等组成。空调净化机组集中设置在空调机房内，用风管将洁净空气送给各个洁净室。

空调净化机组设有新回风混合段与过滤段、粗效过滤段、表冷挡水段、蒸汽加热段、电加热段、干蒸汽加湿段、中效过滤段、均流段、消声段、风机送风段等功能段。主要功能段如图 5-8 所示。

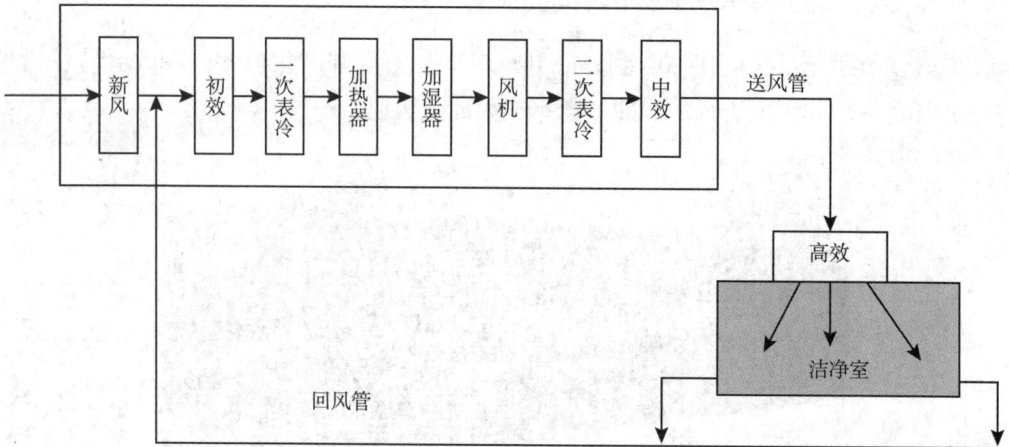

图 5-8 空调净化系统示意图

（一）新风、回风段

新、回风混合段是对空气进行混合，主要是完成空气的导入，并且可调节回风与新风的比例，以满足空调环境的需要。

新风口、回风口位置按设计要求可分别在端部、顶部或左右各侧面，并配有风量调节阀，新回风按一定比例混合，既可节约能源，又可达到卫生要求。空调系统中的新风占送风量的百分数应不低于 10%，新风占比高，人体感觉也会更加舒适。在春秋过渡季节中可以提高新风比例，可以利用新风所具有的冷量或热量以节约系统的运行费用。

风量是维持压差的重要参数，通过调节新风量用于补充和维持洁净室的正压要求。

（二）表冷挡水段

空调净化系统设有表冷器和挡水板。表冷器多采用铜管串铝箔的结构，主要是用于空气冷却和干燥，用于夏天降温和结露除湿。表冷分一次表冷和二次表冷，一次表冷主要起除湿作用，二次表冷一般在蒸汽加热难以控制的情况下起冷却作用。

挡水板的作用是使夹在空气中的水滴分离出来，以减少空气带走的水量（一般用过水量衡量），当盘管迎面风速过高时，须设挡水板。挡水板多采用波形多折型材，能将大部分水滴截留，使其流入接水盘。对于高温高湿地区和新风量较大的使用场合，此措施尤为重要。

（三）加热段

空调净化系统加热方式有热水盘管（内置钢管绕钢片式或铜管串铝箔式高效热交换器）加热和蒸汽盘管（常用无缝不锈钢管绕皱折钢带）加热。设有加热器和旁路调节阀，通过调节阀门开启度可调节加热量。用于冬天加热空气和夏天除湿。

在无蒸汽源的情况下可以采用直接电加热式，电加热装置是用 PTC 加热元件加热空气。

（四）加湿段

空气处理机组中常用的加湿方式有干蒸汽加湿、电极式加湿、高压喷雾加湿、湿膜加湿。主要用于给空气增加湿度。

1. 干蒸汽加湿器　是将高温干蒸汽与空气混合，水蒸气微粒被空气吸收从而增加空气湿度的一种方法。干蒸汽加湿器由干蒸汽喷管、分离室、干燥室、调节阀（电动、气动）组成。

2. 电极加湿器　原理：当水中含有微量盐类时，水成为导电液体，当水超过加湿罐内的电极时，电极将通过水构成电流回路，并加热水至沸腾，产生蒸汽。电极加湿器是通过控制加湿罐中水位的高低和电导率的大小，进而控制蒸汽的输出量。

3. 高压式喷雾加湿器　是通过给水加压，将水雾化后喷射到空气中，水雾粒子与流通空气进行热湿交换，达到加湿空气目的的一种加湿器。它主要由加湿器主机、喷头和湿度控制器组成。

4. 湿膜加湿器　是一种蒸发汽化型加湿器，常见的湿膜介质为由高分子材料经过一系列的烧结过程而形成的纸状物，并具有很强的吸水性，当干空气通过介质时，水分渐渐蒸发（吸收空气中的热量），从而使空气中的湿度增加。湿膜加湿器可使用普通生活用水或自来水。

另外，还有电热加湿、红外加湿、超声波加湿等加湿方式。

（五）风机段

空气处理使用离心风机，设有减振底座。主要为输送的空气提供动能，通过变频控制系统风量，以满足气流平衡和洁净度要求。

（六）臭氧发生器

利用臭氧的强氧化性进行杀菌。

（七）空气过滤器

空气过滤器是空气洁净技术的主要设备。空气过滤器一般按过滤效率的高低分为粗（初）效、中效、高中效、亚高效、0.3μm级高效和0.1μm级超高效过滤器。企业根据具体洁净室的需要进行终端过滤器的选择（图5-9，图5-10，图5-11）。

图5-9　初效过滤器 　　　　　　　　图5-10　中效过滤器

图5-11　高效过滤器

1. 粗（初）效过滤器　用于首道过滤器，防止中、高效过滤器被大粒子堵塞，以延长中、高效过滤器的寿命，通常设在上风侧进行新风过滤。主要是拦截5μm以上的悬浮性微粒和10μm以上的沉降性微粒以及各种异物，防止其进入系统。

2. 中效过滤器　是一般系统的最后过滤器和高效过滤器的预过滤器。主要用以截留1~10μm的悬浮性微粒，它的效率即以过滤1μm为准。装在高效过滤器之前，可用于保护高效过滤器。

3. 高中效过滤器　主要用于截留1~5μm的悬浮性微粒，它的效率也以过滤1μm为准。可以用于一般净化系统的末端过滤器，也可以用于提高系统净化效果，更好地保护高效过滤器。

4. 亚高效过滤器　主要用于截留1μm以下的亚微米级的微粒，其效率即以过滤0.5μm为准，既可以作为洁净室末端过滤器使用，达到一定的空气洁净度级别，也可以作为高效过滤器的预过滤器，还可以作为新风的末级过滤。

5. 高效过滤器　是洁净室主要末级过滤器，以实现0.5μm的各洁净度级别为目的，但其效率习惯以过滤0.3μm为准。

6. 超高效过滤器　效率以过滤 $0.1\mu m$ 为准，可以实现 $0.1\mu m$ 的洁净度级别。

三、空调调节净化系统的工作原理

当风机开动后，室内的回风和室外的新风都被吸入送风室中，空气首先经过初效过滤器，以除去空气中的较大颗粒和异物；过滤后的空气通过表面冷却器，使空气温度下降，并让空气中的水分冷凝除去。然后通过挡水板除去雾滴，再通过风机，使空气经过蒸汽加热器，进一步调节空气温度和降低湿度，再通过蒸汽加湿器（或水加湿器）调节空气湿度，然后再经过中效过滤器，将洁净空气由各送风管送往操作室，在送风末端通过高效过滤器后进入操作室。室内的空气可经回风管送回送风室，与新风混合后，循环使用。

集中处理后的洁净空气送入各洁净室，再以不同的换气次数和气流形式来实现各洁净室内不同的洁净度。换气次数的要求见表 5-3。洁净室的通风状况通常可用"换气次数"这一较为直观的表示方法，"换气次数"即为每小时进入空间的风量除以该空间的体积。

表 5-3　洁净室风速和换气次数（药品 GMP 指南）

区域	风速和换气次数
A	A 风速：（0.45±20%）米/秒
无菌操作 B+A	B+A：A 风速 0.45 米/秒，换气次数约 650 次/小时；辅助房间等应当提高，B 级有 A 级层流贡献 30~45 次/小时综合后约 150 次/小时
C	一般 C 区：25 次/小时
C+A	C+A 灌装间：100 次/小时
D	15 次/小时

在洁净厂房中，不同洁净区域不可能是完全密封的。洁净级别高的区域要保持相对的正压显得尤为重要。这样，当洁净室在正常工作或房间的密闭性受到破坏时（比如开门），空气都能从洁净度高的区域流向洁净度低的区域。保证合理的气流组织，不让洁净级别高的区域被洁净级别低的区域污染，才能进一步达到净化和工艺的要求。而压差的控制正是通过洁净区域的进风量和排风量来控制的。

请你想一想

通过以上操作可以达到各洁净区域的温度、湿度、尘埃粒子数、微生物限度的要求。那么，如何实现 GMP 中关于压差的规定呢？

一般情况下，在空调的安装调试过程中，采用进风系统固定风量的方法进行调试。即保持洁净室的送风量相对恒定，调节洁净室的回风量，使洁净室内的压差达到要求。

在洁净室的送风支管和回风支管安装风量控制阀，使用送风变风量阀对房间进行调控，使送风管阀流量追踪排风管阀流量，可形成稳定的压差风量，控制洁净室压差稳定。

四、空调调节净化系统的使用

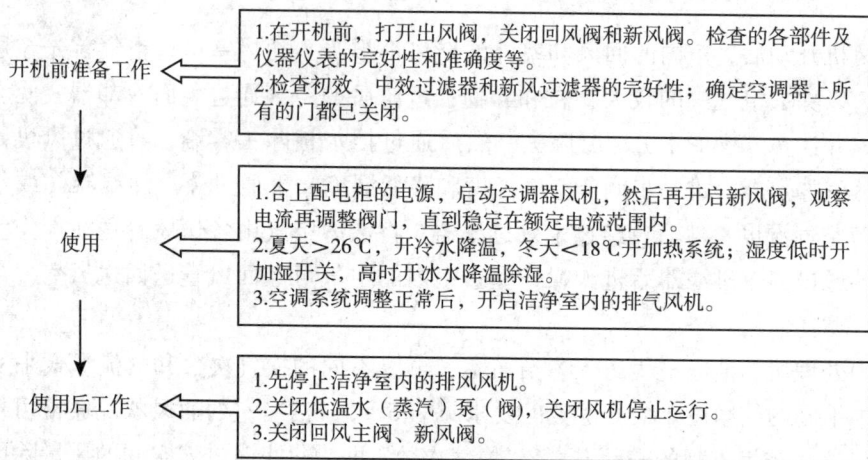

开机前准备工作 ← 1.在开机前，打开出风阀，关闭回风阀和新风阀。检查的各部件及仪器仪表的完好性和准确度等。
2.检查初效、中效过滤器和新风过滤器的完好性；确定空调器上所有的门都已关闭。

使用 ← 1.合上配电柜的电源，启动空调器风机，然后再开启新风阀，观察电流再调整阀门，直到稳定在额定电流范围内。
2.夏天>26℃，开冷水降温，冬天<18℃开加热系统；湿度低时开加湿开关，高时开冰水降温除湿。
3.空调系统调整正常后，开启洁净室内的排气风机。

使用后工作 ← 1.先停止洁净室内的排风风机。
2.关闭低温水（蒸汽）泵（阀），关闭风机停止运行。
3.关闭回风主阀、新风阀。

图 5-12　空调净化系统使用流程图

五、空气调节净化系统的维护与保养

（1）空调机组电气设备应定期进行安全检查。

（2）应定期检查风机叶轮是否出现污物累积、机械疲劳和不平衡（可能导致振动和噪声增大及设备报废，例如叶片和壳体破裂）。这些问题若不加以纠正，则可能无法达到要求的气流量。经常检查风机皮带的松紧情况以及空调机组电气设备。应定期进行安全检查，防止漏电现象发生，保持良好接地。

（3）送风口软连接应经常检查，发现破损及时更换。

（4）应经常开启放气阀，以排除内部之空气，防止降低热交换效率。

（5）经常检查送回风管处的调节阀的位置，以免影响空调机组的风量及洁净室的压差。

（6）定期更换新风滤网，以减少新风滤网堵塞造成的压差降低。

（7）一般情况下，盘管（特别是冷却盘管）外部每年清洗一次，定期进行压力测试，以检查是否泄漏。

（8）风机每运行一个月，应在各个轴承处加一次润滑脂，每二年对轴承进行清洗保养。

六、空气调节净化系统操作的注意事项

（1）严禁在关闭送风阀、回风阀、新风阀的状态下开启送风机、回风机，否则容易造成超压，损坏风机和箱体结构。

（2）开机时必须先开风机，后开表冷器、加热器，关机时则顺序相反。

（3）严禁在空调机组送、回风机正常运行状态下突然关闭送、回风阀及新风阀，

否则易造成超压，损坏设备。

（4）如运行中突然停电，应立即关闭冷媒管路和加热器，以免箱体内温度过高，导致挡水板及其他塑料件产生变形。

目标检测

一、选择题

1. 下列不是风淋室结构的是（　　　）

   A. 高效过滤器　　　B. 冷凝器　　　　　C. 风机　　　　　　D. 喷嘴

2. 风淋室出现风速很低时，最需要检查的是（　　　）

   A. 急停开关　　　　B. 喷嘴　　　　　　C. 光感系统　　　　D. 高效过滤器

3. 关于超净工作台的说法正确的是（　　　）

   A. 是一种系统的净化设备

   B. 用于无菌检查时应达到 A 级洁净标准

   C. 用于微生物检查时应达到 D 级洁净标准

   D. 不需要高效过滤器

4. 超净工作台的结构不包括（　　　）

   A. 喷嘴　　　　　　B. 初效过滤器　　　C. 高效过滤器　　　D. 箱体

5. 我国的药品洁净室生空气洁净度级别一共分为（　　　）个等级，级别最高的是（　　　）级

   A. 3，D　　　　　　B. 4，A　　　　　　C. 5，C　　　　　　D. 6，B

6. 净化空调机组的组成不包括（　　　）

   A. 风机　　　　　　B. 加热器　　　　　C. 加湿器　　　　　D. 光电感应器

7. 空调机组中用于夏天降温和结露除湿的是（　　　）

   A. 加湿段　　　　　B. 表冷挡水段　　　C. 风机段　　　　　D. 新风段

8. C 级背景有 A 级操作台的洁净室，换气次数的要求是（　　　）

   A. 15 次/小时　　　B. 25 次/小时　　　C. 50 次/小时　　　D. 100 次/小时

9. 发现某一洁净室内的压差低于标准，不正确的操作是（　　　）

   A. 检查压差表是否完好　　　　　　　B. 适当开大回风阀门

   C. 适当开大高效送风阀门　　　　　　D. 检查高效过滤器

10. 关于空调机组操作，下列说法正确的是（　　　）

   A. 开机时先开风机，再开表冷器，再开加热器

   B. 关机时先关表冷器，再关加热器，再关风机

   C. 送风阀未打开的情况下，启动送风

   D. 如果突然断电，应立即关闭冷媒管路，不需要关闭加热器

二、思考题

1. 风淋室的工作原理是什么？
2. 风淋室的常见故障有哪些？如何进行处理？
3. 超净工作台的工作原理是什么？
4. 空调净化机组的功能段都有哪些？各有什么作用？
5. 空调净化系统常用的过滤器有哪些类型？主要用于截留何种大小的粒子？

书网融合……

微课

划重点

自测题

3

模块三

原料药设备

▷▷ 项目六 原料药设备认知

学习目标

知识要求

1. **掌握** 原料药设备的类型、结构、功能和原理。
2. **熟悉** 化学单元反应和单元操作的概念与类型。
3. **了解** 阿司匹林原料药的生产工艺与所需设备。

能力要求

1. 学会看简单的工艺流程图。
2. 学会根据工艺需要选择设备类型。

🔖 任务一 原料药设备的分类

原料药机械及设备，是指利用生物、化学及物理方法，实现物质转化，制取医药原料的机械及工艺设备。依据 GB/T25258，原料药机械及设备代码 01，目前分了 12 种类型（表 6−1）。

表 6−1 原料药机械及设备的分类与代码

设备名称	代码
原料药机械及设备	01
反应设备	0101
塔设备	0102
结晶设备	0103
分离机械及设备	0104
萃取设备	0105
换热设备	0106
蒸发设备	0107
蒸馏设备	0108
干燥机械及设备	0109
储存设备	0110
灭菌机械及设备	0111
其他原料药机械及设备	0199

👤 **请你想一想**

原料药生产除了使用原料药机械设备外，还会用到其他制药设备。请同学们想一想，还会用到哪些设备呢？

任务二　阿司匹林原料药的生产设备　　🅔 微课

📋 岗位情景模拟

情景描述　化学原料药阿司匹林经水杨酸乙酰化反应而得：在反应釜中加入配量的醋酐，再加入水杨酸，搅拌升温，在 81 ~ 82℃反应 40 ~ 60 分钟。降温二次加料，再升温至 81 ~ 82℃保温反应 2 小时。检查游离水杨酸合格后，降温至 13℃，析出结晶，甩滤，水洗甩干，于 65 ~ 70℃气流干燥，得乙酰水杨酸。

讨论　1. 阿司匹林原料药生产需要什么设备？
　　　　2. 这些设备属于哪一单元操作设备类型？

虽然不同品种的原料药生产工艺各不相同，但其生产过程都是由基本的化学单元反应和单元操作组成的。化学单元反应包括有机反应和无机反应，例如酯化、缩合、酰化、水解、硝化、酸化、加氢等；单元操作是物理过程，包括结晶、过滤、干燥、蒸发、筛分、粉碎等。同一单元操作设备可以用于不同药品，例如阿司匹林、布洛芬等原料药都可以用离心机甩滤得到湿品；同一反应设备亦常用于不同的单元反应，例如反应罐即可进行酸化反应，又可以进行酯化、酰化等反应。下面以阿司匹林原料药的生产为例，学习原料药的生产设备。

阿司匹林生产主要工序为酰化、结晶、离心、洗涤、干燥、包装、母液回收等，工艺成熟，内容简单。阿司匹林工艺流程由液体物料醋酐和固体物料水杨酸投料开始，至包装工序结束，其工艺流程图如图 6 - 1，各工序基本操作内容如下。

1. 酰化、结晶工序　将配量的原料醋酐、水杨酸投入酰化罐中，使用搅拌搅动，用蒸汽通过夹层加温，待物料全部溶解后用真空泵将酰化罐中的物料经过滤器抽滤至结晶罐内，降温析出结晶，缓慢降温至工艺要求点，当罐内物料温度降至指定工艺温度时，夹层降温水改用冰水降温，降至指定工艺温度时，打开罐底阀放料进入下一工序——离心。

2. 离心、洗涤工序　将结晶罐降温好的物料逐机放入转动的离心机内，甩干后用冰醋酸洗涤指定工艺时间，再次甩干一定时间，然后用加入磷酸的纯化水洗涤后高速甩干，再次使用纯化水洗涤后再次高速甩干，变频刹车后开盖出料，将湿品放入湿品料仓，并通知干燥岗位可以开始干燥。

3. 干燥工序　湿品进入流化床干燥器内，经热风干燥并冷却后，物料被流化床干燥器进风带走的部分经旋风分离器分离出细粉，剩余尾气经袋式过滤器后排入尾气吸收装置。流化床内的成品经冷却后排出，按客户对产品的粒度要求进行机械粉碎过筛或者气流粉碎，半成品进入包装工序成品料仓。本工序分离出的筛上物及细粉，交酰化岗位套用。

4. 包装工序　干燥的成品分装后待检。检验合格，并由质量保证部人员签发批准放行单后，交库放行。

5. 母液回收工序　本工序为生产工艺副产品处理部分，负责回收处理工序离心洗涤工序的母液。母液升温 80℃ 时，经膜式蒸发器蒸酸，蒸出酸回收利用，最后残液加碱水解并交相关单位进行环保无害化处理。

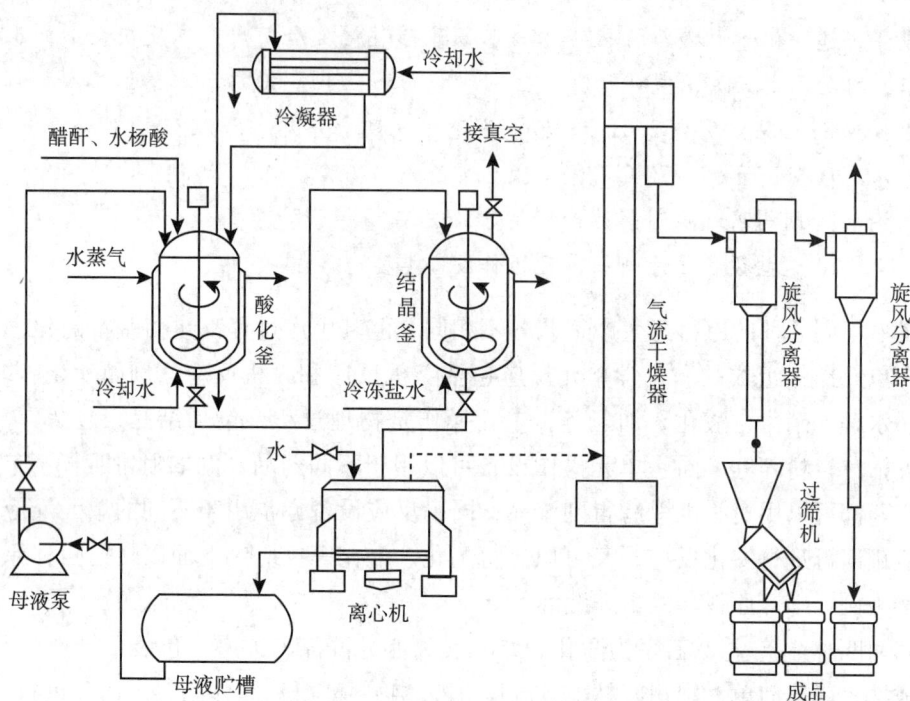

图 6-1　阿司匹林生产工艺流程图

由上可知，阿司匹林在生产过程中除了用到输液泵、真空泵等制药通用设备外，还用到很多典型的原料药单元反应设备和单元操作设备，主要有：单元反应设备——酰化反应罐；结晶设备——结晶罐；分离设备——过滤器、离心机、旋风分离器；干燥设备——气流干燥器；粉碎设备——气流粉碎机、机械粉碎机；筛分设备——过筛机；蒸发设备——膜式蒸发器。

你知道吗

相对于药物制剂而言，原料药的生产过程有其自身的特点，一般来讲，在制剂生产过程中，物料很少有化学结构的变化，但在原料药生产过程中，物料的化学结构变化是经常发生的。原料药的生产往往包含复杂的化学变化和生物变化过程，具有较为复杂的中间控制过程，生产过程往往会产生副产物，从而通常需要纯化过程。原料药的工艺复杂多样，一些工艺过程很长，如甾体激素，一些则比较短，如提取。一般来讲，原料药的生产工艺中都有精制这个过程，该过程的主要目的就是要除去原料药中的杂质。随着科技的发展，自动化生产设施设备和在线监测系统等越来越多地应用于原料药的生产过程中。

实训五　参观原料药车间生产设备

一、实训目的

1. 熟悉原料药车间生产设备及其类型
2. 了解原料药生产设备如何满足工艺要求。

二、实训任务

1. 记录参观原料药车间时所见到的设备设施的名称、用途。
2. 查询生产工艺的要求，分析设备是如何符合工艺要求的。

三、实训方式

为培养同学的团队合作精神，不建议自由组合，在本项目理论教学结束后即安排实训任务。全班同学采用抽签软件抽签的方式均匀分成若干组，自行推选出组长。老师带领学生参观原料药生产设备，小组成员集体完成实训任务，写出实训报告。

四、实训要求

实训期间要遵守纪律，按要求更衣更鞋，不得乱碰或者开关设备。认真完成各项实训任务。

实训报告要求包含以下内容：实训目的、实训任务、实训任务完成情况、实训心得体会或感想。

五、实训考核与评价标准

根据学生实训任务完成情况、实训报告书写情况及实训纪律遵守情况，评价实训成果，百分制计分，按绩效考核与激励机制，小组长额外加 10 分，不得超过 100 分。

目标检测

一、单项选择题

1. 阿司匹林生产主要工序不包括（　　）
   A. 酰化　　　　　B. 结晶　　　　　C. 离心洗涤　　　　D. 灭菌
2. 阿司匹林生产过程中没用到（　　）
   A. 结晶设备　　　B. 灌装设备　　　C. 干燥设备　　　　D. 蒸发设备
3. 原料药固液分离设备不包括（　　）
   A. 过滤器　　　　B. 离心机　　　　C. 压滤机　　　　　D. 膜式蒸发器

4. 不在阿司匹林酰化罐内进行的操作过程是（　　）

    A. 投料　　　　　　B. 搅拌升温　　　　C. 酰化反应　　　　D. 离心甩滤

5. 阿司匹林原料药在生产过程没有用到的设备是（　　）

    A. 输液泵　　　　　B. 真空泵　　　　　C. 压片机　　　　　D. 过筛机

二、多项选择题

1. 原料药生产除了使用原料药机械设备外，还会用到（　　）

    A. 药用粉碎过筛机械　　　　　　　B. 药用制水设备

    C. 物料输送机械装置　　　　　　　D. 空调净化设备

2. 不同品种的原料药，其生产过程都是由基本的（　　）组成的

    A. 化学单元反应　　B. 单元操作　　　　C. 酯化反应　　　　D. 酸碱反应

3. 化学单元反应包括（　　）

    A. 有机反应　　　　B. 提取　　　　　　C. 无机反应　　　　D. 精制

4. 制药过程单元操作包括（　　）

    A. 结晶　　　　　　B. 过滤　　　　　　C. 干燥　　　　　　D. 蒸发

5. 多功能反应罐内可以进行（　　）

    A. 酸化反应　　　　B. 酯化反应　　　　C. 酰化反应　　　　D. 硝化反应

三、思考题

1. 原料药机械与设备有哪些类型？

2. 和制剂相比，原料药生产过程有什么特点？

书网融合……

🅔 微课　　　　　　📝 划重点　　　　　　🕐 自测题

项目七 反应设备

学习目标

知识要求

1. **掌握** 反应设备的类型；反应釜、发酵罐的结构、性能。

2. **熟悉** 反应釜搅拌装置、轴封装置的类型；发酵罐消泡装置的类型；发酵罐操作方式的类型。

3. **了解** 反应釜搅拌装置、轴封装置的选型。

能力要求

1. 学会按标准操作规程的要求使用反应釜和发酵罐。

2. 学会反应釜和发酵罐的维护保养，会判断和排除常见故障。

任务一 多功能反应釜 📱 微课

岗位情景模拟

情景描述 化学原料药阿司匹林经水杨酸乙酰化反应而得：在反应釜中加入配量的醋酐，再加入水杨酸，搅拌升温，在81~82℃反应40~60分钟。降温二次加料，再升温至81~82℃保温反应2小时。检查游离水杨酸合格后，降温至13℃，析出结晶，甩滤，水洗甩干，于65~70℃气流干燥，得乙酰水杨酸。

讨论 1. 水杨酸乙酰化反应釜需要配备什么装置完成搅拌和升降温操作？

2. 怎样减少生产现场的刺激性酸味？

3. 反应釜会被腐蚀吗？

化学原料药的生产过程往往包含了一系列的化学反应过程，如氧化、酯化、还原、酸化、碱转等，这些过程都需要在专门的反应设备中进行，反应釜（图7-1）即是提供化学反应的设备。

一、反应釜的结构

反应釜又称搅拌罐式反应器，是制药生产和科研中最常见的一种反应器，结构如图7-2所示。

图 7 – 1 反应釜示意图

图 7 – 2 反应釜结构示意图

1. 搅拌器；2. 罐体；3. 夹套；4. 搅拌轴；5. 压出管；
6. 支座；7. 入孔；8. 轴封；9. 传动装置

1. 罐体 主要部分是立式圆筒形容器，有椭圆形上下封头。筒壁外一般还有夹套结构。上顶盖有传动装置、轴封装置、入（视）孔、各种仪器仪表和工艺接管；下顶盖有底阀等。

2. 搅拌装置 包含搅拌器和搅拌轴，能起到加快反应速度、强化传质和传热效果以及加强混合等作用。搅拌器的形式主要有桨式搅拌器、锚式搅拌器、推进式搅拌器和涡轮式搅拌器等（图 7 – 3），应根据生产工艺要求来选择。

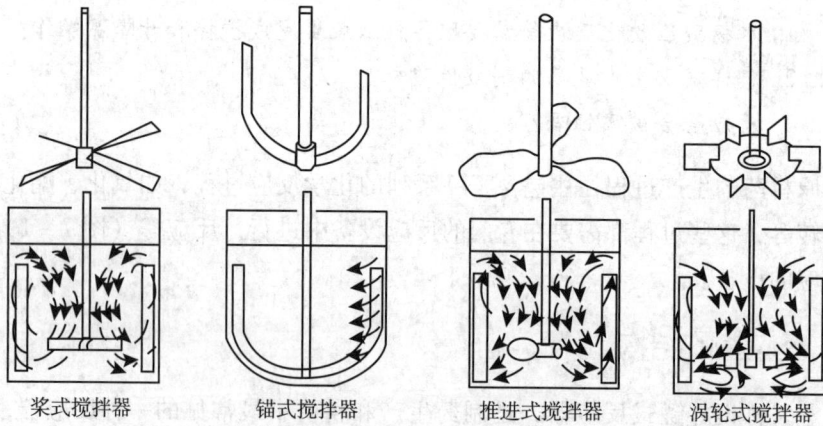

桨式搅拌器   锚式搅拌器   推进式搅拌器   涡轮式搅拌器

图 7 – 3 搅拌器的类型

3. 换热装置 由于大部分反应都释放或者吸收热量，所以反应釜必须有换热装置以便及时传出或传入热量。反应釜常用的换热装置有夹套式换热或蛇管换热（图 7 – 4）。

4. 传动装置　指将电能转化为机械能并带动搅拌轴转动的部分；包括电动机、减速器、联轴器等部件。反应釜所用电动机为防爆电动机。减速器一般为摆线针轮减速器或蜗轮蜗杆减速器（图7-5）。

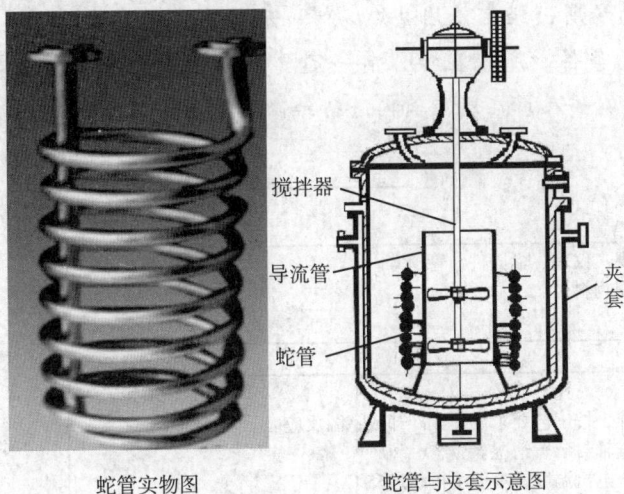

蛇管实物图　　　　　蛇管与夹套示意图

图7-4　蛇管与夹套

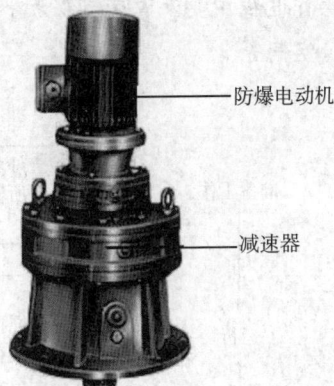

防爆电动机

减速器

图7-5　电动机与减速器

5. 轴封装置　旋转的搅拌轴和静止的顶盖之间存在一个相对运动的密封面，为了保证转轴与顶盖之间的密封，采用的密封装置称为动密封装置，简称轴封装置。它的任务是保证搅拌设备内处于一定的正压或真空操作状态，同时防止反应物溢出或杂质渗入。它的密封性好坏直接关系到反应的安全性及产品的质量。搅拌轴的动密封装置常用的有填料密封（图7-6）和机械密封两种（图7-7）。

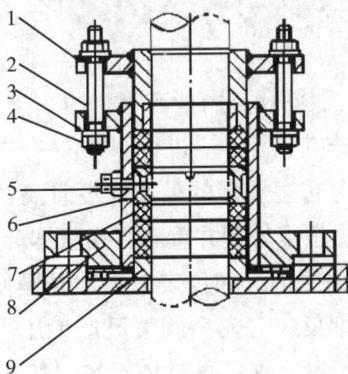

图7-6　填料密封示意图

1. 压盖；2. 双头螺柱；3. 垫圈；4. 螺母；
5. 油杯；6. 油环；7. 填料；8. 本体；9. 底环

图7-7　机械密封示意图

1. 弹簧；2. 动环；3. 静环

二、反应釜的使用

你知道吗

反应釜作为发生化学反应的场所，经常使用易燃易爆、有毒有害的有机溶剂，并且需要加热加压达到反应所需的条件，所以在操作前一定要做好设备的检查与保养。在操作过程中要注意劳动保护，例如人员在反应釜内进行维修作业时，必须彻底清洗、置换空气等。

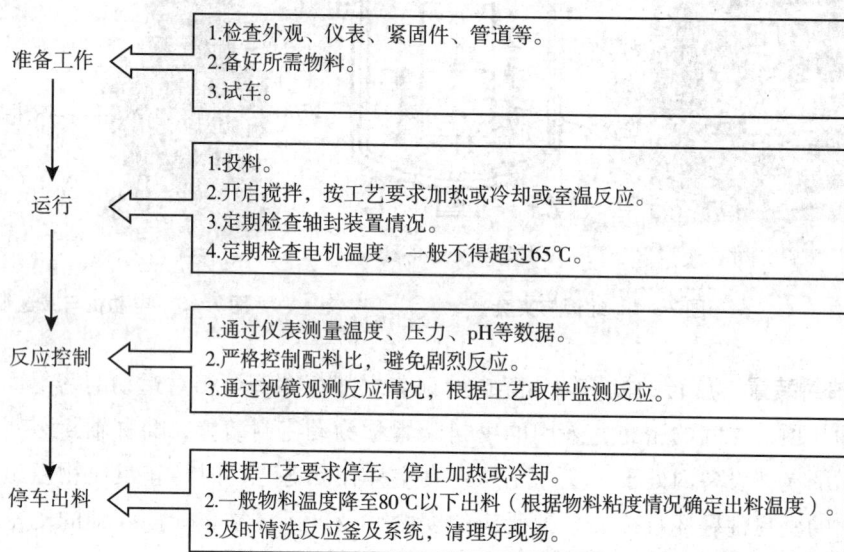

准备工作 ← 1.检查外观、仪表、紧固件、管道等。
2.备好所需物料。
3.试车。

运行 ← 1.投料。
2.开启搅拌，按工艺要求加热或冷却或室温反应。
3.定期检查轴封装置情况。
4.定期检查电机温度，一般不得超过65℃。

反应控制 ← 1.通过仪表测量温度、压力、pH等数据。
2.严格控制配料比，避免剧烈反应。
3.通过视镜观测反应情况，根据工艺取样监测反应。

停车出料 ← 1.根据工艺要求停车、停止加热或冷却。
2.一般物料温度降至80℃以下出料（根据物料粘度情况确定出料温度）。
3.及时清洗反应釜及系统，清理好现场。

图 7-8　反应釜的使用流程图

三、反应釜常见故障及排除

反应釜较常见故障有釜体损坏、超温超压、泄漏和釜内杂音等。

1. 釜体损坏　表现形式常为腐蚀、裂纹或透空孔等，应进行修补。

若釜体使用到一定年限，釜壁厚度均匀减薄超过规定的最小厚度且腐蚀面积大于总面积的20%或焊缝裂纹不能修复时，釜体应做报废处理并重新更换釜体。

2. 超温超压　引起反应釜超温、超压有多种原因，如仪表失灵、误操作、加料浓度过大产生剧烈反应、因传热或搅拌不佳产生副反应、安全阀失灵产生压力过大等异常现象。要及时进行处理，如严格控制操作规程；检查修复自控系统；按 SOP 规定定时定量投料严防误操作；根据操作法采取紧急放压消除物料的剧烈反应；定时清除釜体中的结垢增加传热面积，改善传热效果；检查搅拌器并进行修复等。

3. 泄漏　定期检查密封结构，如采用机械密封须定期检查弹簧与动环的磨损情况，如采用填料密封须定期更换密封填料或螺栓。

4. 釜内有异常声音 釜内有异常声音的判断与修理见表7－1。

表7－1 釜内异常声音的判断与修理

釜内产生异常杂音的主要原因	釜内异常声音的修理
①搅拌器摩擦釜内附件，如蛇管、温度计或压料管	①②停车检修校正，使搅拌器与附件釜壁有一定距离
②搅拌器刮釜壁	
③搅拌器发生松脱，固定架松脱	③拧紧搅拌器紧固螺钉
④衬里发生鼓包与搅拌器撞击	④更换或修理衬里的鼓包
⑤搅拌器弯曲或轴承损坏	⑤修理或更换搅拌轴或轴承

任务二 发酵罐

岗位情景模拟

情景描述 维生素C第一步发酵过程：控制温度34℃，pH 5.0～5.2。该反应耗氧比较大，通气比要求1∶1。10小时后发酵结束，发酵液经80℃ 10分钟低温灭菌，移入第二步发酵罐作原料。D－山梨醇转化成L－山梨糖的生物转化率98%以上。

讨论 1. 发酵罐需要配备什么装置完成温度、pH控制以及通气操作？

2. 发酵罐需要搅拌吗？

3. 发酵时产生的大量泡沫需要处理吗，怎么处理？

一、发酵罐的类型

1. 自吸式发酵罐 不需要空气压缩机，其搅拌轴由罐底伸入罐内，搅拌器兼有吸入空气和粉碎空气泡、搅拌发酵液的多重功能。

2. 机械搅拌通气式发酵罐 利用机械搅拌器的作用，使空气和发酵液混合并溶解在发酵液中，该类型发酵罐中最常见的为通用式发酵罐。该类型发酵罐采用电动机驱动的机械搅拌装置，罐壁装有若干块挡板，有夹套或立式蛇管传热装置，底部有传热装置。

3. 气升式发酵罐 利用空气喷嘴喷出250～300m/s的高速空气，空气以气泡形式分散于液体中，使平均密度下降；在不通气的一侧，因液体密度较大，与通气侧的液体产生密度差，从而形成发酵罐内液体的环流。

目前制药工业中常用的是通用式发酵罐和气升式发酵罐两种通风发酵设备。

请你想一想

发酵罐是制药工业中让微生物生长、繁殖、代谢的生化反应场所在生化制药领域广泛使用，几乎所有的抗生素生产都使用发酵罐进行微生物培养来取得产品或中间体。

和反应釜相比，发酵罐的使用环境比较温和，是不是在反应条件控制上不用那么严格呢？

（一）通用式发酵罐

通用式发酵罐用于好氧微生物的培养，几乎所有的抗生素生产都使用这种发酵罐，实际上它是在反应釜的基础上加以改进，以适应微生物的生长（图7-9）。

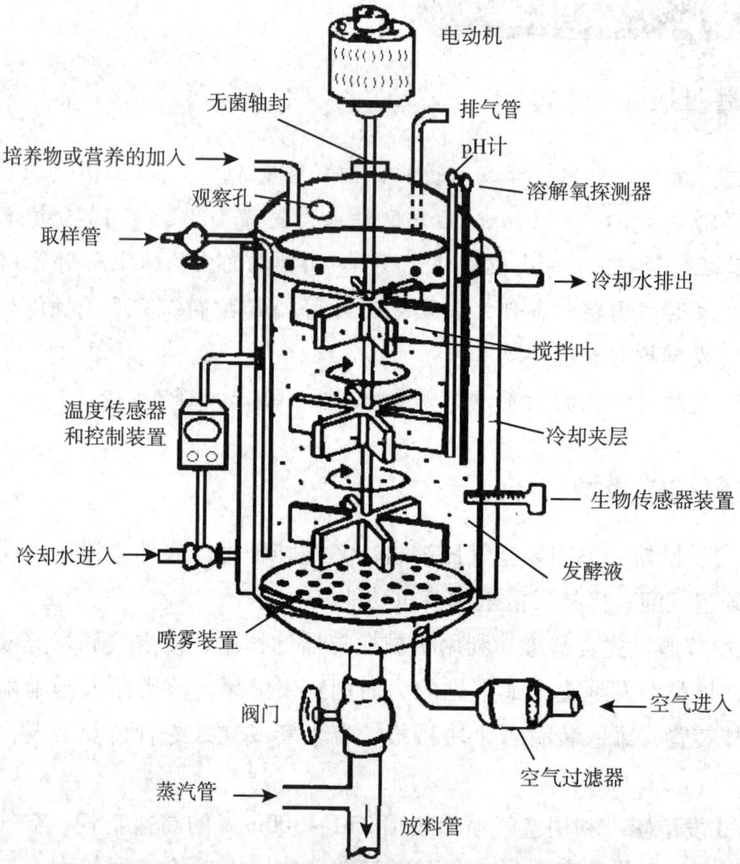

图7-9　通用式发酵罐结构示意图

1. 罐体　一般由圆筒形筒身和上下两个椭圆形封头组成。其材料以不锈钢板或复合不锈钢板为主，以保证罐内培养基清洁和壁面光滑。罐体的强度应能承受灭菌蒸汽的压力和温度。同时根据工艺要求还可设置冷却水、给排水、取样放料、接种、消泡剂、酸、碱等工艺接管与视镜、仪表等接口。

2. 搅拌装置 设置机械搅拌是为了有利于液体本身的混合及气液和液固之间的混合，以及改善传质和传热过程，有利于氧的溶解。搅拌器多采用圆盘涡轮式搅拌器，通常在一根轴上配置 2 个或 3 个搅拌器。

3. 挡板 发酵罐的壁上一般安装 4~6 块挡板。挡板的作用是克服搅拌器运转时液体产生的涡流，促使液体激烈翻动，增加溶氧速率。同时为避免发酵液中的固体物质堆积于挡板背侧，挡板与罐壁之间应留有一定的空隙。

4. 传热装置 发酵过程中发酵液产生的净热量称为发酵热，发酵热随发酵时间而改变，发酵最旺盛时发酵热量最大，但过高的温度又不利于微生物的生长，所以必须及时导出部分热量。常用的传热装置有夹套和蛇管两种，常用导热剂为冷却水。

5. 通气装置 发酵罐通气装置是指将无菌空气导入发酵罐内，并使空气均匀分布的装置。简单的通气装置是一根单孔管（图 7-10），单孔管的出口位于最下面搅拌器的正下方，开口向下，以免发酵液中固体物质在开口处堆积和罐底固体物质沉积。

6. 消泡装置 发酵过程中，由于发酵液中含有大量蛋白质等发泡物质，在强烈的通气搅拌下将产生大量泡沫。严重时，大量的泡沫会导致发酵液外溢和造成染菌，因此发酵罐一般都配有消泡装置。除可用泡沫探测器与消泡剂联合使用的化学消泡法外，还可使用机械消泡装置来破碎泡沫。如图 7-11

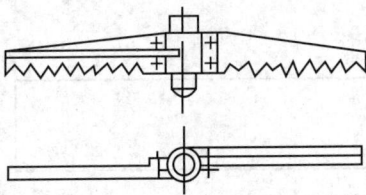

图 7-10 通气管示意图

和图 7-12 所示为两种机械消泡器，安装于搅拌轴上且略高于液面，即可随轴同转而击碎泡沫。

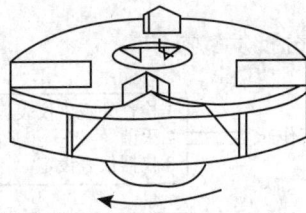

图 7-11 耙式消泡桨示意图

图 7-12 封闭式涡轮消泡器示意图

（二）气升式发酵罐

典型的气升式发酵罐结构如图 7-13 所示。

1. 罐体 气升式发酵罐为一细长罐体，这种发酵罐完全依靠气体推动产生搅拌作用，强度比机械搅拌小，较高的罐体能使气体在罐内与液体的接触时间较长，提高氧气利用率。

2. 导流筒 一般为圆形，在罐体内中心位置。其作用是当气体通入导流筒内时，其内外液体产生密度差，驱动液体向上循环，产生搅拌效果。

3. 气液分离段（扩展段）　在气升式发酵罐上部有一段直径稍大，通常称为扩展段。作用在于气液分离，防止罐内液体被带出，因此也称气液分离段。此段内还常加入挡板作为消泡装置。

4. 气体进出入口　一般情况下，气体经由底部的分配器进入导流筒，经扩展段气液分离器后从上部引出。

二、发酵罐的使用

发酵罐常用的操作方式有简单分批发酵操作、补料分批发酵操作、反复分批发酵操作和反复补料分批发酵操作（图7-14至图7-17），其中补料分批发酵操作在抗生素工业应用较为广泛。

图 7-13　气升式发酵罐
结构示意图

你知道吗

与化学反应釜相比，发酵罐与其既有外形和结构的相似性，也有内在设备及使用环境的特殊性。

第一，发酵罐内需要形成一个良好的适合微生物生长的环境，包括足够的营养介质、合适的温度、合适的酸度、无其他杂菌等。因此，发酵罐内反应条件比较温和，温度接近常温，酸度接近中性。第二，绝大多数发酵罐为培养好氧型微生物，所以需不断通入洁净的空气或氧气。第三，发酵罐也需不断的搅拌，以便将氧气溶入发酵液，同时将发酵液中的二氧化碳随气流带出。但是搅拌要足够柔和以免伤及微生物。第四，发酵罐对罐内 pH 和温度控制较严格，因为微生物对于温度和 pH 非常敏感。

1. 简单分批发酵操作

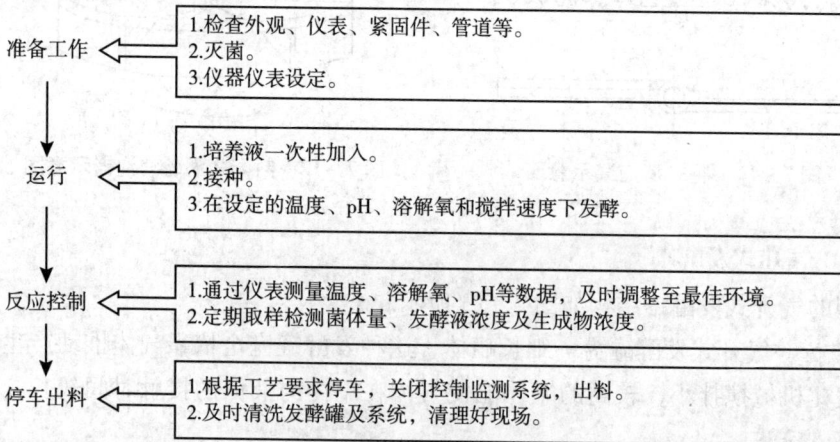

图 7-14　简单分批发酵操作流程图

2. 补料分批发酵操作

准备工作 ←
1.检查外观、仪表、紧固件、管道等。
2.灭菌。
3.仪器仪表设定。

↓

运行 ←
1.加入一部分培养液。
2.接种。
3.在设定的温度、pH、溶解氧和搅拌速度下发酵。

↓

反应控制 ←
1.通过仪表测量温度、溶解氧、pH等数据，及时调整至最佳环境。
2.根据营养物质的消耗情况将营养物质不断流加到发酵罐内，直至发酵结束。
3.定期取样检测菌体量、发酵液浓度及生成物浓度。

↓

停车出料 ←
1.根据工艺要求停车，关闭控制监测系统，出料。
2.及时清洗发酵罐及系统，清理好现场。

图 7 – 15　补料分批发酵操作流程图

3. 反复分批发酵操作

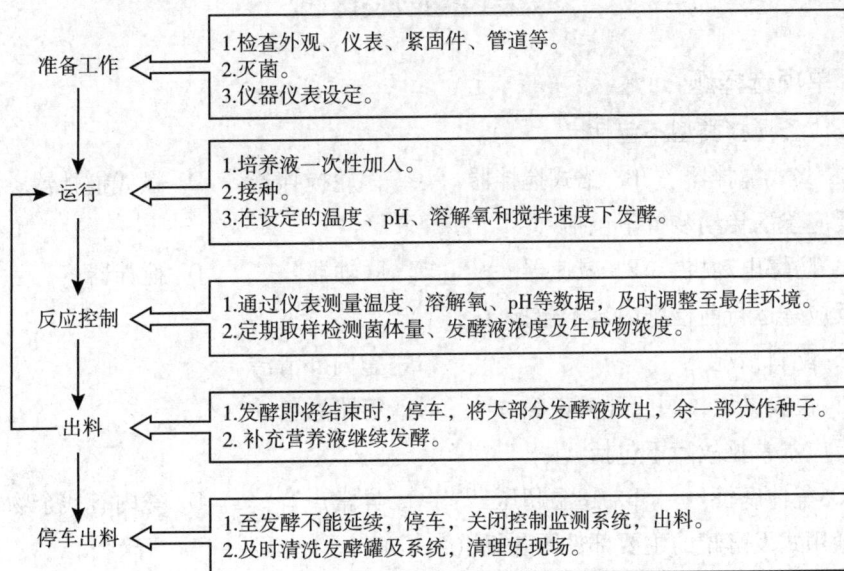

准备工作 ←
1.检查外观、仪表、紧固件、管道等。
2.灭菌。
3.仪器仪表设定。

↓

运行 ←
1.培养液一次性加入。
2.接种。
3.在设定的温度、pH、溶解氧和搅拌速度下发酵。

↓

反应控制 ←
1.通过仪表测量温度、溶解氧、pH等数据，及时调整至最佳环境。
2.定期取样检测菌体量、发酵液浓度及生成物浓度。

↓

出料 ←
1.发酵即将结束时，停车，将大部分发酵液放出，余一部分作种子。
2.补充营养液继续发酵。

↓

停车出料 ←
1.至发酵不能延续，停车，关闭控制监测系统，出料。
2.及时清洗发酵罐及系统，清理好现场。

图 7 – 16　反复分批发酵操作

4. 反复补料分批发酵操作

准备工作
1.检查外观、仪表、紧固件、管道等。
2.灭菌。
3.仪器仪表设定。

运行
1.加入一部分培养液。
2.接种。
3.在设定的温度、pH、溶解氧和搅拌速度下发酵。

反应控制
1.通过仪表测量温度、溶解氧、pH等数据，及时调整至最佳环境。
2.根据营养物质的消耗情况将营养物质不断流加到发酵罐内。
3.定期取样检测菌体量、发酵液浓度及生成物浓度。

出料
1.补料一段时间后罐内发酵液体积最大，无法继续补料，将发酵液放出一小部分，再继续补料。
2.每隔相同时间放出同样体积发酵液同时不断流加培养液。

停车出料
1.至发酵不能延续，停车，关闭控制监测系统，出料。
2.及时清洗发酵罐及系统，清理好现场。

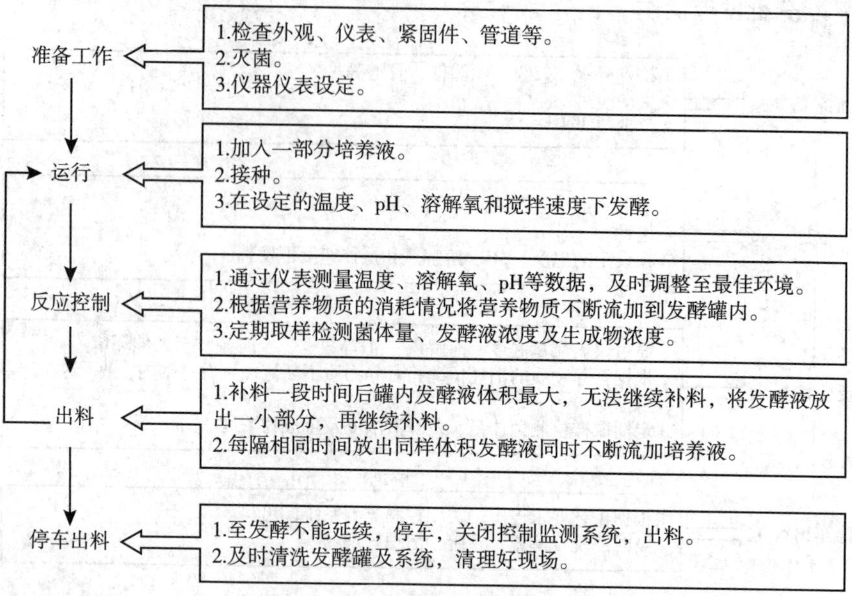

图 7 - 17　反复补料分批发酵操作

目标检测

一、单项选择题

1. 反应釜搅拌类型不包括 （　　　）
   A. 桨式搅拌器　　B. 锚式搅拌器　　C. 涡轮搅拌器　　D. 摆线搅拌器

2. 反应釜的传动装置不包括 （　　　）
   A. 防爆电动机　　B. 减速器　　　　C. 联轴器　　　　D. 搅拌器

3. 反应釜运行前检查内容不包括 （　　　）
   A. 配料情况　　　　　　　　　　　B. 釜内外清洁
   C. 仪表灵敏，阀门开关正确　　　　D. 管路涂色

4. 反应釜常见故障不包括 （　　　）
   A. 釜体腐蚀　　B. 超温超压　　　C. 异常声音　　　D. 釜内有残余物料

5. 通用式发酵罐的主要部件不包括 （　　　）
   A. 搅拌装置　　B. 通气装置　　　C. 消泡装置　　　D. 填料装置

二、多项选择题

1. 反应釜的轴封装置类型有 （　　　）
   A. 填料密封　　B. 机械密封　　　C. 胶密封　　　　D. 垫片密封

2. 反应釜内的换热装置包括 （　　　）

    A. 蛇管换热器　　B. 夹套换热器　　C. 管壳式换热器　D. 板式换热器

三、填空题

1. 反应釜的主要部件有_____、_____、_____、_____、_____等。

2. 发酵罐的主要类型有_____、_____、_____等。

3. 轴封装置的作用是保证反应釜在处于_____或_____的操作状态下，防止_____的装置。

四、思考题

1. 反应釜是否可用普通电动机作为动力，为什么？

2. 比较一下发酵罐简单分批发酵操作和补料分批操作的有何不同之处？

3. 为什么发酵罐的轴封装置多为机械密封？

4. 为什么向反应釜投料时不宜加入大的块状固体？

书网融合……

    微课　　　　　　划重点　　　　　自测题

学习目标

知识要求

1. **掌握** 膜式蒸发器的类型、结构、特点和工作原理；结晶设备的类型、结构与特点。
2. **熟悉** 膜式蒸发器的辅助设备；蒸发设备的类型。
3. **了解** 蒸发、结晶操作的分类。

能力要求

1. 学会按标准操作规程的要求使用膜式蒸发器、结晶罐。
2. 学会膜式蒸发器和结晶罐的维护保养，会判断和排除常见故障。

任务一 膜式蒸发器 微课

岗位情景模拟

情景描述 在化学原料药阿司匹林回收岗位，母液回收的操作如下：母液升温65℃，经膜式蒸发器在真空度大于0.088MPa条件下蒸酸，每小时处理400~500L，膜式蒸发器气压≤0.2MPa，蒸出的醋酸经检验合格后回收利用。浓缩液进入结晶罐降温，析出结晶后离心，离出的回收品交酰化套用，母液进入下一轮循环回收。

讨论 1. 什么是膜式蒸发器？

2. 膜式蒸发器有什么特点？为什么选膜式蒸发器？

蒸发是将溶液加热至沸腾，将部分溶剂气化并除去的一种单元操作，药厂生产中常用蒸发来回收溶剂，获得浓缩溶液进行结晶或制成浸膏。目前，药厂所用蒸发器种类很多，根据溶液在蒸发器内运行的轨迹可分为循环型（非膜式）和单程型（膜式）两大类。

循环型蒸发器的缺点是料液在蒸发器内部滞留量大且在高温下停留时间长，不适宜处理热敏性的物质，从而限制了其在药品生产中的应用。

单程型蒸发器操作时，溶液不在蒸发器内循环流动，其通过一次加热管束（即单程）就能达到浓缩要求。当溶液通过加热管时，人为控制其流速使其在管壁呈膜状流动，故又名膜式蒸发器。由于液膜较薄且表面积大，故能迅速蒸发溶剂达到浓缩要求且加热时间极短，特别适用于热敏性溶液的浓缩，在药厂得到推广应用。

你知道吗

按蒸发器内的操作压强不同，可分为常压、减压、加压蒸发。

1. 常压蒸发 即在常压下通过加热溶液至沸腾使其浓缩。

2. 加压蒸发 主要是为了提高二次蒸汽的温度，以便利用二次蒸汽。较高的蒸发温度也能降低溶液的黏度，增加流动性，改善传热效果。

3. 减压蒸发 在负压状态下进行的蒸发为减压蒸发，又称真空蒸发。它的优点是：减压后溶液的沸点降低，传热温差加大，蒸发效率提高；操作温度也可随之降低，对于不耐高温的溶液浓缩非常适用；由于沸点下降，可以利用低压蒸汽或废气作为热源，对提高热能的利用率具有重要意义。所以其在制药工业中应用较为广泛。

根据液膜在蒸发器内的流动方向和成膜原因，可将膜式蒸发器分为升膜式、降膜式、旋转刮板式三种类型。

一、升膜式蒸发器

（一）升膜式蒸发器的结构

升膜式蒸发器如图 8 - 1 所示。该蒸发器的加热室由多根垂直的长管组成，其长度一般为 3 ~ 10m，直径为 25 ~ 50mm，管间为蒸汽加热。加热室顶部连至蒸发室。

（二）升膜式蒸发器的工作原理

蒸发器内抽真空，通过调节底部阀门使料液慢慢沿管道上升，当上升到加热区域后，液体迅速蒸发，上升的蒸汽拉动液体上升并在管壁形成一层液膜，调节底部阀门可控制液膜的高度。受到加热的液膜迅速蒸发，底部液体不断上升补充液膜。这样，在蒸发过程中，液膜的厚度和高度基本保持不变，液体不断上升，蒸汽带动液膜至蒸发室后浓缩液被收集，从而形成升膜蒸发。

（三）升膜式蒸发器的使用

升膜式蒸发器正常操作的关键是让液体物

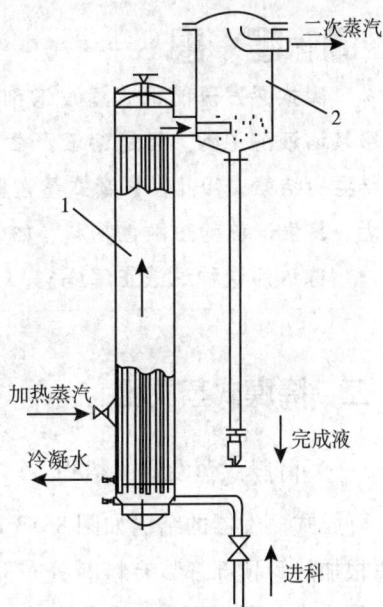

图 8 - 1 升膜式蒸发器示意图
1. 加热室；2. 蒸发室

料在加热管壁上形成连续不断的液膜，因此应尽量缩短预热段（可采取沸点进料）、控制料液进入速度、保持加热蒸汽的压强稳定和真空状态的稳定，以免造成蒸发量太大而出现干壁，或因蒸汽量过大而雾沫夹带，或料液进入太快而无法形成膜的情况。

(四) 升膜式蒸发器的操作

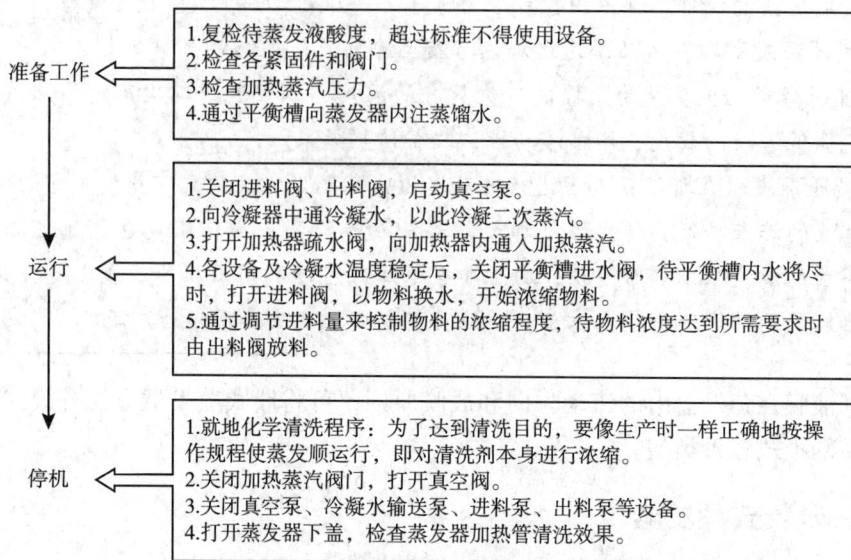

准备工作
> 1.复检待蒸发液酸度,超过标准不得使用设备。
> 2.检查各紧固件和阀门。
> 3.检查加热蒸汽压力。
> 4.通过平衡槽向蒸发器内注蒸馏水。

运行
> 1.关闭进料阀、出料阀,启动真空泵。
> 2.向冷凝器中通冷凝水,以此冷凝二次蒸汽。
> 3.打开加热器疏水阀,向加热器内通入加热蒸汽。
> 4.各设备及冷凝水温度稳定后,关闭平衡槽进水阀,待平衡槽内水将尽时,打开进料阀,以物料换水,开始浓缩物料。
> 5.通过调节进料量来控制物料的浓缩程度,待物料浓度达到所需求时由出料阀放料。

停机
> 1.就地化学清洗程序:为了达到清洗目的,要像生产时一样正确地按操作规程使蒸发顺运行,即对清洗剂本身进行浓缩。
> 2.关闭加热蒸汽阀门,打开真空阀。
> 3.关闭真空泵、冷凝水输送泵、进料泵、出料泵等设备。
> 4.打开蒸发器下盖,检查蒸发器加热管清洗效果。

图 8 – 2 升膜式蒸发器的操作流程图

请你想一想

膜式蒸发器能迅速蒸发溶剂达到浓缩要求且加热时间极短,特别适用于热敏性溶液的浓缩。但是溶液产生雾沫夹带,操作控制不当易出现局部过干甚至结疤、结焦。因此,升膜式蒸发器适用于料液黏度较小或浓度较稀、不易结晶结垢、易生泡沫的热敏性物料,如链霉素、中药及一些发酵液等的浓缩。

你认为这种说法正确吗?

二、降膜式蒸发器

(一) 降膜式蒸发器的结构

降膜式蒸发器的结构如图 8 – 3 所示。与升膜式大致相同,主要区别是降膜式蒸发器每根加热管顶部都装有料液分布器。料液分布器除了有利于溶液在加热管内壁形成均匀的液膜,还能阻止二次蒸汽从管内上方溢出。图 8 – 4 列出了一些常见的料液分布器形状。

(二) 降膜式蒸发器的工作原理

料液自蒸发器顶部加入,经过料液分布器使溶液均匀地流入加热管中,料液受热沸腾,在重力和二次蒸汽的共同作用下沿壁面呈膜状向下流动,在下降的过程中被蒸发浓缩,气液混合物由加热管底部进入蒸发室,经气液分离后得到完成液,从而形成降膜蒸发。

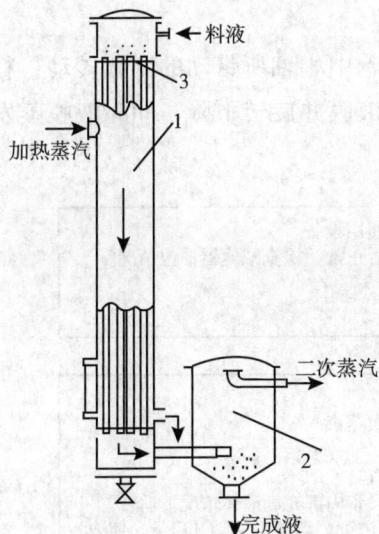

图 8-3　降膜式蒸发器示意图

1. 加热室；2. 蒸发室；3. 料液分布器

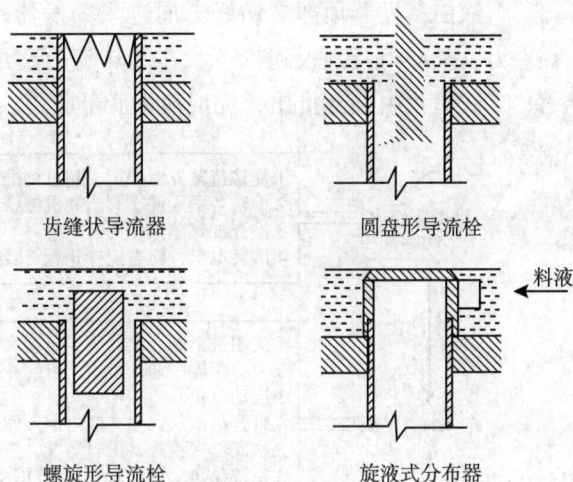

图 8-4　料液分布器

（三）降膜式蒸发器的使用

降膜式蒸发器在操作时要注意加热蒸汽温度不能过高，流量不能太大，否则容易使二次蒸汽过多导致其从顶部料液分布器喷出，形成液泛。降膜式蒸发器的操作基本同升膜式蒸发器。

降膜式蒸发器的蒸发速度快，较升膜式蒸发器更易成膜，成膜均匀不易结垢。安装时要求列管有一定的垂直度，同时对于料液分布器加工及安装要求较高。

降膜式蒸发器适用于料液黏度较大（升膜式蒸发器则不宜）或浓度较高的溶液，同时由于液体在蒸发器内停留时间较升膜式蒸发器更短，故对于热敏性溶液的蒸发适用性更广。

三、旋转刮板式蒸发器

旋转刮板式蒸发器是利用机械驱动的刮板将液体刮成膜从而蒸发溶剂的单程蒸发器（图 8-5）。

（一）旋转刮板式蒸发器的结构

旋转刮板式的加热管为中央一直立圆管，管外有夹套可通蒸汽加热，圆管的中心有转轴且轴上装有刮板，刮板外缘与圆管内壁间隙为 0.5～1mm。

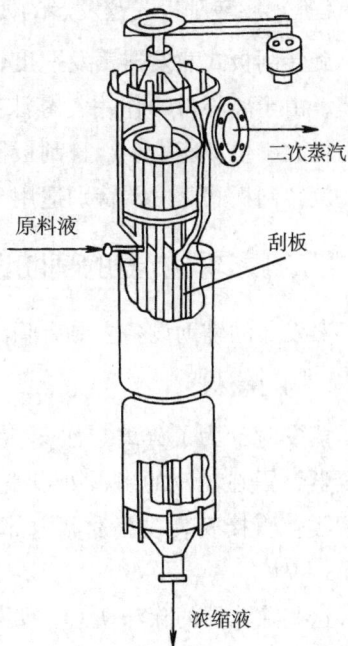

图 8-5　旋转刮板式蒸发器示意图

（二）旋转式蒸发器的工作原理

料液由蒸发器顶部沿切线方向进入蒸发器，随着中心轴所带动的刮板转动，料液在重力、离心力及刮板刮带下，在加热管内壁形成液膜并旋转下降，同时液膜蒸发浓缩，二次蒸汽由顶部排出，完成液由底部收集。

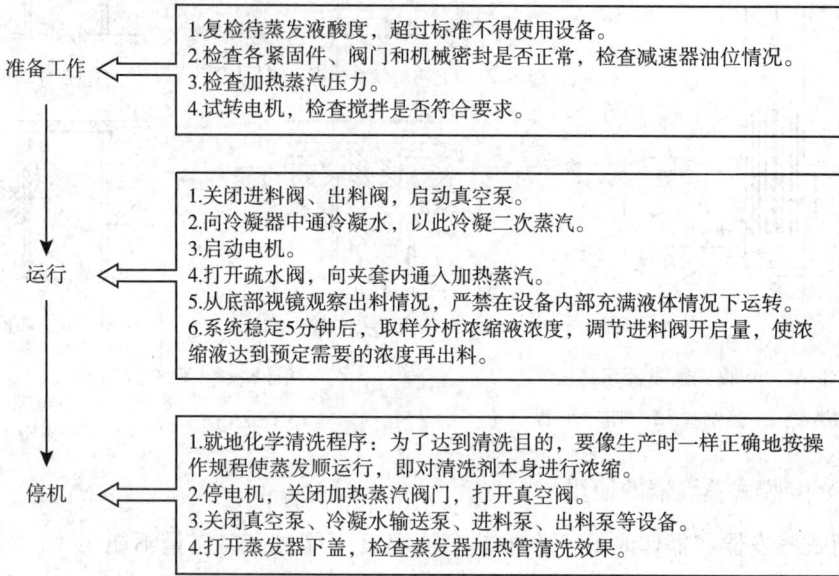

准备工作 ←
> 1.复检待蒸发液酸度，超过标准不得使用设备。
> 2.检查各紧固件、阀门和机械密封是否正常，检查减速器油位情况。
> 3.检查加热蒸汽压力。
> 4.试转电机，检查搅拌是否符合要求。

运行 ←
> 1.关闭进料阀、出料阀，启动真空泵。
> 2.向冷凝器中通冷凝水，以此冷凝二次蒸汽。
> 3.启动电机。
> 4.打开疏水阀，向夹套内通入加热蒸汽。
> 5.从底部视镜观察出料情况，严禁在设备内部充满液体情况下运转。
> 6.系统稳定5分钟后，取样分析浓缩液浓度，调节进料阀开启量，使浓缩液达到预定需要的浓度再出料。

停机 ←
> 1.就地化学清洗程序：为了达到清洗目的，要像生产时一样正确地按操作规程使蒸发顺行，即对清洗剂本身进行浓缩。
> 2.停电机，关闭加热蒸汽阀门，打开真空阀。
> 3.关闭真空泵、冷凝水输送泵、进料泵、出料泵等设备。
> 4.打开蒸发器下盖，检查蒸发器加热管清洗效果。

图8-6　旋转刮板式蒸发器的使用流程图

（三）旋转刮板式蒸发器的使用

旋转刮板式蒸发器蒸发速度快，高黏度物料或含少量固体料液在刮板作用下也可成膜，由于离心力的作用，雾沫夹带现象很少。但结构复杂、制作与安装要求高，动力消耗大，生产能力小，且刮板需经常清洗维护。

旋转刮板式蒸发器特别适用于高黏度、易结晶、易结垢或热敏性的物料蒸发。

四、膜式蒸发器的辅助设备

蒸发器的辅助设备主要有除沫器、真空泵和冷凝器。

（一）除沫器

蒸发时，为了分离二次蒸汽中夹带的液滴，减小产品的损失，防止污染或堵塞冷凝器，需在蒸汽的出口处设置除沫装置。常用的除沫器根据安装位置不同可以分为两类：直接安装在蒸发器内部的除沫器（图8-6）和安装在蒸发器外部的除沫器（图8-7）。

这些除沫器的除沫机理主要有两个：一是液滴或雾沫碰撞挡板或丝网时被收集，如图8-7中的（a）、（b）、（c）和图8-8中的（a）；二是依靠离心力的作用分离密度不同的气液两相，如图8-7中的（d）和图8-8中的（b）、（c）。

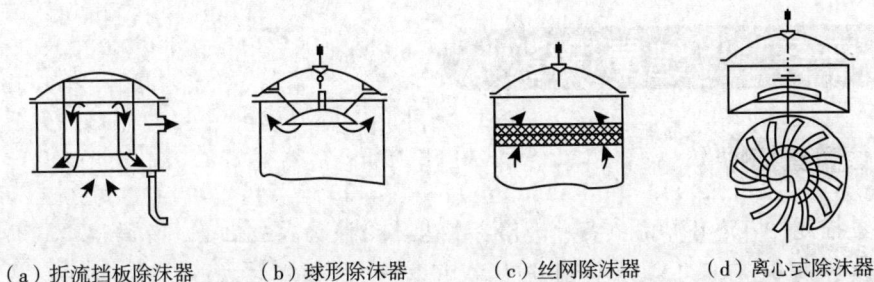

（a）折流挡板除沫器　　（b）球形除沫器　　（c）丝网除沫器　　（d）离心式除沫器

图8-7　蒸发器内部使用的除沫器示意图

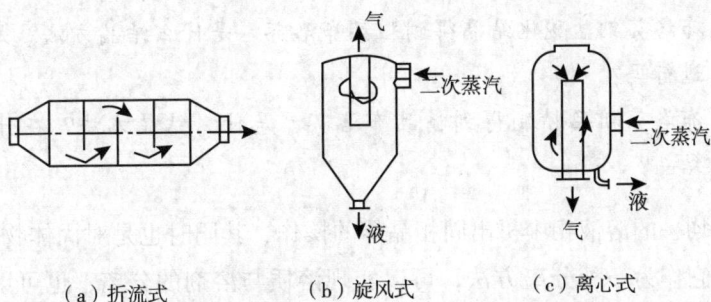

（a）折流式　　　　（b）旋风式　　　　（c）离心式

图8-8　蒸发器外部使用的除沫器示意图

（二）真空泵

工业生产中，多数蒸发操作都在减压条件下进行，既节省了蒸发所耗时间又节约了加热所需的热量。蒸发器常配套使用的真空泵有水环式真空泵、喷射泵及往复式真空泵。

（三）冷凝器

在真空浓缩或需要回收溶剂时都需要冷凝器，它的作用是将二次蒸汽冷凝成液体。若冷凝液需要回收，可采用间壁式冷凝器，比如常与反应釜配套使用的列管式换热器。若二次蒸汽为水蒸气，多采用直接混合式冷凝器，如逆流高位冷凝器（图8-9）。冷却水经过淋水板后与上升的蒸汽逆流接触，蒸汽形成的冷凝水与冷却水一起从气压管下部排出。

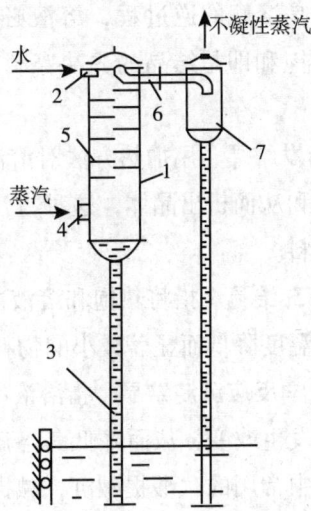

图8-9　逆流高位冷凝器示意图

1. 外壳；2. 进水口；3. 气压管；4. 蒸汽进口；
5. 淋水板；6. 不凝性气体出口；7. 分离器

任务二　结晶设备

岗位情景模拟

情景描述　布洛芬精品制备：布洛芬钠盐水溶液加入酸化釜，保持温度 35～45℃，滴加盐酸，调节 pH 为 1～2，此时析出布洛芬油层，降温至 5℃，复测 pH 仍为 2～3，继续降温、固化、结晶、离心，即得粗制布洛芬。收率超过 90%。粗品再经溶解、脱色、结晶、离心和干燥，即得精品布洛芬。

讨论　1. 布洛芬钠盐酸化结晶得到粗品布洛芬，是什么结晶方法？是在酸化釜中进行吗？

2. 布洛芬粗品精制得到精品布洛芬，是什么结晶方法？在什么设备内再结晶？

结晶是从均一的溶液相中析出固相晶体的操作，其同时也是对固体物料进行分离、纯化的过程。它作为一种分离方法，可以实现溶质与溶剂的分离，也可以实现几种溶质之间的分离。

一、结晶的方法

结晶是溶解的逆过程，溶液必须达到过饱和时才能产生结晶，因此，如何使溶液达到过饱和即是结晶的先决条件，根据达到过饱和的方法，结晶大致可分为以下几类。

1. 蒸发结晶　用加热方法对溶液进行常压或减压蒸发，将部分溶剂蒸发使溶液浓缩至过饱和从而析出晶体，这种方法称为蒸发结晶。该方法适用于溶解度随温度变化不大的物料。

2. 冷却结晶　指将热饱和溶液冷却使之过饱和而析出结晶的方法。该方法适用于溶解度随温度降低而显著减小的物料。

3. 化学反应沉淀结晶　指溶液中加入某些化学反应剂或调节 pH，使溶质的化学组成或性质发生改变，从而降低其溶解度，形成过饱和溶液析出晶体的过程。原料药后处理过程中常用的"酸提碱沉，碱提酸沉"即是这个原理。

4. 盐析结晶　加入另一物质，使溶质在溶液中的溶解度降低，以达到过饱和析出结晶的方法。加入的另一种物质可以是某种溶质，也可以是其他溶剂。例如向浓缩的青霉素钾盐溶液中加入饱和的醋酸钾溶液，青霉素钾就会受盐析作用而析出结晶。中药提取中用的"水提醇沉"和"醇提水沉"即是盐析的原理。

制药生产中往往将以上几种方法联合使用，以利于结晶或增加产量。但是在制药工业中不仅要获得尽量多的晶体，而且对晶形、晶粒大小都有要求，因此还必须研究对结晶有影响作用的一系列因素。如过饱和的程度、结晶的温度、搅拌速度的影响和溶液自身纯度的影响等。

你知道吗

　　医药生产中大多数产品或中间体都是固体，从溶液中得到这些固体的最常用的方法就是结晶，同时重结晶也是固体物质最常用的精制方式，操作简单，提纯效果好，因此在制药生产中应用广泛。结晶过程是影响产品质量的重要环节，近年来，关于结晶条件的优化、结晶设备的选择、晶型和粒度大小的控制，是行业研究的重点。

二、常用结晶设备

　　结晶设备的种类很多，按照其操作方法可分为间歇式和连续式两种。间歇式结晶设备结构简单，操作控制方便，但设备利用率低，生产时劳动强度大。连续式结晶设备结构较复杂，操作控制条件较难掌握，消耗动力多，但设备利用率高，产量及产品质量稳定。今后，加装自动控制系统的连续式结晶设备应用会更为广泛。

（一）槽式结晶器

　　槽式结晶器可分为间歇式结晶槽和连续式搅拌结晶槽，两种结晶槽其内壁均为不锈钢材质且有夹套，可通冷却水降温。间歇式结晶槽较简单，下面主要介绍连续式搅拌结晶槽的结构及工作原理。

　　1. 连续式搅拌结晶槽的结构　如图 8-10 所示，其外形为一长槽，槽底呈半圆形，槽内装有长螺距的螺带式搅拌器，槽外设有夹套。上部有可活动的顶盖，以保证结晶器内物料的洁净。

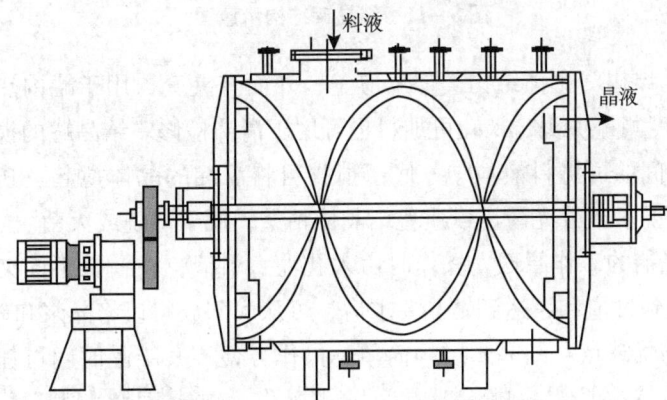

图 8-10　连续式搅拌结晶槽结构示意图

　　2. 连续式搅拌结晶槽的工作原理　工作时，料液由槽的一端加入，在搅拌器的推动下向另一端流动，形成的晶浆由出料口排出。

3. 连续式搅拌结晶槽的优缺点　连续式搅拌结晶槽使用方便，结晶槽内的搅拌器不仅推动料液和晶浆向前流动，也提高传热和传质均匀性，有利于晶体的均一生长，还可避免晶簇的形成和结块现象。但是该结晶器传热面积有限，适用于结晶时间较短、产量较大的物料，如葡萄糖的结晶常采用此设备。

请你想一想
两种槽式结晶器的劳动强度大吗？结晶时能得到大颗粒晶体吗？

（二）结晶罐

结晶罐即为一类立式带有搅拌器的反应釜，但其搅拌结构有了变化以适应罐内结晶产生大量固体的情况。图 8-11 是结晶罐的内部结构示意图。

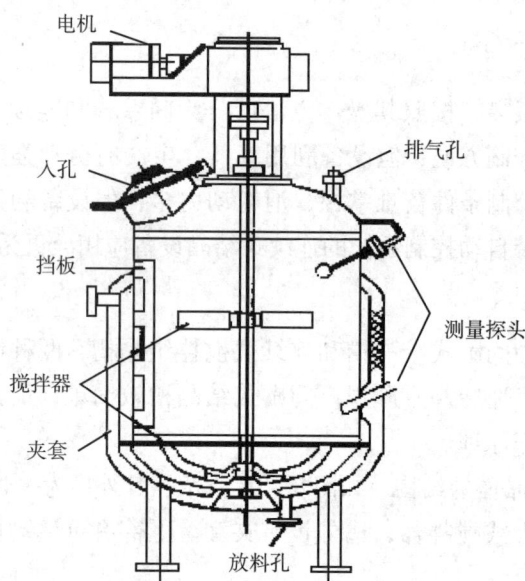

图 8-11　结晶罐结构示意图

1. 结晶罐的结构　主体结构类似反应釜，外面有夹套，用于罐内热量交换，一般还配有 pH 和温度测量探头，入孔可加料也可用于清洁检修。结晶罐的搅拌器一般装有两个搅拌桨，中间的可将料液搅匀，底部搅拌可将沉淀的晶体搅起。其内壁一般为不锈钢或搪玻璃，要求十分光滑，以避免结晶体粘壁，便于清洗或灭菌。

2. 搅拌结晶器的工作原理　操作时由入孔注入料液，在搅拌下向夹套通入冷却水降温以使料液达到过饱和，达到结晶要求后，可从底部放料口将晶浆和母液排出。

3. 结晶罐的优缺点　结晶罐结构简单，操作方便，其结晶时间可任意调节，有利于得到较大的晶体。但结晶罐一般是间歇式操作，生产能力低，对于过饱和度不易控制，当结晶颗粒过大过多时容易堵塞放料孔等。

虽然结晶罐一般都不大，生产能力低，在大批量生产时须用多个结晶罐并联操作，但由于其可操

请你想一想
结晶罐的搅拌选哪种类型比较好：锚式、桨式、推进式、涡轮式？

作性强而具有广泛的适用性。冷却结晶、反应结晶和盐析结晶等结晶方法都可采用结晶罐,是原料药厂最常见的结晶设备之一。

(三) 奥斯陆 (Oslo) 结晶器

奥斯陆蒸发式结晶器是一类典型的蒸发式结晶设备,其结构示意图如图 8 - 12 所示。

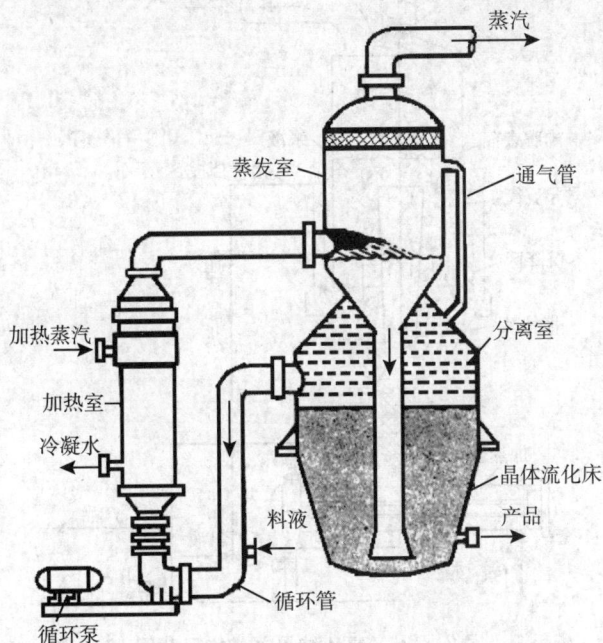

图 8 -12 奥斯陆蒸发式结晶器结构示意图

1. 奥斯陆蒸发式结晶器的结构 如图 8 - 12 所示,该结晶器主要由分离室、蒸发室和加热室组成,配套有循环管和循环泵等组件。

2. 奥斯陆蒸发式结晶器的工作原理 工作时,原料液经进料口加入后,经循环泵输送至加热室加热,加热后的料液进入蒸发室,部分溶剂蒸发后形成的二次蒸汽由顶部排出,浓缩后的料液经中央管流至分离室底部,然后向上流动并析出晶体。由于分离室是锥形结构,底窄肚宽,因此液体向上流动速度渐小。在此过程中粒度较大的晶体将富集于分离室底部,且能接触新鲜的过饱和溶液而越长越大,而粒度较小的晶体处于分离室上层,只能与过饱和度较小的溶液接触,故晶粒生长缓慢。到达分离室顶部的液体其过饱和度已消耗完毕,且其中也不含晶体,故可以澄清母液的形式重新参与管路循环。

3. 奥斯陆蒸发式结晶器的优缺点 奥斯陆蒸发式结晶器操作性能优异,晶粒在分离室内自动分级(下层晶粒大,上层晶粒小),同时晶粒大小可控,利于获得均匀的大颗粒晶体;能连续操作,生产能力大。但结晶器结构复杂,设备投资成本大。

（四）DTB 结晶器（导流筒－挡板结晶器）

1. DTB 结晶器的结构　如图 8－13 所示，该蒸发器中部有一导流筒，筒内底部有螺旋桨式搅拌器，导流筒周围有一圆筒形挡板，与结晶器外部形成沉降区。

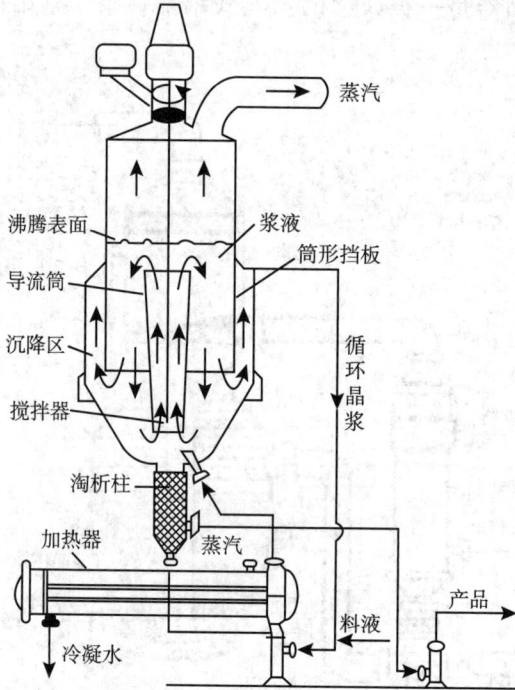

图 8－13　DTB 结晶器结构示意图

2. DTB 结晶器的工作原理　操作时，原料液先经外置加热器加热后，从底部进入导流筒，被螺旋桨沿导流筒送至液面，在导流筒与挡板形成的环形间隙内循环。液面蒸发溶剂后出现结晶，晶体随晶浆的循环到达结晶器底部，由晶浆出口排出后固液分离，固体作为结晶产品，液体再次送至加热器加热并输送回结晶器。在挡板与器壁形成的沉降区上部有一母液出口，可将小颗粒和母液引出至循环泵与新料液合并，经加热重溶后返回结晶器。

3. DTB 结晶器的优缺点　DTB 结晶器通过调节搅拌速度可控制晶粒大小，可生产 $600 \sim 1200 \mu m$ 的大粒晶体；能连续操作，生产能力大。但机械搅拌耗能较多，如控制不当易打碎晶粒；结构较复杂，成本较高。

该设备适用于中等蒸发速度的蒸发结晶或冷冻结晶，当需要生产较大粒度晶体时也常用此设备。

目标检测

一、单项选择题

1. 制药工业中蒸发的目的不包括（　　）

  A. 浓缩制得流浸膏和浓缩液　　　　B. 回收溶剂

  C. 结晶、喷雾干燥前预处理　　　　D. 控制产品的粒度范围

2. 膜式蒸发器不包括（　　）

  A. 升膜式　　　　B. 降膜式　　　　C. 旋转刮板式　　　D. 搅拌式

3. 膜式蒸发器的辅助设备不包括（　　）

  A. 除沫器　　　　B. 真空泵　　　　C. 旋风分离器　　　D. 冷凝器

4. 以下结晶设备中，多用于间歇操作的是（　　）

  A. 奥斯陆结晶器　　　　　　　　B. 连续式搅拌结晶槽

  C. DTB 结晶器　　　　　　　　　D. 结晶槽

5. 结晶罐的搅拌选哪种类型比较好（　　）

  A. 锚式　　　　B. 桨式　　　　C. 推进式　　　　D. 涡轮式

6. 以下结晶设备中，得到的结晶粒径最大的是（　　）

  A. 奥斯陆结晶器　　　　　　　　B. 连续式搅拌结晶槽

  C. DTB 结晶器　　　　　　　　　D. 结晶罐

7. 适合处理热敏性物料的蒸发器是（　　）

  A. 膜式蒸发器　　　　　　　　　B. 中央循环管式蒸发器

  C. 强制循环性蒸发器　　　　　　D. 结晶罐

二、多项选择题

1. 按蒸发器的操作压强可将蒸发分为（　　）

  A. 常压　　　　B. 减压　　　　C. 泄压　　　　D. 加压

2. 以下结晶设备中，多用于连续操作的是（　　）

  A. 奥斯陆结晶器　　　　　　　　B. 连续式搅拌结晶槽

  C. 结晶罐　　　　　　　　　　　D. 结晶槽

3. 以下结晶设备中，能进行蒸发结晶操作的是（　　）

  A. 奥斯陆结晶器　　　　　　　　B. 连续式搅拌结晶槽

  C. DTB 结晶器　　　　　　　　　D. 结晶槽

4. 旋转刮板式蒸发器特别适用于蒸发（　　）的物料

  A. 高黏度　　　　B. 易结晶　　　　C. 易结垢　　　　D. 热敏性

5. 升膜式蒸发器适用于蒸发（　　）的物料

  A. 黏度较小或浓度较稀　　　　　B. 不易结晶、结垢

　　C. 易产生泡沫　　　　　　　　　　D. 热敏性

6. 降膜式蒸发器适用于蒸发（　　　）的物料

　　A. 黏度较大　　　B. 浓度较高　　　C. 热敏性　　　　D. 强腐蚀性

三、思考题

1. 学过的蒸发器有哪些？各有哪些优缺点？分别适用于什么情况？

2. 升膜式蒸发器和降膜式蒸发器那种更适合于蒸发热敏性原料？

3. 结晶的前提条件是什么？各种类型的结晶设备是如何达到这个条件的？

4. 比较一下各型结晶设备的优缺点及各自的适用场合。

书网融合……

微课

划重点

自测题

▷▷ 项目九 分离设备

学习目标

知识要求

1. **掌握** 离心机、旋风分离器和空气过滤器的结构、原理。
2. **熟悉** 旋风分离器的分离性能指标及空气过滤器的性能参数。
3. **了解** 离心机、旋风分离器和空气过滤器的生产常见故障及排除方法。

能力要求

1. 学会按标准操作规程的要求使用离心机、旋风分离器和空气过滤器。
2. 学会离心机、旋风分离器和空气过滤器的维护保养，会判断和排除常见故障。

📋 任务一 离心机

📋 岗位情景模拟

情景描述 酵母干粉中加入 0.066mol/L 磷酸氢二钠溶液，37℃水浴保温 2 小时，室温搅拌 3 小时，离心收集上清液，升温至 55℃，保温 20 分钟后迅速冷却离心去除热变性蛋白，上清液中多为热稳定性较高的醇脱氢酶。

讨论 1. 生物制药生产中常采用什么方法完成分离操作？

2. 常用的分离设备有哪些？

离心分离是在离心力的作用下分离液态非均相物系（悬浮液、乳浊液）中两种密度不同物质的操作。利用设备（转鼓）本身旋转产生的离心力来分离液态非均相物系的设备为离心机。因为离心机会产生很大的离心力，能够实现在重力场中不能有效分离的操作。根据方式或功能不同，离心机分为三种基本类型。

1. 离心过滤式离心机 离心机的转鼓上有很多小孔，并衬以金属网和滤布，混悬液加入转鼓内并随之高速旋转，液体和其中悬浮颗粒受离心力作用通过滤布和转鼓上小孔甩出，而固体颗粒被滤布截留形成滤饼。常用的有三足式离心机和活塞推料离心机。

2. 离心沉降式离心机 离心机的转鼓上无孔，操作进行时，料液在转鼓内受离心力的作用，按密度大小分层沉降，密度大的固体颗粒沉积在鼓壁上，而密度较小的液体收集于中央并不断引出，从而完成两相分离。常用的离心沉降设备有三足式沉降离心机和螺旋卸料沉降离心机等。

3. 离心分离机　离心机的鼓壁上无孔，进行分离乳浊液或胶体溶液的分离。在离心力作用下，液体按密度大小分离，重者在外，轻者在内，各自从适当的位置引出，把乳浊液或胶体溶液分离成为轻重不同的两种液体。常见的有碟式分离机和管式分离机。

目前国内应用最广、制造数目最多的一种离心机是三足式离心机。

一、三足式离心机的结构

三足式离心机主要由转鼓、外壳、机盖、平衡缸、轴座等组成，如图9-1和图9-2所示。

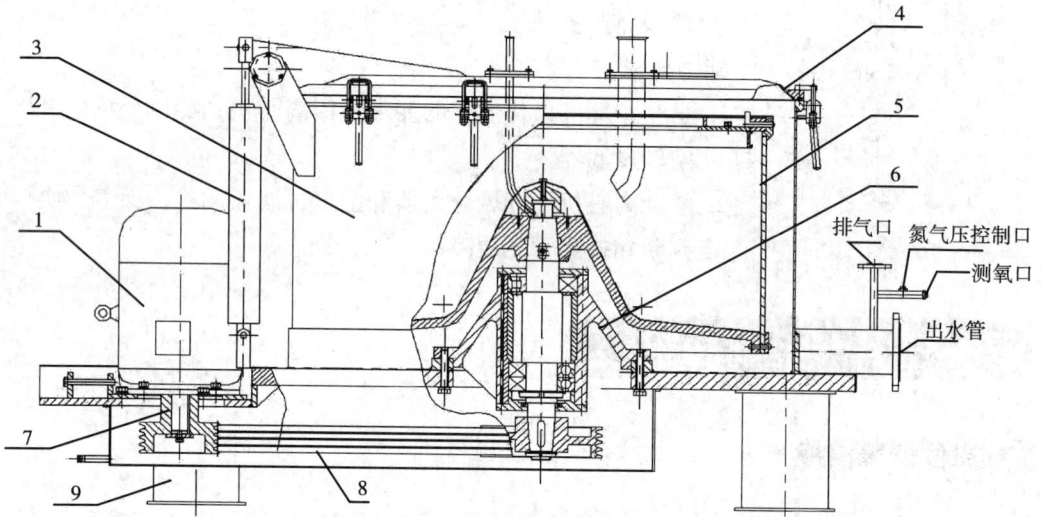

图 9-1　三足式离心机结构示意图

1. 电机；2. 平衡缸；3. 外壳；4. 机盖；5. 转鼓；6. 轴座；7. 传动部件；8. 传动皮带；9. 减震器

图 9-2　三足式离心机实物图

二、三足式离心机的工作原理

料液从加料管进入旋转的转鼓里，在离心力作用下，滤液穿过滤布和转鼓于机座下部排出，滤渣被截留在滤布上，待一批料液过滤完毕或转鼓内的滤渣量达到设备允许的最大值时，可停止加料并继续运转一段时间以沥干滤液。必要时，也可于滤饼表面洒以清水进行洗涤，然后停机卸料，清洗设备。

三、三足式离心机的优缺点

优点：具有结构简单、运转平稳、适应性强、滤渣颗粒不易破损、运转周期可灵活掌握等优点，用于间歇生产过程中的小批量物料的处理，尤其适用于各种盐类结晶的过滤和脱水，晶体较少受到破损。

缺点：是卸料时的劳动强度较大，转动部件位于机座下部，检修不方便。三足式离心机的转鼓直径一般较大，转速不高（<2000 转/分），过滤面积为 $0.6 \sim 2.7 \mathrm{m}^2$。

四、三足式离心机的使用

1. 三足式离心机的安装

（1）水平安装，地面要平整、牢固，必要时要做基础。

（2）电源电压波动必须符合 +10% 以内的国家标准，接地可靠。

2. 三足式离心机的操作

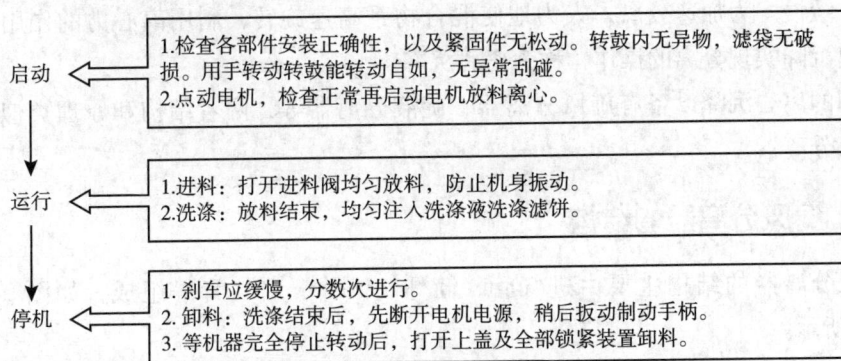

启动 ← 1.检查各部件安装正确性，以及紧固件无松动。转鼓内无异物，滤袋无破损。用手转动转鼓能转动自如，无异常刮碰。
2.点动电机，检查正常再启动电机放料离心。

运行 ← 1.进料：打开进料阀均匀放料，防止机身振动。
2.洗涤：放料结束，均匀注入洗涤液洗涤滤饼。

停机 ← 1.刹车应缓慢，分数次进行。
2.卸料：洗涤结束后，先断开电机电源，稍后扳动制动手柄。
3.等机器完全停止转动后，打开上盖及全部锁紧装置卸料。

图 9-3 三足式离心机操作流程图

五、三足式离心机常见故障及排除

1. 离心机异常振动

（1）离心机在运转中加料量太大。处理方法：减少加料量。

（2）出水口被滤液的结晶物堵塞，使机身内充满滤液。处理方法：将出水口卸下，清除结晶物。

（3）滤袋发生破损。处理方法：更换滤袋。

（4）轴承座与底盘紧固螺丝松动导致异常振动。处理方法：紧固螺丝。

2. 电机温升过高

（1）机器负荷太重引起电机异常发热。处理方法：按正常负荷运转。

（2）电机转动速度过快引起。处理方法：正常转速下使用电机。

> **请你想一想**
>
> 　　离心机在运行时，容易产生振动，请思考有什么减振的方法？

任务二　旋风分离器

岗位情景模拟

情景描述　阿司匹林的生产过程：在反应罐中加醋酐（加料量为水杨酸总量的 0.7889 倍），再加入三分之二量的水杨酸，搅拌升温，在 81～82℃反应 40～60 分钟。降温至 81～82℃保温反应 2 小时。检查游离水杨酸合格后，降温至 13℃，析出结晶，甩滤，水洗甩干，于 65～70℃气流干燥，旋风分离得乙酰水杨酸（阿司匹林）。

讨论　1. 如何收集流化态粉状物料？

　　　　2. 常用的气固分离设备有哪些？

在外力作用下，使密度不同的两相发生相对运动而实现分离的操作称为沉降。沉降操作的外力可以是重力，也可以是惯性离心力。细小颗粒在重力作用下的沉降速度通常非常缓慢。为加速分离，人为地使混合物系高速旋转，利用离心力的作用使固体颗粒迅速沉降实现分离的操作，称为离心沉降。

常用的离心沉降设备有旋风分离器、旋液分离器等，两者结构和原理类似。下面介绍旋风分离器。

一、旋风分离器的结构

旋风分离器的结构主要由进气管、筒体、锥体、出气管等组成，如图 9-4 和图 9-5 所示。

二、旋风分离器的工作原理

如图 9-4 所示，含尘气体从侧面的矩形进气管切向进入器内，由于圆筒形器壁的作用形成自上而下的旋转运动，因气体中尘粒的密度较大，故所受的离心力也大，被甩向外围碰撞器壁后失去动能而沉降下来，自锥底排出。由于工作时旋风分离器底部处于密封状态，所以，被净化的气体到达底部后折向上，沿中心轴旋转，从顶部的中央排气管排出。

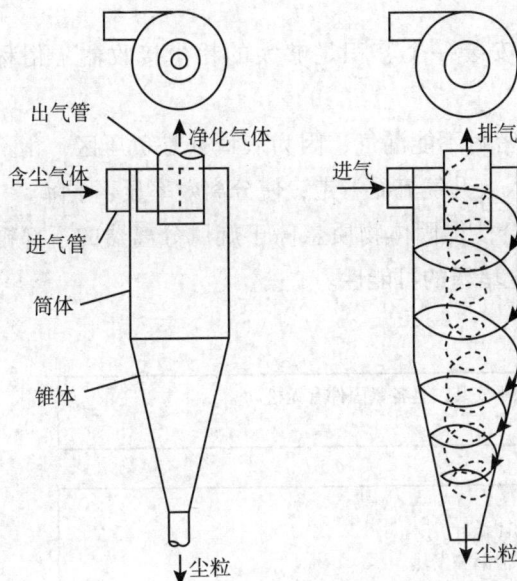

图9-4　旋风分离器结构示意图　　　图9-5　旋风分离器实物图

三、旋风分离器的优缺点

优点：结构简单，没有运动部件；操作不受温度、压力限制；可分离出直径小到 $5\,\mu m$ 的微粒。

缺点：气体在器内流动阻力大，微粒对器壁有较严重的机械磨损；对气体流量的变动敏感；细粒子的灰尘不能充分除净。

四、旋风分离器分离性能指标

评价旋风分离器分离性能的主要指标是临界粒径和气体通过旋风分离器的阻力。

1. 临界粒径　能够完全被旋风分离器分离下来的最小颗粒的直径。临界粒径随气速增大而减小，故气速增加分离效率提高，但气速过大会将已经沉降的颗粒卷起而降低分离效率，同时也使流动阻力增加。

2. 气体通过旋风分离器的阻力　即压降。实际工作中，考虑到设备的受压及节能降耗的需要，气体流动压降应尽可能降低。而压降除了取决于设备结构外，主要取决于气速。气速越小，压降越低，但分离

> **请你想一想**
> 如何根据生产需要选择合适的旋风分离器？

效率也越低。因而在操作中需要选择合适的气速以同时满足分离效率和压降的要求。

五、旋风分离器的使用

1. 旋风分离器的安装

（1）水平安装，筒体、锥体和顶部任一截面都要保证同心度，表面整齐光滑，避

免发生局部严重磨损。

（2）在旋风分离器的下方，必须要安装一个容积足够大的粉尘接收器（俗称料斗），防止收集到的微粒被气流带走。

（3）旋风分离器的粉尘排放口必须密封不能漏气，因为灰口处是负压区，稍不严密就会漏入大量空气，将沉集的粉尘带入上升气流而卷走，使分离效率显著下降。

此外，任何气体泄露进去以后，都会使得固体物质悬停于旋风分离器的下部锥体空间，从而导致磨损加剧，以及增加发生堵塞的可能性。

2. 旋风分离器的操作

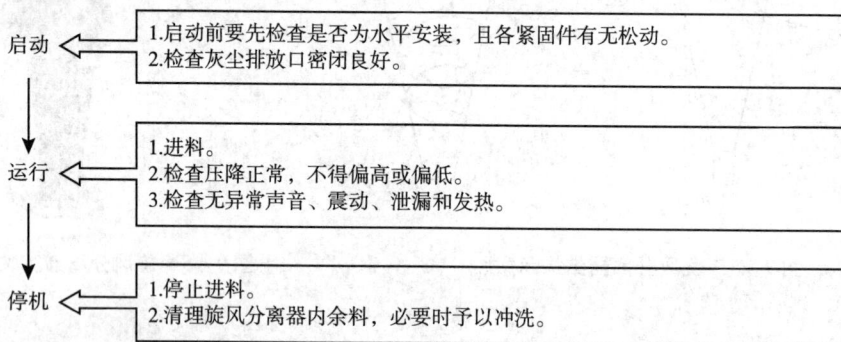

启动 ← 1.启动前要先检查是否为水平安装，且各紧固件有无松动。
2.检查灰尘排放口密闭良好。

运行 ← 1.进料。
2.检查压降正常，不得偏高或偏低。
3.检查无异常声音、震动、泄漏和发热。

停机 ← 1.停止进料。
2.清理旋风分离器内余料，必要时予以冲洗。

图9-6　旋风分离器操作流程图

六、旋风分离器常见故障及排除

1. 压降偏高或偏低

（1）管道系统或鼓风机设计不当，气流流速过高则压降偏高，反之则压降偏低。处理方法：更换鼓风机或增加流速限制设施。

（2）气体泄漏进系统。处理方法：对管道系统或分离器装置的泄漏之处进行修理。

（3）旋风分离器内部阻塞。处理方法：清理内部阻塞物。

2. 效率过低

（1）气体泄露进入旋风分离器。处理方法：泄漏处进行修理，并确保卸灰阀运转正常，密封可靠。

（2）内部堵塞。处理方法：拆卸清理。

3. 磨损腐蚀　其故障是入口速度过高引起。处理方法：降低流速。

你知道吗

旋风分离器是靠离心力的作用来分离粉尘的，如果选择的规格过大而风量小，则气流速度就不够大，产生的离心力也就不大，分离效果必然差；如果选择的规格过小而风量大，则气流速度增大，气体通过旋风分离器的阻力损失也增大，必然增加动力消耗。因此，旋风分离器选择规格要适当，才能收到较好的经济效果。

旋风分离器的分离效率不仅与分离器的结构和操作条件有关，而且随粒度分布而变。同一设备在相同的操作条件下，粒度分布不同，效率也不同。因此，在分离技术上又用粒度分布来确定分离器的分离效率，这就是分级效率。当处理气量较大时，采用一台旋风分离器尺寸过大，效率有下降趋势，故可采用几个直径小的旋风分离器并联组成一个旋风分离器组。减小旋风分离器的直径，将使离心力和粒子沉降速度提高，因而也提高了除尘效率。

任务三　空气过滤器　📱微课

📋 岗位情景模拟

情景描述　自然或人为原因使大气中某些成分超过正常含量或排入有毒有害的物质对人类及其他生物和物体造成危害。大气中常见的有害物质主要包括粉尘/可吸入颗粒物、二氧化硫、氮氧化合物、一氧化碳和微生物等。空气微生物是主要的空气浮游生物，由于空气中缺乏营养物及适当的温度，细菌不能繁殖，且常因阳光照射和干燥作用而被消灭，只有抵抗力较强的细菌和真菌或细菌芽孢才能存留较长时间，如化脓性葡萄球菌、肺炎球菌、链球菌、结核杆菌、炭疽杆菌、破伤风梭菌等。带有病原微生物的气溶胶常引起呼吸道传染病。室内环境与大气相比是个小环境，种类繁多，人员活动和卫生条件差异很大，从种类上讲，细菌、真菌、病毒、支原体、衣原体和其他生物气溶胶都可能出现。

讨论　1. 大气中的有害物质对药品生产会造成什么影响？

　　　　2. 如何从环境着手保证药品质量？

空气过滤器是通过多孔过滤材料的作用从气固两相流中捕集粉尘等微粒，并使气体得以净化的设备。它把含尘量低的空气净化处理后送入室内，以保证洁净房间的工艺要求和一般空调房间内的空气洁净度。洁净室用空气过滤器种类较多，按结构形式分为平板式、折叠式、袋式及有隔板折叠形、无隔板折叠形过滤器等；按过滤效率分为粗效、中效、高中效、亚高效、高效和超高效六类过滤器。一般根据洁净室（或洁净设备）的空气洁净度级别和生产工艺的特殊要求，进行合理化选用与配置。

一、空气过滤器的结构

药品生产中常用过滤器如图 9－7 所示。粗效过滤器的滤料一般为玻璃纤维、化纤、无纺布等，其结构型式多为板式、折叠式和袋式。中效过滤器的滤料一般为玻璃纤维、化纤、无纺布等，其结构型式多为袋式、楔形折叠式。高效过滤器的滤料主要是超细玻璃纤维滤纸，结构型式均为折叠式，有有隔板和无隔板之分。

板式初效过滤器 　　　　　　　　可洗式初效过滤器

袋式中效过滤器 　　　　　　　　无隔板高效过滤器

图 9 – 7　常见空气过滤器

你知道吗

伦敦毒雾事件

1952 年 12 月 5 日的毒雾事件是伦敦历史上最惨痛的时刻之一，那场毒雾造成至少 4000 人死亡，无数伦敦市民呼吸困难，交通瘫痪多日，数百万人受影响。

二、空气过滤器的工作原理

过滤器的过滤原理主要有拦截（过筛）、惯性碰撞、扩散和静电等。

1. 拦截　即过筛，大于筛孔的粒子拦截下来被过滤掉，小于筛孔的粒子漏过去。拦截仅对大粒子起作用，微小粒子除不掉，是粗效过滤器的过滤原理。

2. 惯性碰撞　粒子尤其较大粒子随气流流动做无规则运动，由于粒子间的碰撞与惯性，会偏离气流方向，而与障碍物碰撞、粘住被过滤掉。粒子越大，惯性越大，效率越高。这是粗效和中效过滤器的过滤原理。

3. 扩散和静电　气流中的微小粒子做无规则的布朗运动，粒子越小，布朗运动越强，与障碍物撞击机会也越多，与障碍物撞击后，发生静电吸附被钩留粘住，而被过滤掉。这是亚高效、高效和超高效过滤器的过滤原理。

三、空气过滤器的性能参数

过滤器性能一般包括过滤效率、初阻力、容尘量。

1. 过滤效率

过滤效率 = 被过滤器过滤掉的（捕集的）粒子量/未过滤前空气中粒子总量×100%

2. 初阻力 气流绕纤维运动受到微小阻力，无数微小阻力之和就是滤料对空气的阻力。初阻力是过滤器开始使用时额定风量下的阻力，过滤器使用一段时间后阻力会明显增加，当增加到初阻力的两倍时，通常要更换过滤器，过滤器更换时的阻力为终阻力。

3. 容尘量 过滤器到达终阻力时在滤料上所容纳的灰尘重量。

四、空气过滤器的使用

（一）空气过滤器的使用场合及过滤范围

1. 粗效过滤器 主要用于净化空调系统的新风进口处作预过滤器，截留大气中的大粒径微粒。过滤对象是大于 $5\mu m$ 以上的悬浮微粒和 $10\mu m$ 以上的沉降性微粒以及各种异物，防止其进入系统。其过滤效率以过滤 $\geqslant 5\mu m$ 粒子为准。过滤效率 20%～80%，初阻力 $\leqslant 50Pa$。

2. 中效空气过滤器 由于其前面已有预过滤器截留了大粒径微粒，它又可以作为一般空调系统的最后过滤器和净化空调系统中、高效过滤器的预过滤器。主要用于截留 $1\sim10\mu m$ 悬浮微粒，效率以过滤 $\geqslant 1\mu m$ 粒子为准。过滤效率 20%～70%，初阻力 $\leqslant 80Pa$。

3. 高中效过滤器 可用作一般净化程度的系统末端过滤器，也可以作为高效过滤器的中间过滤器；主要用于截留 $1\sim5\mu m$ 粒子，效率以过滤 $\geqslant 1\mu m$ 粒子为准。过滤效率 70%～99%，初阻力 $\leqslant 100Pa$。

4. 亚高效过滤器 主要作为洁净室末端过滤器，也可作为高效过滤器的预过滤器和新风系统的末级过滤，提高新风的品质。主要用于截留 $1\mu m$ 以下的粒子，效率以过滤 $\geqslant 0.5\mu m$ 粒子为准。过滤效率 $\geqslant 95\%$，初阻力 $\leqslant 120Pa$。

5. 高效过滤器（超高效过滤器） 主要用于洁净室的末端过滤器，以保证实现各级洁净度的级别。其效率以过滤 $\geqslant 0.5\mu m$ 粒子为准。过滤效率 $\geqslant 99.99\%$，初阻力 $\leqslant 220Pa$。

（二）空气过滤器的安装及更换

1. 空气过滤器的安装

（1）过滤器安装前要清洁，特别是高效过滤器，安装前必须将洁净室及净化空调系统彻底清扫擦净，并且净化空调系统必须运转，再次清扫、擦净后立即安装。

（2）安装高效过滤器的框架应平整，且高效过滤器和框架之间密封可靠。

2. 空气过滤器的更换

（1）维修人员定期检查过滤器，发现过滤器阻力达到初阻力的 2 倍时应更新清洗滤料，更换的初效和中效过滤器清洗晾干后无破损，可以再使用一次。一般初效过滤器 1～3 个月清洗更换；中效过滤器 3～6 个月清洗更换；高效过滤器 1 年更换。如果初中效过滤器保护的好，高效过滤器的使用周期会更长。

（2）发现下列情况，高效空调过滤器应予更换：气流速度降到最低限度，即使更换初效和中效过滤器后，气流速度仍不能增大；高效过滤器的风量为原风量的 70%；高效过滤器出现无法修补的渗漏；高效过滤器已经使用 3 年。

你知道吗

气溶胶是指悬浮在气体介质中的固态或液态颗粒所组成的气态分散系统。这些固态或液态颗粒的密度与气体介质的密度可以相差微小，也可以悬殊很大。气溶胶颗粒大小通常在 $0.01 \sim 10 \mu m$ 之间，由于来源和形成原因不同而使范围很大，例如：花粉等植物气溶胶的粒径为 $5 \sim 100 \mu m$、木材及烟草燃烧产生的气溶胶粒径为 $0.01 \sim 1000 \mu m$ 等。颗粒的形状多种多样，可以是近乎球形，诸如液态雾珠，也可以是片状、针状及其他不规则形状。气溶胶是以固体或液体为分散质（又称分散相）和气体为分散介质所形成的溶胶。它具有胶体性质，如对光线有散射作用、电泳、布朗运动等特性。大气中的固体和液体微粒做布朗运动，不因重力而沉降，可悬浮在大气中长达数月或数年之久。

请和同学讨论新冠病毒的传播途径及预防措施。

目标检测

一、单项选择题

1. 离心机根据方式或功能不同分为三种基本类型，不包括（　　）
   A. 离心过滤式离心机　　　　　　B. 离心沉降式离心机
   C. 离心分离机　　　　　　　　　D. 离心通风机

2. 三足式离心机的优点不包括（　　）
   A. 结构简单　　B. 处理量大　　C. 适应性强　　D. 运转平稳

3. 三足式离心机的结构不包括（　　）
   A. 转鼓　　　　B. 平衡缸　　　C. 连杆　　　　D. 轴座

4. 利用惯性离心力分离气 – 固相混合物的最常用设备是（　　）
   A. 降尘室　　　B. 沉降槽　　　C. 旋液分离器　D. 旋风分离器

5. 旋风分离器的结构不包括（　　）
   A. 筒体　　　　B. 转鼓　　　　C. 锥体　　　　D. 出气管

6. 评价旋风分离器分离性能的主要指标是（　　）
   A. 临界粒径　　B. 过滤效率　　C. 初阻力　　　D. 容尘量

7. 粗效过滤器初阻力不大于（　　　）

    A. 50Pa   B. 100Pa   C. 180Pa   D. 220Pa

8. （　　　）过滤器主要用于净化空调系统的新风进口处，作预过滤器，截留大气中的大粒径微粒

    A. 高效   B. 亚高效   C. 中效   D. 粗效

9. （　　　）过滤器一般位于净化空调系统的末端

    A. 初效   B. 中效或亚高效 C. 中效   D. 亚高效或高效

10. 空气过滤器的性能参数不包括（　　）

    A. 过滤效率   B. 压降   C. 初阻力   D. 容尘量

二、思考题

1. 三足式离心机发生异常振动时如何处理？
2. 简述三足式离心机的工作原理。
3. 简述旋风分离器的工作原理。
4. 简述空气过滤器的安装。

书网融合……

　　微课　　　　　　　划重点　　　　　　自测题

项目十 干燥设备

学习目标

知识要求

1. **掌握** 沸腾干燥器的结构、工作过程。
2. **熟悉** 厢式干燥器和喷雾干燥器的主要构成和工作过程；干燥的方式。
3. **了解** 干燥设备的分类；真空冷冻干燥机的工作过程；常见干燥设备的适用范围。

能力要求

1. 学会按标准操作规程的要求使用沸腾干燥器。
2. 学会沸腾干燥器的维护保养，会判断和排除常见故障。

在制药生产中，为便于物料的贮存、运输、加工和使用，需要将固体原料、中间体和成品中所含有的水分或其他溶剂除去。加热物料，使物料中湿分蒸发而除去的过程称为干燥。由于被干燥物料的性质、干燥程度、生产条件的不同，故所采用的干燥方法、干燥设备也多种多样。

一、干燥方式

1. 传导干燥 指将热能以传导的方式通过金属壁面传给湿物料，使其中的湿分气化的方法。这类方法热效率较高，为 70% ~ 80%。但物料温度不易控制，物料与金属壁面接触处，常因过热而焦化造成变质。

2. 对流干燥 指利用热空气等作干燥介质将热量以对流方式传给湿物料，又将气化的水分带走的方法。在干燥过程中，干燥介质与湿物料直接接触，干燥介质供给湿物料气化所需的热量，并带走气化后的湿分水蒸气。在对流干燥中，物料不易过热，但干燥介质离开干燥设备时，会带走相当一部分热能，热效率较低。

3. 辐射干燥 指热能以电磁波的形式由辐射器发射至湿物料的表面，并被湿物料吸收后转化为热能，使物料中湿分气化的方法。用作辐射的电磁波一般是红外线。辐射干燥生产强度大，产品洁净，干燥均匀，但能耗高。

4. 介电干燥 又称高频干燥。将湿物料置于高频电场内，在高频电场的作用下物料内部分子因振动而发热，从而达到干燥的目的。电场频率在 300MHz 以下的介电加热称为高频加热；频率在 300M ~ 300GHz 之间的介电加热称为超高频加热，又称微波加热。

5. 冷冻干燥 将湿物料在低温下冻结成固态，然后在真空环境中对湿物料加热，使冰升华为水汽，水汽用真空泵排除。干燥后物料的物理结构和分子结构变化极小，产品残存水分也很少。

二、干燥设备的分类

在制药生产中，由于被干燥物料的性质、形状、干燥程度的要求、生产能力的大小等各不相同，因此，所选用的干燥器的型式多种多样。干燥器的种类很多，干燥器通常按加热的方式来分类。

1. 对流干燥器　干燥介质以对流方式将热量直接传给湿物料，并将湿物料中的湿分带出。如厢式干燥器、洞道干燥器、气流干燥器、转筒干燥器和喷雾干燥器。

2. 传导干燥器　干燥介质以热传导方式将热量传给湿物料，使湿物料中的水分气化得以干燥。如滚筒干燥器、真空耙式干燥器和冷冻干燥器。

3. 辐射或介电加热干燥器　利用热辐射或电磁波将湿物料加热而干燥。如红外线干燥器、微波干燥器。

4. 冷冻干燥器　利用冷冻干燥的方法将湿物料干燥。

📋 任务一　厢式干燥器

一、厢式干燥器的结构

厢式干燥器（图10-1）是一种间歇式的多功能干燥器。其外壁包以绝热材料，厢内支架上可放多层干燥料盘，待干燥物料置于盘中。厢式干燥器一般为间歇操作，小型的称为烘箱，大型的称为烘房。

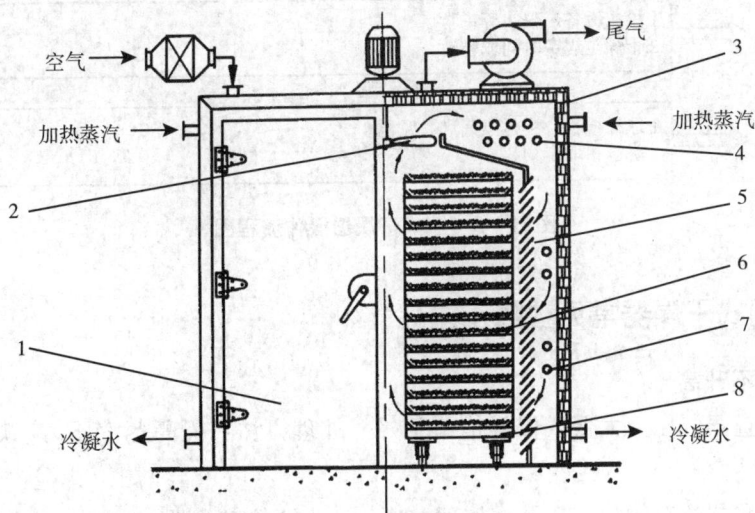

图 10-1　水平气流厢式干燥器

1. 干燥厢门；2. 循环风扇；3. 隔热层壁；4. 上部加热管；
5. 气流导向板；6. 干燥物料；7. 下加热管；8. 格板料车

二、厢式干燥器的工作原理

厢式干燥器主要以蒸汽或电能为热源，产生的热空气通过物料表面带走湿分而达到干燥的目的。若热风沿着物料的表面通过，称为平行流式干燥器。如将料盘改为金属筛网或多孔板，则热风可均匀地穿流通过料层，称为穿流式干燥器。穿流式干燥器的干燥效率较高，但耗能亦大。

多级加热厢式干燥器基本结构与单级厢式干燥器相似，不同的是热空气每流经一层物料后，中间再加热一次，如此流经每层的热风温度可趋于相同，各层物料的干燥也趋于均匀，从而克服了单级厢式干燥器物料干燥不均匀、热利用率低的缺点。新型厢式干燥器，在关键部位装有风扇、加热管等，有利于气流的运动和温度的均匀。

三、厢式干燥器的使用

将铺有湿物料的料盘置于干燥器内，关闭干燥器门。开启蒸汽阀门，通入加热蒸汽，同时根据被干燥物料的具体要求设定、调节干燥温度，并打开风机，使器内热风均匀流通，待温度升到设定值后，打开排湿系统。

待物料干燥合格后，关掉排湿、加热、风机，断开电源，拉出物料，准备下一批物料的操作。具体如图 10 – 2 所示。

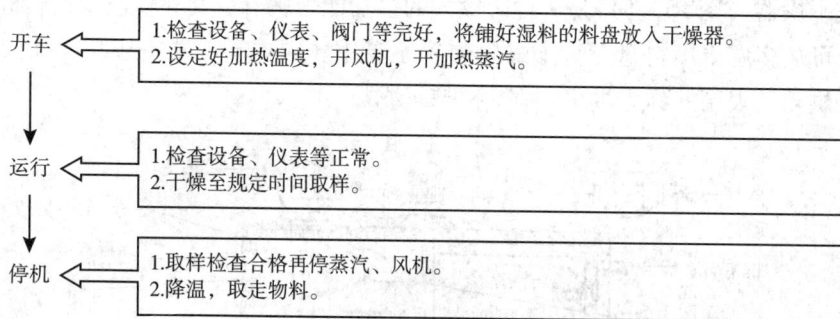

```
开车 ← ┌─────────────────────────────────────────┐
        │ 1.检查设备、仪表、阀门等完好，将铺好湿料的料盘放入干燥器。│
        │ 2.设定好加热温度，开风机，开加热蒸汽。          │
        └─────────────────────────────────────────┘
         │
         ↓
运行 ← ┌─────────────────────────────────────────┐
        │ 1.检查设备、仪表等正常。                    │
        │ 2.干燥至规定时间取样。                      │
        └─────────────────────────────────────────┘
         │
         ↓
停机 ← ┌─────────────────────────────────────────┐
        │ 1.取样检查合格再停蒸汽、风机。              │
        │ 2.降温，取走物料。                         │
        └─────────────────────────────────────────┘
```

图 10 – 2　厢式干燥器操作流程图

四、厢式干燥器常见故障及排除

1. 温度不升高

（1）检查蒸汽压力太低或保温措施不好。处理方法：提高蒸汽压力，烘箱回管外部要加保温层。

（2）疏水器有杂物阻塞失灵。处理方法：清理更换疏水器。

（3）排湿阀处于常开状态。处理方法：关闭排湿阀。

2. 厢内温度不均匀　其故障是由叶窗叶片调整不当或烘箱门未关严引起。处理方法：检查调整百叶窗并关严烘箱门。

你知道吗

　　厢式干燥器的优点是结构简单，设备投资少，操作方便，适应性强，同一设备可干燥多种物料，每一批物料的干燥温度可根据需要适当改变，适合制药工业生产批量少品种多，且干燥后物料破损少、粉尘少。缺点是干燥时间长，物料干燥不够均匀，热利用率低，劳动强度大。

任务二　沸腾干燥器　　📱微课1

📋岗位情景模拟

　　情景描述　卡托普利湿颗粒的干燥。要求干燥失重为2.5%～5.0%。

　　操作过程：检查沸腾干燥机电气和液路是否正常。打开蒸汽积水管路排放积水后打开蒸汽总阀，送上总电源，压缩空气，蒸汽，合上控制电压开关，将手动自动位定于手动。拉出料斗车将湿颗粒置于沸腾干燥机中，还原料斗车位置，启动气缸，将料斗顶上，开风机启动运行，开动搅拌电机，设定进风温度，设定温度为75℃，观察干燥过程中的负压应为20～40（×100Pa）。干燥至出风口温度为（45±1）℃停止干燥。干燥至出风温度升至产品工艺要求的数值时，关闭热风进风，关闭风机，关闭排风门，脉冲反吹3～5循环后关闭脉冲开关，用橡胶锤敲打沸腾锅体一周，启动气缸，将料斗放下，拉出料斗车。

　　讨论　1. 沸腾干燥器有几种类型？
　　　　　　2. 如何使用沸腾干燥器？

　　沸腾干燥器又称为流化床干燥器，是20世纪60年代发展起来的一种干燥技术，目前在化工、轻工、医药、食品以及建材工业领域都得到了广泛的应用。目前，国内流化床干燥装置，从其类型看主要分为单层、多层（2～5层）、卧式和立式及振动式流化床等。从被干燥的物料来看，大多数的产品为粉状、颗粒及晶状。被干燥物料的含水率一般为10%～30%，物料颗粒度在120目以内。

一、沸腾干燥器的结构

　　沸腾干燥器的种类很多，但其基本结构均由原料输送系统、热空气供给系统、空气分布板、干燥室、气-固分离器和产品回收系统组成。沸腾干燥器由于流化床结构不同，有以下几种类型。

　　1. 高效沸腾干燥器　如图10-3所示。高效沸腾干燥器的结构简单，操作方便，生产能力大。将空气经加热净化后，由引风机从下部导入，穿过料斗的孔网板。在工作室内，经搅拌和负压作用形成流态化，水分快速蒸发后随着排气带走，物料快速干燥。

图 10-3　高效沸腾干燥器结构示意图

1. 压缩空气阀门；2. 捕集袋；3. 振荡架；4. 出口过滤装置；5. 引风机；6. 进口过滤装置；
7. 鼓风机；8. 加热器；9. 料车；10. 网孔；11. 取样孔；12. 搅拌器；13. 视窗

2. 多层沸腾干燥器　如图 10-4 所示，设计了多层沸腾干燥器。该干燥器热空气由底层送入，逐层逆流而动，而颗粒性物料则由最上层加入，经溢流管自上而下流动被干燥，故热利用率较高，产品干燥程度高且均匀。

3. 强化沸腾干燥器　如图 10-5 所示，为具有锥形底的圆筒，在下部锥形部位安装有若干组钢制的动牙和静牙组成的强化器，通过动牙旋转与静牙之间产生剪切而将物料粉碎，粉化的物料被由锥底通入的热空气流化干燥。适用于糊状和膏状物料的干燥。

> **请你想一想**
>
> 本任务岗位情景模拟中，沸腾干燥器操作过程中为何需要橡胶锤敲打沸腾锅体一周？捕集袋的作用是什么？

图 10-4　多层沸腾干燥器结构示意图

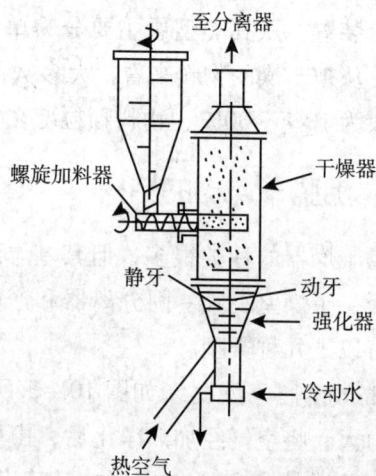

图 10-5　强化沸腾干燥器结构示意图

4. 卧式多室沸腾干燥器 如图 10-6、图 10-7 所示,其横截面为长方形,底部为多孔筛板,筛板上方有可调上下的竖向挡板,挡板下端距多孔分布板有一定距离,物料可以逐室流动,不会完全混合。这样可保证颗粒的停留时间分布较均匀,以防止未干颗粒排出。挡板将干燥床分成 4~8 个小室,每个小室的筛板下部均有一进气支管,支管上有可调节气流量的阀门。

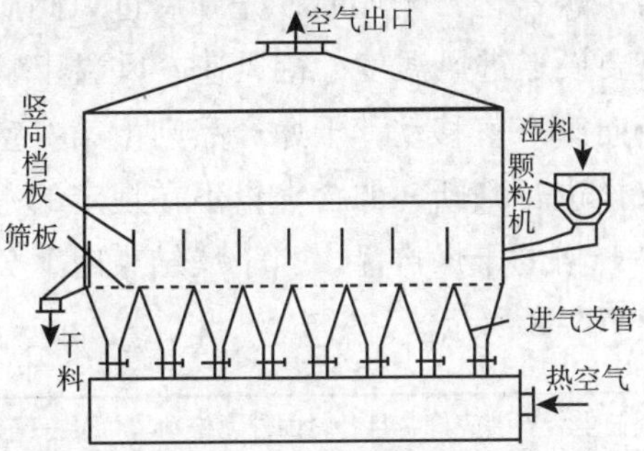

图 10-6 卧式多室沸腾干燥器结构示意图

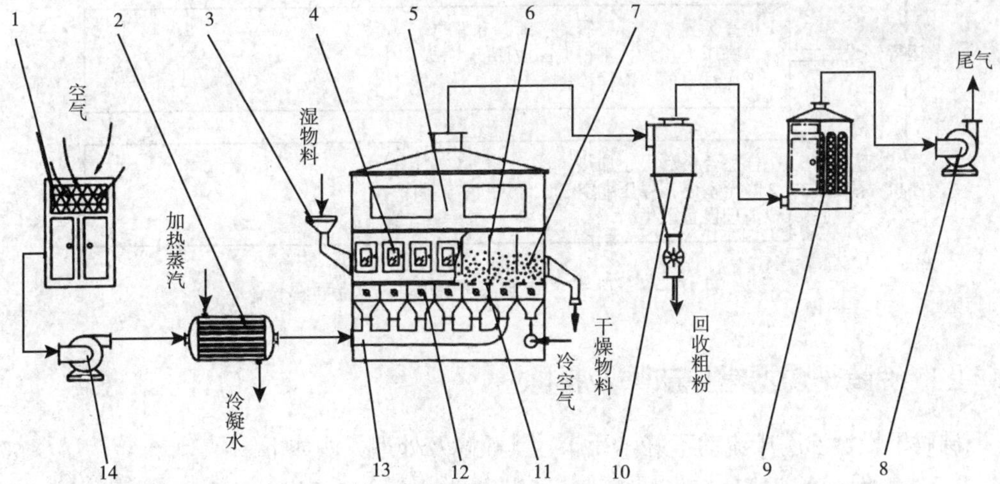

图 10-7 卧式多室沸腾床干燥装置示意图

1. 空气过滤器；2. 空气加热器；3. 加料器；4. 观察窗；5. 多室流化干燥室；
6. 室间挡板；7. 流化床；8. 引风机；9. 细粉隔离室；10. 旋风分离器；
11. 气体分布板；12. 可调风门；13. 热风分配管；14. 送风机

卧式多室沸腾干燥器在片剂湿粒、颗粒剂的干燥中得以广泛应用,得到的干颗粒含水量均匀,易于控制,并且颗粒粉料少。

二、沸腾干燥器的工作原理

沸腾干燥器是将待干燥的湿颗粒置于空气分布板上,干热空气以较快的速度流经空气分布板进入干燥室,由于风速较大,所以颗粒能随气流向上浮动,当颗粒浮动至干燥室的上部时，由于该处风速降低，颗粒又下沉，到了下部又因气流较快而上浮，如此反复使颗粒处于沸腾状态，气流与颗粒间的接触面积很大，气 - 固间的传热效果良好，使颗粒快速、均匀地被干燥。

三、卧式多室沸腾干燥器的使用

当采用卧式多室沸腾干燥器进行干燥时，先开启进风阀门，压缩空气经滤过与预热分别通入各室，根据需要设定进风温度，待风速、风温正常后，物料在第一室连续加料，物料由第一室逐渐向第八室移动，干燥产品则由第八室卸料口卸出。干燥成品刚由第八室卸料时，可取样进行判断，如含水量不在规定的范围内，可通过调节进风温度或湿料的流量而获得合格的干燥产品。当干燥结束时，关闭热源，风机需运转数分钟后再停机。具体如图 10 - 8 所示。

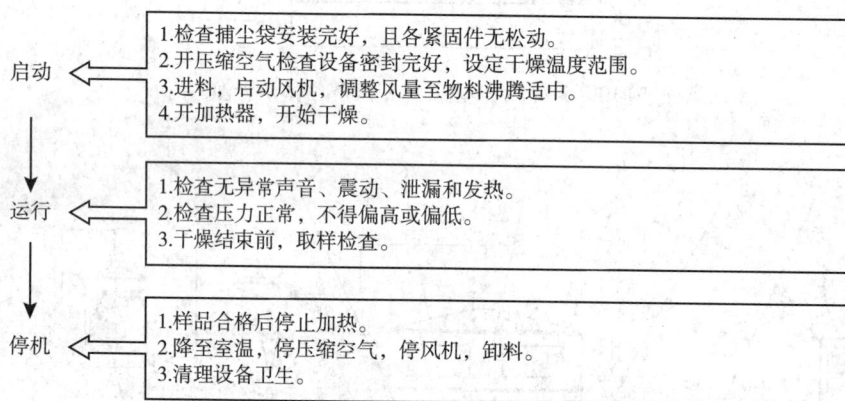

启动
1. 检查捕尘袋安装完好，且各紧固件无松动。
2. 开压缩空气检查设备密封完好，设定干燥温度范围。
3. 进料，启动风机，调整风量至物料沸腾适中。
4. 开加热器，开始干燥。

运行
1. 检查无异常声音、震动、泄漏和发热。
2. 检查压力正常，不得偏高或偏低。
3. 干燥结束前，取样检查。

停机
1. 样品合格后停止加热。
2. 降至室温，停压缩空气，停风机，卸料。
3. 清理设备卫生。

图 10 - 8 　卧式多室沸腾干燥器操作流程图

四、沸腾干燥器常见故障及排除

沸腾干燥器沸腾床流动不好，死床，其故障及处理方法如下。

1. 进机物料过湿或块多，处理方法：调整进料量，降低物料的含水量。

2. 热风分配不均，量少或温度低。处理方法：调整进风阀开度，增加风量并分配均匀，升高温度。

3. 床面干料层高度不够引起则缓慢出料。处理方法：增加干料层厚度。

你知道吗

沸腾干燥适宜于处理粒度范围在 $30\mu m \sim 6mm$，含水量在 $10\% \sim 15\%$ 的湿颗粒，也用于处理含水量在 $2\% \sim 5\%$ 的粉料。特别适用于处理湿性粒状而不易结块的物料，如片剂湿颗粒及颗粒剂等，在制药生产中被广泛应用。

任务三　双锥干燥器

一、双锥干燥器的结构

双锥干燥器又称为双锥真空干燥器，如图 10 - 9 所示，为双锥形的回转罐体，罐内在真空状态下，向夹套内通入蒸汽或热水进行加热，热量通过罐体内壁与湿物料接触，湿物料吸热后蒸发的水汽，通过真空泵经真空排气管被抽走。由于罐体内处于真空状态，且罐体的回转使物料不断地上下内外翻动，故加快了物料的干燥速度，提高了干燥效率，达到均匀干燥的目的。双锥回转真空干燥机系统主要由双锥回转真空干燥机、冷凝器、除尘器、真空抽气系统、加热系统、冷却系统、电控系统等组成。

图 10 - 9　双锥干燥器实物图

二、双锥干燥器的工作原理

在密闭的夹层中通入热能源（热水、低压蒸汽或导热油），热量经内壳传给被干燥物料。在动力驱动下，罐体做缓慢旋转，罐内物料不断地翻动、混合，从器壁内表面接受热量，从而达到强化干燥的目的。物料处于真空状态，蒸汽压下降使物料表面的水分（溶剂）达到饱和状态而蒸发，并由真空泵及时排出回收。物料内部的水分（溶剂）不断地向表面渗透、蒸发、排出，三个过程不断进行，使物料在短时间内达到干燥目的。

你知道吗

双锥干燥器适用化工、制药、食品等行业领域，如粉状、粒状及纤维状物料的浓缩、混合、干燥及需低温干燥的物料（如生化制品等），更适用于易氧化、易挥发、热敏性、强烈刺激、有毒物料和不允许破坏结晶体物料的干燥。

任务四　喷雾干燥器

一、喷雾干燥器的结构

喷雾干燥器由干燥塔、喷嘴、加热空气和输送热空气进入干燥塔的设备以及细粉与废气分离装置等部分构成。如图 10 - 10 所示。

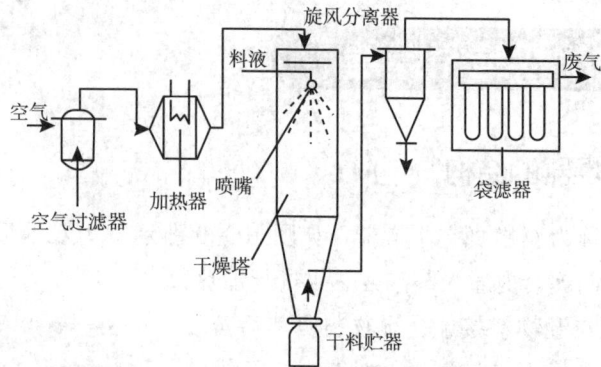

图 10 – 10　喷雾干燥器结构示意图

喷嘴是喷雾干燥器的关键部件，常用的喷嘴有如下三种类型。

1. 压力式喷嘴　也称机械式喷嘴（图 10 – 11）。料液被高压泵送入喷嘴中雾化成细小液滴，与热空气接触而被干燥。这类喷嘴动力消耗较低。可用于浓溶液的干燥，但不适用于处理高黏度及含固体颗粒的料液。

2. 离心式喷嘴　见图 10 – 12。其主要部位是高速旋转的转盘，当料液注入转盘上，借助离心力的作用而被喷成雾滴，与热空气接触而被干燥。此类喷嘴适用性较强，具有处理高黏度、含颗粒料液的能力，可用于混悬液、黏稠料液的干燥。此类喷嘴较为常用。

3. 气流式喷嘴　见图 10 – 13。是利用压缩空气于喷嘴中把料液喷成雾滴，热空气与物料并流接触而被干燥。此类喷嘴适用于黏度较大与含少量固体微粒的料液。

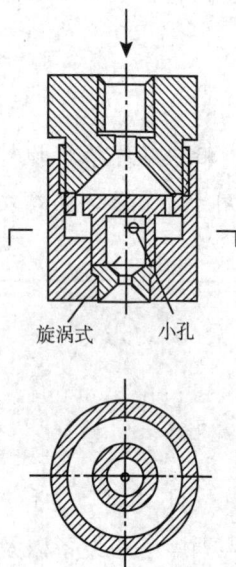

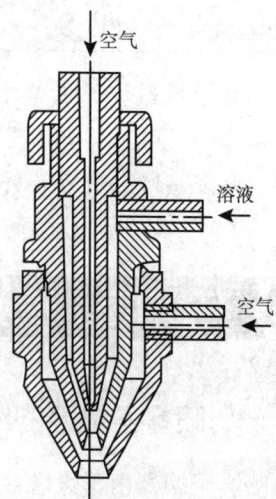

图 10 –11　压力式喷嘴示意图　　**图 10 –12　离心式喷嘴示意图**　　**图 10 –13　气流式喷嘴示意图**

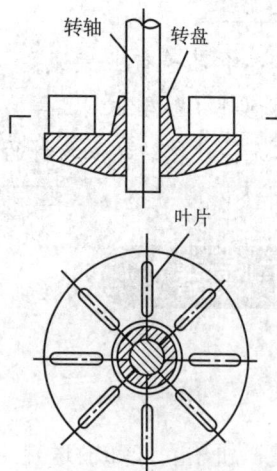

二、喷雾干燥器的工作原理

喷雾干燥以热空气作为干燥介质，使液体物料以流体形式通过喷嘴喷成细小雾滴，使干燥总面积增大，当与热气流相遇时进行热交换，水分迅速蒸发，物料被干燥成为粉末状或颗粒状。

请你想一想

喷雾干燥器和沸腾干燥器的工作原理和设备结构有何异同点？

三、喷雾干燥器的使用

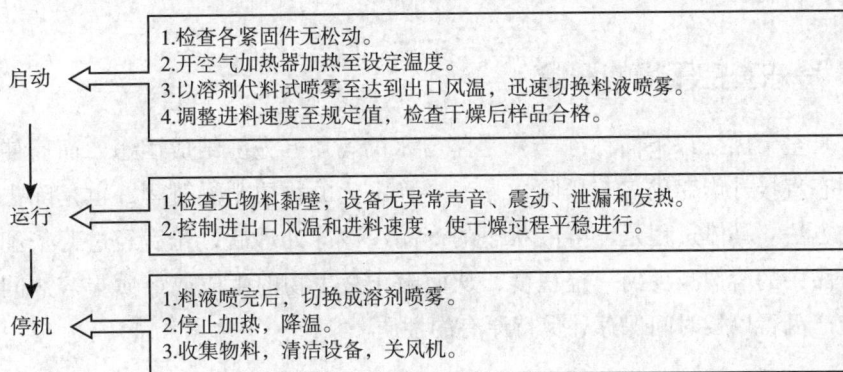

```
启动  ←  1.检查各紧固件无松动。
          2.开空气加热器加热至设定温度。
          3.以溶剂代料试喷雾至达到出口风温，迅速切换料液喷雾。
          4.调整进料速度至规定值，检查干燥后样品合格。

运行  ←  1.检查无物料黏壁，设备无异常声音、震动、泄漏和发热。
          2.控制进出口风温和进料速度，使干燥过程平稳进行。

停机  ←  1.料液喷完后，切换成溶剂喷雾。
          2.停止加热，降温。
          3.收集物料，清洁设备，关风机。
```

图 10 – 14   喷雾干燥器操作流程图

四、喷雾干燥器常见故障及排除

1. 物料黏附于干燥室内壁

（1）半湿物料黏壁。处理方法：选择设计合理的喷雾干燥设备，正确安装和调试，确保气体通道与液体通道轴心重合，喷嘴轴线在塔的中心轴线上；其次，要配备专用、恒压的压缩空气（或氮气等），保证药液喷雾流量稳定适宜，这样就可以避免物料在基本干燥前与干燥室壁面接触。

（2）低熔点物料的热熔性黏壁。处理方法：控制好干燥室各部位的温度，避免局部过热，采用壁面冷却的方法。

（3）干粉的表面黏附。处理方法：将干燥室内壁经抛光处理可显著减少表面黏附；在操作时如用空气吹扫或轻微振动干粉即可脱落。

2. 喷头堵塞

（1）未过滤或药液处理不当引起。处理方法：喷雾前药液必须过滤以除去粗颗粒。

（2）药液浓度太高引起。处理方法：将药液稀释。

（3）喷头后处理不当。处理方法：以适量溶剂（或热蒸馏水）经喷雾冲洗管道和喷头 5～10 分钟再关机。

喷雾干燥机干燥速度快，具有瞬时干燥特点，操作简单稳定，控制方便，容易实现自动化作业，产品分散性、流动性、溶解性良好，产品粒径、松散度、水分等在一定范围内可调；适用于热敏性物料的干燥，能保持物料色、香、味，常用于中成药、生素、乳制品的干燥，也可用于颗粒的包衣等。

任务五　冷冻真空干燥器　　微课2

一、冷冻真空干燥的概念

冷冻真空干燥（以下简称冻干）是将含水的物质，先冻结成固态，而后使其中的水分从固态直接升华变成气态排除，是一个稳定化的物质干燥过程，也是除去水分保存物质的方法。具体过程是：溶液状态的产品经冷冻处理后，先后经过升华和解析作用，使产品中的溶剂减少到一定程度，从而阻止微生物的生成或溶质与溶剂间的化学反应，使产品得以长时间保存并保持原有的性质。

二、冷冻真空干燥的原理

冻干过程实质上就是在低温低压下水的物态变化和移动的过程。水有三种聚集态（或称相态），即固态、液态和气态。三种相态之间达到平衡时必有一定的条件，称为相平衡关系。图 10 – 15 为水的三相平衡图，图中 OA、OB、OC 分别为升华、汽化、熔解曲线，三线交点 O 为固、液、气三相共存的状态，称为三相平衡点。

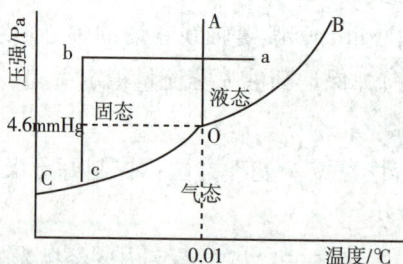

图 10 – 15　水的三相平衡图

当压力低于三相点压力时，不论温度如何变化，液态水都不可能存在，这时如果对冰进行加热，冰只能越过液态直接升华成气态，冷冻干燥就是基于此原理。

冷冻干燥过程可划分为三个阶段：预冻结、升华干燥和解析干燥。

1. 预冻结　一般情况下，预冻结时使物料温度降低到共熔点以下 10 ~ 15℃ 后，保持一段时间（1 ~ 2 小时），以克服溶液的过冷现象，就能使物料完全冻结。

2. 升华干燥　经预冻结的物料置于密闭的真空干燥器中，降压和加热，湿分由固相直接升华为气相，使物料脱去湿分，达到干燥的目的，升华生成的气相则引入冷凝器使其固化而除去。

3. 解析干燥 以较高的真空度和较高的温度保持 2 ~ 3 小时，除去升华阶段残留的吸附湿分，即第二阶段干燥，称为解析干燥。解析干燥后，物料内残留的湿分可降至 0.5% ~ 3% 以下，直至达到干燥要求。

三、冷冻真空干燥器的结构

冷冻干燥器主要由冷冻干燥箱、制冷系统、加热系统、真空系统、控制及辅助系统等组成，如图 10 - 16 所示。

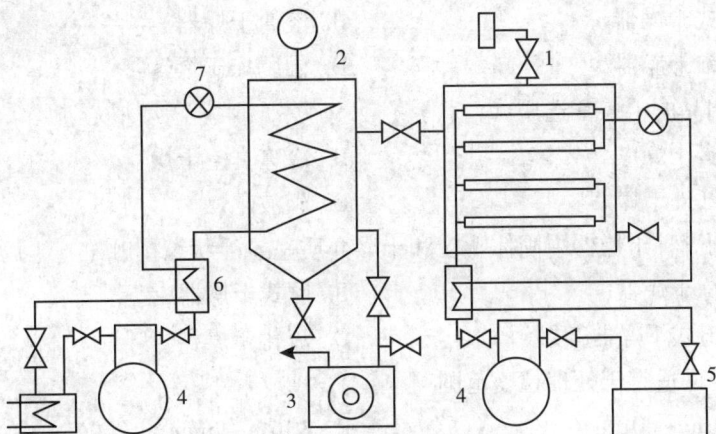

图 10 - 16　真空冷冻干燥装置示意图

1. 冻干机；2. 冷凝器；3. 真空泵；4. 制冷压缩机；5. 水冷却器；6. 热交换器；7. 膨胀阀

四、冷冻真空干燥的特点

在冷冻、真空条件下进行干燥，可避免产品因高热而分解变质，挥发性成分的损失极少，并且在缺氧状态下干燥，避免药物被氧化，因此干燥所得的产品稳定、质地疏松，加水后迅速溶解恢复药液原有特性，同时产品重量轻、体积小、含水量低，可长期保存而不变质。冷冻真空干燥的另一优点是其热能的消耗比其他干燥方法少，这是因为在真空状态下冰的升华温度很低，所以室温或稍高温度的液体或气体就可作为载热体，且具有足够的传热推动力。冷冻真空干燥器的外壁一般不需要绝热保温。但冷冻干燥设备投资和操作费用均很大，产品成本高、价格贵。

你知道吗
_____

冷冻干燥适宜于热敏性物料，易水解物料、易氧化物料及易挥发成分的干燥。制药生产中常用于抗生素、激素、血浆、血清等生物制品的干燥，也可用于一些蛋白质药品如酶、天花粉蛋白以及粉针剂的干燥。

目标检测

一、选择题

1. 若需从料液直接得到干燥制品，选用（　　　）
   A. 沸腾床干燥器
   B. 双锥干燥器
   C. 厢式干燥器
   D. 喷雾干燥器

2. 要干燥小批量，晶体在摩擦下易碎，但又希望保留较好的晶形的物料，应选用下面那种干燥器（　　　）
   A. 厢式干燥器
   B. 滚筒干燥器
   C. 双锥干燥器
   D. 沸腾床干燥器

3. 生物制品的干燥常选用（　　　）
   A. 喷雾干燥
   B. 冷冻真空干燥
   C. 远红外干燥
   D. 微波干燥

4. 在下列哪种干燥器中固体颗粒和干燥介质呈悬浮状态接触（　　　）
   A. 冷冻干燥器
   B. 厢式干燥器
   C. 洞道式干燥器
   D. 流化干燥器

5. 沸腾干燥适宜于处理粒度范围（　　　）
   A. $30\mu m \sim 60\mu m$
   B. $30\mu m \sim 6mm$
   C. $60\mu m \sim 6mm$
   D. $50\mu m \sim 6mm$

二、思考题

1. 药品生产干燥的方式主要有哪几种？
2. 常用的干燥器有哪些？
3. 简述高效沸腾干燥器的工作过程。
4. 喷雾干燥器常用的喷嘴有哪几种形式？
5. 简述冷冻真空干燥器的主要结构。

书网融合……

 微课1　 微课2　 划重点　 自测题

项目十一 药用粉碎和过筛设备

粉碎机是指将固体物料克服其内聚力使大颗粒破碎成小颗粒甚至微颗粒的机械；其主要目的是降低固体物料的粒径，增大表面积，提高物料的利用率。

粉碎机按细度分可分为破碎机（将整块物料破碎到可以进入粉碎机要求的细度），普通粉碎机（40~120目，120~360μm），细粉碎机（120~200目，75~120μm），超细粉碎机（200~500目，25~75μm），超微粉碎机（500目以上，小于25μm）以及特殊粉碎机；按用途可分为药用粉碎机、矿山粉碎机、塑料粉碎机、泡沫粉碎机、秸秆粉碎机、晶体粉碎机等；按工作原理分可分为机械式粉碎机、气流粉碎机、低温粉碎和研磨机四个大类，粉碎原理不同，细度也不同。

任务一 机械式粉碎机

岗位情景模拟

情景描述 吡拉西坦粉碎过筛。要求80目。

操作过程：将吡拉西坦原料用万能粉碎机装80目筛网粉碎，粉碎后放入有塑料袋（或布袋）内衬的已清洁的容器中，称重，并在容器内外贴上物料标示卡。过筛前后均应检查筛网情况。

讨论 万能粉碎机应如何操作？

机械式粉碎机是以完成过剪切、摩擦、撞击、挤压、劈裂、研磨、锉削等机械方式为主对物料进行粉碎的机械；它又分为万能粉碎机、锤式粉碎机、刀式粉碎机、蜗轮式粉碎机和铣削式粉碎机等。

1. 万能粉碎机 又称为齿式粉碎机，其是利用活动齿盘和固定齿盘间的高速相对运动，使被粉碎物经齿冲击，摩擦及物料彼此间冲击等综合作用获得粉碎，被粉碎物可直接由主机磨腔中排除，粒度大小通过更换不同孔径的网筛获得。万能粉碎机结构简单、坚固，运转平稳，粉碎效果良好，生产效率高，操作维护方便，可维修性好，符合 GMP 要求，是目前最常用的机械式粉碎机。

2. 锤式粉碎机 由高速旋转的活动锤击件与固定圈的相对运动对物料进行粉碎（含锤击、碰撞、摩擦等）的机器。锤式粉碎机又分活动锤击件为片状件的锤片式粉碎和活动锤击件为块状件的锤块式粉碎机。

3. 刀式粉碎机 由高速旋转的刀板（块、片）与固定齿圈的相对运动对物料进行粉碎（含剪切、碰撞、摩擦等）的机器，并带有分级功能的粉碎机器。

4. 蜗轮式粉碎机 由高速旋转的蜗轮叶片与固定齿圈的相对运动，对物料进行粉碎（含剪切、碰撞、摩擦等）的机器。

5. 铣削式粉碎机 通过铣齿旋转运动对物料进行粉碎的机器。

下面以万能粉碎机为例进行介绍。

一、万能粉碎机的结构 🅔 微课1

如图 11-1 所示，万能粉碎机由粉碎系统及吸尘系统两部分组成。粉碎主机系统由进料斗、机体、转子盘、环状筛板、定子盘、出料口等部分组成；吸尘系统由吸尘室、粉尘收集室、引风机室及机架等组成。

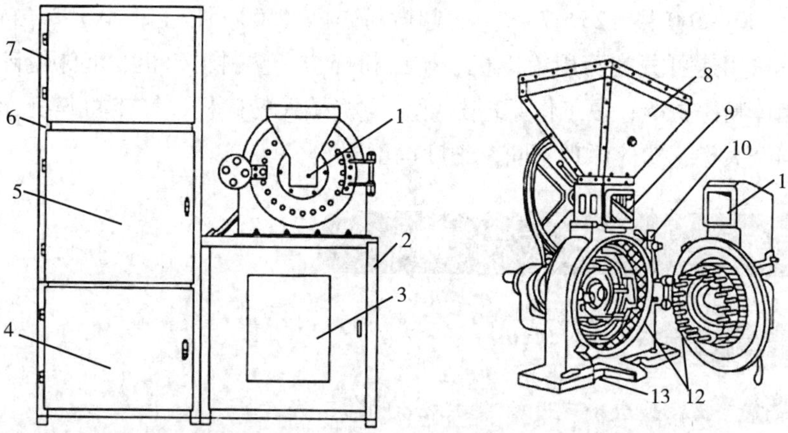

图 11-1 万能粉碎机

1. 主机；2. 机架；3. 集料箱；4. 传动系统；5. 吸尘室；6. 除尘支架；7. 引风室；
8. 加料口；9. 抖动装置；10. 环状筛板；11. 进料口；12. 钢齿；13. 出粉口

二、万能粉碎机的工作原理

主机主轴上装有旋转齿盘，粉碎室内装有固定齿盘，旋转齿盘与固定齿盘上均装有按一定规律排列的不同钢齿，当主轴高速运转时，带动旋转齿盘高速运转，物料抛进钢齿的间隙，在物料与钢齿或物料彼此间的相互冲击、剪切、摩擦等综合作用下，首先发生的是物料破碎。破碎后的物料与钢齿料在气流的带动下，沿着转子外沿，连续不断受到齿板和筛板的打击、碰撞、搓擦而被持续粉碎。当物料被粉碎到小于筛孔直径时，受转子离心力及重力等作用而通过筛孔，落入下方的出料口。粗料则继续粉碎，直至透过筛网成为成品，粒度大小由更换不同目数的筛网决定。由于转动体的转速很高，在粉碎室内能产生强烈的气流，在筛板筛出的细粉随强烈的气流而流向集粉器，经缓冲沉降在器底。

你知道吗

　　万能粉碎机适宜粉碎多种干燥药物，如结晶性药物、非组织性块状脆性药物、干浸膏颗粒及中药的根、茎、叶等，故有"万能"之称。但由于高速会使粉碎过程中发热，故不宜粉碎含有大量挥发性成分的药材和黏性药材。

三、万能粉碎机的使用

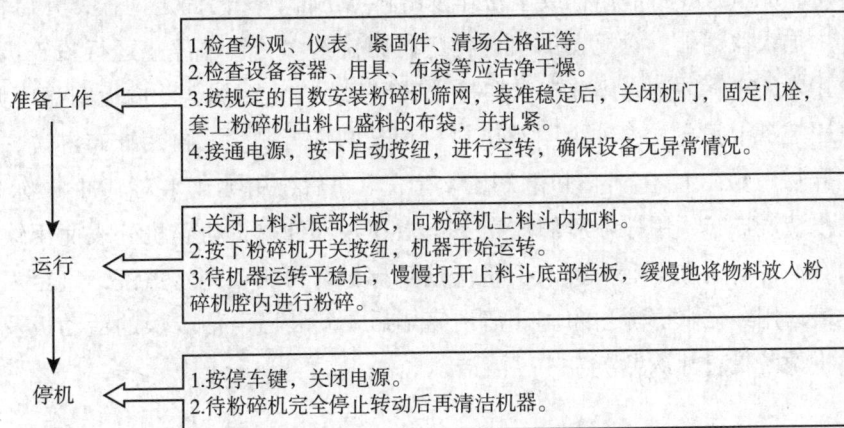

准备工作　←　1.检查外观、仪表、紧固件、清场合格证等。
2.检查设备容器、用具、布袋等应洁净干燥。
3.按规定的目数安装粉碎机筛网，装准稳定后，关闭机门，固定门栓，套上粉碎机出料口盛料的布袋，并扎紧。
4.接通电源，按下启动按纽，进行空转，确保设备无异常情况。

运行　←　1.关闭上料斗底部档板，向粉碎机上料斗内加料。
2.按下粉碎机开关按纽，机器开始运转。
3.待机器运转平稳后，慢慢打开上料斗底部档板，缓慢地将物料放入粉碎机腔内进行粉碎。

停机　←　1.按停车键，关闭电源。
2.待粉碎机完全停止转动后再清洁机器。

图 11 -2　万能粉碎机操作流程图

四、万能粉碎机的使用注意事项

　　在粉碎过程中，如设备发出超负荷的不正常响声，说明腔室内物料较多，此时则应关闭上料斗底部档板，待机器声音正常后方可放料。在使用过程中，如发现机器震动异常或发出不正常响声，应立即停车检查。在粉碎过程中，发现粉碎的粉末中有粗粒，则可能是筛网损坏，应重新更换。停机时，机器未停稳前不得开门。

五、万能粉碎机的清洁规程

1. 清洁地点　粉碎机主体就地于操作间清洁，易拆件移至清洗间清洁。

2. 主要清洁工具　抹布、长柄刷、清洁桶等。

3. 清洁剂及消毒剂

（1）清洁剂　饮用水和纯化水。

（2）消毒剂　75% 乙醇，0.1% 新洁尔灭，（1∶50）84 消毒液。

（3）0.1% 新洁尔灭与（1∶50）84 消毒液应每月轮换使用。

（4）消毒剂的配制按照消毒剂管理制度中的相关内容执行。

4. 清洁程序　先上后下、先内后外、先零后整、先拆后洗。

5. 清洁、消毒方法与频率

（1）同品种同规格连续生产过程中，每日生产结束后，应对设备进行日常小清理，做到设备外表光亮整洁、无油污。每批生产结束后，做换批次小清理，清除设备上残余的上批药粉，使设备内部无药粉，外表光亮整洁、无油污。

（2）更换品种时，或同品种连续生产 10 个工作日后，应对设备进行系统的清洁。对设备各表面均进行消毒 [75% 乙醇对接触药品的设备表面进行消毒，用 0.1% 新洁尔灭或（1∶50）84 消毒液对设备外表进行消毒]。

（3）具体步骤　①将设备状态标识更换为"未清洁"；②拆下活动盘、筛网、料斗底部挡板，移至清洗间用饮用水浸泡清洗，难以清洗时用刷子刷洗，清洗干净后再用纯化水淋洗，凉干；③将清洁桶放至粉碎机出料口下部，关门固定门栓，开启粉碎机，从加料斗中加入饮用水，对机器的机腔内进行粗洗约 2 分钟，停止运行粉碎机；④边用接有饮用水的水管冲洗边用抹布对加料斗进行擦拭，直至加料斗内无明显可见异物；⑤分别将固定盘中间孔、主轴齿圈及出料口用长刷进行刷洗，再用抹布淋洗，直至无明显可见异物。⑥在上述各部件用饮用水清洗干净后，用纯化水对其冲淋约 2 分钟，再用纯化水清洗抹布，用拧干后的抹布擦干上述各部件。⑦粉碎机外表面用饮用水擦洗，对沾有油污的地方用毛巾蘸取少量洗洁精擦拭，再用饮用水擦洗，直至表面不滑腻为止，最后用纯化水擦洗一遍。⑧清洁完毕后，安装已清洁干燥的活动板及料斗底部挡板，将设备状态标识更换为"已清洁"。

你知道吗

粉碎机的检修

每月 1~2 次定期检查机件，检查轴承、密封圈、机筛、活动盘、固定盘等各活动部位是否转动灵活和它们的磨损情况，发现缺损应及时修复使用。每半年打开轴承上的遮板，对前后轴承加润滑脂，对转动部位加耐高温的润滑油。电器零件应保持清洁、灵感，发现故障应及时修复。

六、万能粉碎机常见故障及排除

万能粉碎机较常见故障有异响、进料口反喷、成品过粗、闷车、焦味等。

1. 异响　万能粉碎机的异响往往是由于固定螺栓松动或轴承损坏引起。处理方法：应及时进行紧固和更换轴承。

2. 进料口反喷　是由于物料过湿使筛孔堵塞或储料袋布纹过密、存料多。处理方法：应晒干物料、清洁筛孔并及时出料或更换储料袋。

3. 成品过粗 是由于筛子磨损严重或者筛子与筛托安装不严密。处理方法：应及时更换新筛网和调整重新安装筛网与筛托。

4. 闷车 是由于加料太快或出料不通畅或皮带松引起。处理方法：应缓慢均匀加料疏通筛网、出粉口、调紧或更换皮带。

5. 焦味 是由于轴承过热或皮带损坏引起。处理方法：应按规定加油、更换新轴承、调整皮带松紧。

任务二 气流式粉碎机

气流式粉碎机又称为流体能量磨，系利用高速气体（压缩空气、高压过热蒸气或惰性气体）使药料颗粒之间以及颗粒与器壁之间碰撞而产生强烈的粉碎作用。现介绍两种典型的气流粉碎机。

一、圆盘型气流式粉碎机

圆盘型气流式粉碎机（图11-3）的动力来源于高速高压气流。高速高压气流使物料颗粒之间及颗粒与室壁之间碰撞而被粉碎。该机由喷嘴、空气室、粉碎室、分级涡、进料口、出料口等构成。空气室内壁装有数个喷嘴，高压空气由喷嘴以超音速喷入粉碎室，物料由进料口经空气引射入粉碎室，被经喷嘴喷出的高速气流所吸引并加速到50~300m/s，由于物料颗粒间的碰撞及受到高速气流的剪切作用而粉碎。被粉碎粒子到达靠近内管的分级涡处，较粗粒子再次被气流吸引继续被粉碎，空气夹带细粉通过分级涡由内管出料。

工作原理：压缩空气由压缩机经冷却器、贮罐、过滤器等分水、分油及除尘后分两路进入圆盘型微粉磨，物料由料斗经定量加料器被压缩空气引射进入微粉磨，被粉碎的微粒由底部出口进入旋风分离器得成品。如果物料粉碎粒度未达到规定要求，可通过旁通管重新进入微粉磨，直至粒度达到要求为止。尾气进入脉冲袋滤器捕集细粉后放空。

二、轮型气流式粉碎机

轮型气流式粉碎机（图11-4）无活动部件，类似于空心轮胎，为典型的气流式粉碎机结构。高压气流自底部喷嘴引入，此时高压气流在下部膨胀变为音速或超音速，气流在机内高压循环，待粉碎物料自加料斗经文杜里送料器进入机内高速气流中，物料在粉碎室互相碰撞摩擦而被粉碎，并随气流上升到分级器，微粉由气流带出进入收集袋中。粉碎室顶部的离心力使大而重的颗粒分层向下返回粉碎室，重新被粉碎为细小颗粒。

轮型气流式粉碎机动力来自于高压空气，高压空气从喷嘴喷出时产生的焦耳－汤姆逊效应（气体经过绝热节流过程后温度发生变化的现象）使温度下降，在粉碎过程中温度几乎不升高，因此抗生素、酶等热敏性物料和低熔点物料粉碎选择流能磨较为适宜。由于设备简单，易于对机器及压缩空气进行无菌处理，故无菌粉末的粉碎适宜采用流能磨。

请你想一想

青霉素应该选用哪种粉碎设备粉碎？为什么？

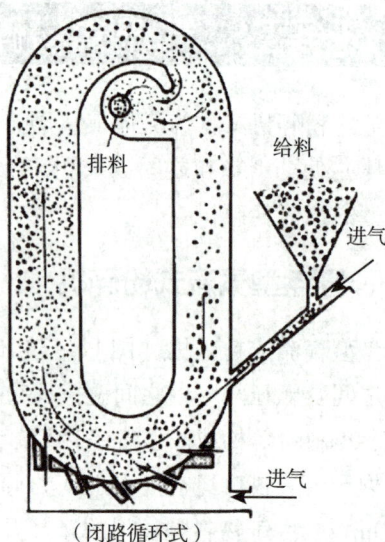

图 11-3 圆盘型气流式粉碎机示意图

图 11-4 轮型气流式粉碎机示意图

任务三 研磨机

研磨机是通过研磨体、头、球等介质的运动对物料进行研磨，使物料研磨成超细度混合物的机器。常见的有球磨机、振动磨、胶体磨和乳钵研磨机。

一、球磨机

球磨机属于细磨机械，粉碎效果受圆筒转速、物料性质与装量、球的数量和气大小等影响。球磨机的基本结构包括筒体、研磨介质、衬板、端盖、动力装置等（图11-5）。筒体内装入研磨介质，研磨介质通常为直径25~150mm的钢（瓷）球或钢棒，其装入量以整个筒体有效容积的25%~45%为宜。当筒体转动时，研磨介质随筒体上升至一定高度后呈抛物线或泻落下滑。物料从左方进入筒体，最终从右方排至机外，在行进过程中，物料受到研磨介质的冲击、研磨而逐渐粉碎。

球磨机内研磨体的运动状态主要有三种（图11-6）。①泻落状态：由筒体转速太慢造成，因产生的离心力太小，球与物料因摩擦力被筒体带到一定高度后，在重力作用下滑落，对物料的粉碎主要靠研磨作用，冲击作用小，粉碎效果不佳。②抛落状态：转速适宜时，球和物料被提升到一定高度后抛落，球和物料之间不仅研磨作用大，还有很强的冲击力，粉碎效果最好。③离心状态：由于筒体转速太快，造成在离心力作用下，球与物料附着在筒体上一起旋转，物料和球体间没有相对运动，研磨介质对物料起不到冲击和研磨作用，从而失去粉碎和混合作用。

图 11 −5 球磨机结构示意图

1. 中空轴；2. 中间隔舱板；3. 筒体；4. 衬板；

5. 大齿轮；6. 出口格子板；7. 轴承

球磨机种类较多，按操作状态可分为干法球磨机、湿法球磨机，还可分为间歇球磨机、连续球磨机；按筒体长径比可分为短球磨机（L/D < 2）、中长球磨机（L/D ≈ 3）和长球磨机（又称管磨机，L/D > 4）；按磨仓内装入的研磨介质种类分为球磨机、棒磨机和砾石磨等；按卸料方式可分为端卸料式球磨机和中央卸料式球磨机；按传动方式，可分为中央传动式球磨机和筒体大齿轮传动球磨机等。

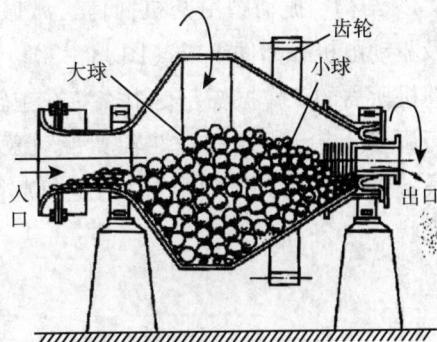

(a) 泻落　　　　　　(b) 抛落　　　　　　(c) 离心运转

图 11 −6 球磨机运动状态示意图

你知道吗

　　球磨机是最古老的细磨粉碎机之一，结构简单，可获得通过200目筛的细粉。常用于有黏附性、凝结性物料的粉磨和混合。由于密闭操作、粉尘少，常用于毒、剧、贵重、挥发性及吸湿性药物的粉碎。

二、振动磨

　　振动磨又称微粉机，是目前常用的超微粉碎设备。微粉机的类型按筒体数目分为单筒式、双筒式和多筒式振动磨；按其特点分为惯性式和偏旋式微粉机；按操作方法分间歇式和连续式微粉机。微粉机操作主要技术参数及影响因素有振动强度、振幅、振动频率，研磨介质的形状、大小、填充率及研磨筒体尺寸等。

1. 结构 振动磨由磨机筒体、激振器（偏心轮）、支撑弹簧、挠性轴套、研磨介质及驱动电机等部件组成（图11-7）。磨机筒体通常采反无缝钢管。激振器用于产生微粉机所需的工作振幅，是由安装在主轴两端的偏心轮组成，偏心轮可在0°~180°内进行调整。电动机通过挠性轴套带动激振器中的偏心轮旋转，产生周期性的激振力，使设备正常有效工作，同时又对电机起隔振作用。研磨介质有球形、柱形和棒形等多种形状。

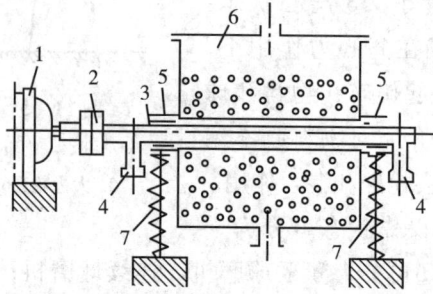

图11-7 振动磨结构示意图

1. 电动机；2. 挠性轴套；3. 主轴；4. 偏心轮；5. 轴承；6. 研磨介质；7. 支撑弹簧

2. 工作原理 物料与研磨介质一同装入弹簧支承的磨筒内，由偏心轮激振装置驱动磨机筒体做圆周运动，通过研磨介质本身的高频振动、自转运动及旋转运动，使研磨介质之间、研磨介质与筒体内壁之间产生强烈的冲击、摩擦、剪切等作用力而对物料进行均匀粉碎。

> **请你想一想**
>
> 振动磨和球磨机的工作原理和设备结构有何异同点？

三、胶体磨

胶体磨分为立式和卧式两种胶体磨，主机由壳体、转子、定子、调节机构、电机等组成，适用于各类乳状液的均质、乳化、粉碎，广泛应用于混悬液和乳浊液的制备。卧式胶体磨，液体自水平轴进入，通过转子和定子之间的间隙被乳化，在叶轮的作用下自出口排出。立式胶体磨，液料自料斗的上口进入胶体磨，在转子和定子的间隙通过时被乳化，乳化后的液体在离心盘的作用下自出口排出。

四、乳钵研磨机

乳钵研磨机是由立式磨头对乳钵的相对运动，对物料进行研磨的机器。研磨头在研钵内沿底壁做一种既有公转又有自转的有规律研磨运动将物料粉碎。操作时将物料加入研钵后将研钵上升至研钵底接近研磨头，调好位置即可进行研磨。在研钵内靠研磨头的回转运动将物料粉碎，可采用干磨或加水磨。研磨完毕，可将研钵下降翻转出料。

乳钵研磨机适用于少量物料的细碎或超细碎，多用于中药材细料（麝香、牛黄、珍珠、冰片等）的研磨和各种中成药药粉的套色及混合等。其缺点是粉碎效率较低。

📋 任务四　旋振筛

利用旋转、震动、往复、摇动等动作将各种原料和各种初级产品经过筛网选别，按物料粒度大小分成若干个等级的机械设备称筛分机。其目的是使产品的粗细分等，获得均匀的粒子群，保证生产的顺利进行和提高产品的质量。

筛分机通过更换筛网来生产出不同粗细要求的颗粒或粉末。《中国药典》（2020 年版）所用的药筛是国家标准的 R40/3 系列，共分为九种筛号，一号筛的筛孔内径最大，依次减小。

《中国药典》（2020 年版）规定的药筛与工业筛对照表

筛号	筛孔内径（平均值）	目号
一号筛	$2000\mu m \pm 70\mu m$	10 目
二号筛	$850\mu m \pm 29\mu m$	24 目
三号筛	$355\mu m \pm 13\mu m$	50 目
四号筛	$250\mu m \pm 9.9\mu m$	65 目
五号筛	$180\mu m \pm 7.6\mu m$	80 目
六号筛	$150\mu m \pm 6.6\mu m$	100 目
七号筛	$125\mu m \pm 5.8\mu m$	120 目
八号筛	$90\mu m \pm 4.6\mu m$	150 目
九号筛	$75\mu m \pm 4.1\mu m$	200 目

你知道吗

制药工业习惯使用的是每英寸（约 2.54cm）筛网长度上的孔数作为各筛号的名称，用"目"表示。

为了便于区别固体粒子的大小，《中国药典》（2020 年版）将粉末分为六等，并规定了散剂、颗粒剂等粒度检查的标准。

等级	分等标准
最粗粉	指能全部通过一号筛，但混有能通过三号筛不超过 20% 的粉末
粗粉	指能全部通过二号筛，但混有能通过四号筛不超过 40% 的粉末
中粉	指能全部通过四号筛，但混有能通过五号筛不超过 60% 的粉末
细粉	指能全部通过五号筛，并含能通过六号筛不少于 95% 的粉末
最细粉	指能全部通过六号筛，并含能通过七号筛不少于 95% 的粉末
极细粉	指能全部通过八号筛，并含能通过九号筛不少于 95% 的粉末

常用的筛分机有振动筛分机、旋振筛分机、悬挂式偏重筛分机、电磁簸动筛分机、电磁振动筛分机和其他筛分设备。本任务主要介绍旋振筛分机。

旋振筛分机是一种高精度粗细筛分设备，其筛选效率高、精度高，可得到20～400目的粉粒体产品；体积小、质量轻、安装维修方便，在制药工业中应用广泛。

振荡筛由料斗、振荡室、联轴器、电机组成。振荡室内由偏心轮、橡胶软件、主轴、轴承等组成。可调节的偏心重锤经电机驱动传达到主轴中心线，在不平稳状态下，产生离心力，使物料强制改变在筛内形成轨道旋涡。重锤调节器的振幅大小可根据不同物料和筛网进行调节（图11-8，图11-9）。

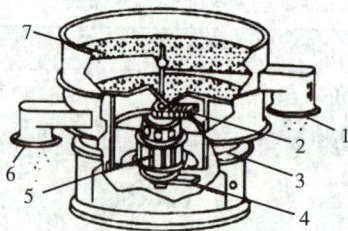

图11-8　旋振筛分机结构示意图

1. 粗料出口；2. 上部重锤；3. 弹簧；4. 下部重锤；
5. 电机；6. 细料出口；7. 筛网

图11-9　旋振筛分机实物图

目标检测

一、单项选择题

1. 万能粉碎机属于下列哪种粉碎方式（　　）
   A. 机械式粉碎　　B. 气流粉碎机　　C. 低温粉碎　　D. 研磨粉碎
2. 万能粉碎机粉碎系统不包括（　　）
   A. 旋转齿盘　　B. 环状筛板　　C. 固定齿盘　　D. 吸尘室
3. 万能粉碎机中决定粒径的装置是（　　）
   A. 进料口　　B. 环状筛板　　C. 吸尘室　　D. 固定齿盘
4. 万能粉碎机的机件等磨损情况的检查频率是（　　）
   A. 每周1～2次　　B. 每月1～2次　　C. 每半年1～2次　　D. 每年1～2次
5. 万能粉碎机的润滑保养应多久做一次（　　）
   A. 每周　　B. 每月　　C. 每半年　　D. 每年

6. 以下哪类药物不适用于万能粉碎机粉碎（　　　）

   A. 结晶性药物   B. 非组织性块状脆性药物

   C. 湿浸膏   D. 干浸膏颗粒

7. 万能粉碎机粉碎时发现有粗粒可能的原因是（　　　）

   A. 筛网损坏   B. 皮带过松   C. 润滑不足   D. 转速过低

8. 一有毒物料欲粉碎请选择适合的粉碎的设备（　　　）

   A. 万能粉碎机 B. 球磨机   C. 锤击式粉碎机 D. 胶体磨

9. 抗生素、酶等热敏性物料和低熔点物料粉碎选择（　　　）

   A. 万能粉碎机 B. 球磨机   C. 锤击式粉碎机 D. 流能磨

10. 乳钵研磨机公转转速通常为（　　　）

   A. 100r/min   B. 150r/min   C. 200r/min   D. 240r/min

二、思考题

1. 简述万能粉碎机的主要结构和工作过程。

2. 粉碎施加的外力有哪些？有哪些粉碎方式？

3. 简述振动磨的主要结构和工作过程。

4. 简述轮式流能磨工作过程。

书网融合……

  🅔 微课1   🅔 微课2   🗒 划重点   🗒 自测题

▶▶ 项目十二　蒸馏和吸收设备

学习目标

知识要求

1. **掌握**　蒸馏的分类及原理；板式塔、填料塔的结构及原理。
2. **熟悉**　板式塔的类型；填料的种类以及相关附件。
3. **了解**　板式塔和填料塔的流体力学性能。

能力要求

1. 学会按标准操作规程的要求使用板式塔和填料塔。
2. 学会板式塔和填料塔的维护保养，会判断和排除常见故障。

　　蒸馏是分离液体混合物最常用的方法和典型的一种单元操作，广泛地应用于医药、化工、石油、食品、冶金及环保等领域。蒸馏操作按操作方式分为间歇蒸馏和连续蒸馏，前者用于小规模生产，后者用于大规模生产；按操作压力分为加压蒸馏、常压蒸馏和减压蒸馏，其中减压蒸馏适用于热敏性物料；按操作方法可分为简单蒸馏、平衡蒸馏（闪蒸）、精馏、特殊蒸馏等多种方法，精馏与简单蒸馏的区别就在于精馏有回流。从精馏塔引出蒸汽的冷凝液，一部分作为塔顶产品馏出液，而其余部分则流回塔顶的第一块塔板，这部分液体称为回流液。回流液是使蒸汽部分冷凝的冷却剂，也可保证精馏稳定进行，能够从塔顶获得高浓度、易挥发组分的气体，从而得到高纯度的塔顶产品。

　　精馏是在精馏装置中进行的，按进料是否连续，精馏操作流程可分为连续精馏流程和间歇精馏流程。精馏装置主要由精馏塔、塔顶回流装置、再沸器等构成。精馏塔是精馏装置的核心，分为板式塔和填料塔。

任务一　板式塔　　🅔 微课

📋 岗位情景模拟

　　情景描述　某药厂生产青霉素，在青霉素萃取时用板式塔回收萃余液醋酸丁酯废水中的醋酸丁酯。

　　讨论　1. 板式塔的结构是怎样的？
　　　　　　2. 板式塔的类型和性能有哪些？

一、板式塔的结构

如图 12-1 所示，板式塔通常是由一个呈圆柱形的壳体及沿塔高按一定的间距水平设置的若干层塔板所组成的，主要由塔体、溢流装置和塔板构件等组成。

1. 塔体 通常为圆柱形，用钢板焊接而成，有时也将其分成若干塔节，塔节间用法兰盘连接。

2. 溢流装置 包括溢流堰、降液管、进口堰、受液盘等部件。

（1）溢流堰 在每块踏板的出口处常设有溢流堰，作用是保证板上液层具有一定的厚度。

（2）降液管 是液体在相邻塔板之间自上而下流动的通道，是溢流预提中所夹带气体的分离场所。

（3）进口堰 在塔径较大的塔中，为了减少液体自降液管下方流出的水平冲击，常设置进口堰。

（4）受液盘 降液管下方部分的塔板称为受液盘。

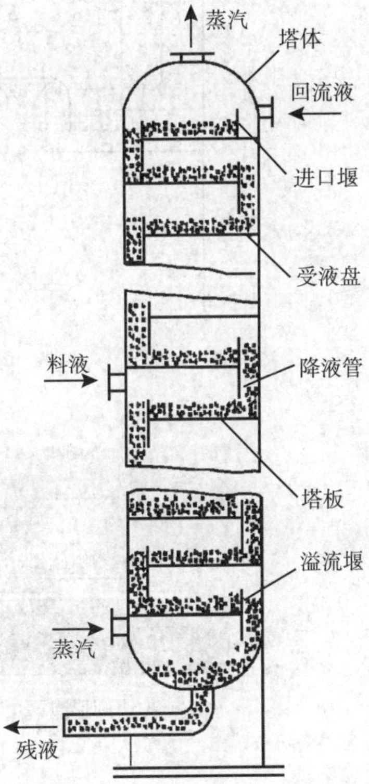

3. 塔板 是板式塔内气液接触的场所，是塔的核心构件，为气液两相提供足够强大的传质面积，使气液两相在塔内充分接触，完成传质和传热过程，是影响精馏操作的重要因素。

图 12-1 板式塔的结构示意图

操作时气液在塔板上接触的好坏，对传热、传质效率影响很大。目前工业生产中使用较为广泛的塔板类型有泡罩塔板、筛孔塔板、浮阀塔板等几种。

二、板式塔的类型和性能

板式塔的种类很多，按塔板的不同可分为泡罩塔、浮阀塔、筛板塔、舌形式塔板和网孔式塔板。

1. 泡罩塔 是生产上应用最早的一种板式塔。每层泡罩塔板上开有若干个孔，升气管上覆以泡罩，上升气体通过泡罩进入液层时，被分散成许多细小的气泡，为气液两相提供了大量的传质界面。如图 12-2 所示。

生产中使用的泡罩形式有多种，最常用的是圆形泡罩。如图 12-3 所示。

2. 浮阀塔 是在泡罩塔的基础上发展起来的，自 20 世纪 50 年代前后开发和应用的一种新型气液传质设备。塔板上安装随气量可以浮动的盖板——浮阀，浮阀可以自由升降，根据气体的流量自行调节开度，可使气体在缝隙中的速度稳定在某一数值。

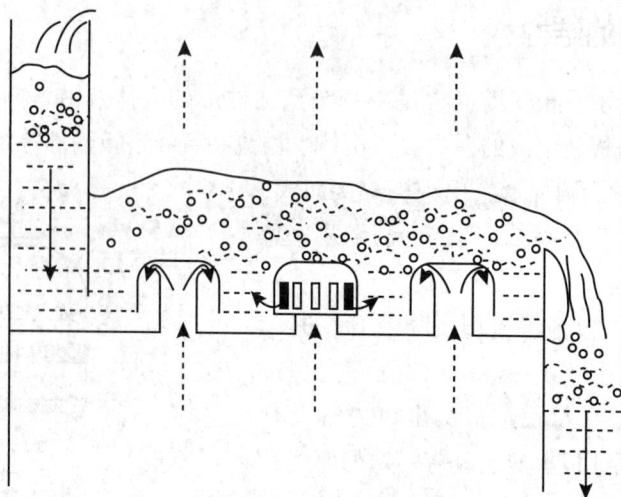

图 12 - 2　泡罩塔示意图

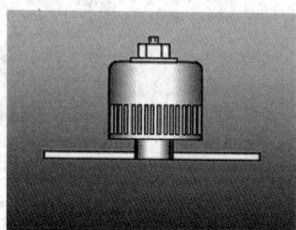

圆形泡罩

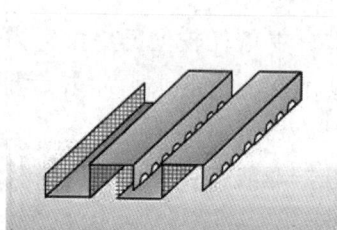

条形泡罩

图 12 - 3　泡罩形式

　　浮阀塔主要具有处理能力较大、操作弹性大、干板压降比较小、塔板效率高等优点，且气体为水平方向吹出，气液接触良好，雾沫夹带量小。另外，其结构简单、安装方便，制造费用低。

　　3. 筛板塔　是工业上最早应用的塔板形式之一。筛板是在塔板上开有许多均匀分布的筛孔，直径一般为 3 ~ 8mm。设计良好的筛板塔板是一种效率高、生产能力大的塔板。

你知道吗

　　蒸馏工从事的工作主要包括一下几点。

1. 打开进料泵，开蒸汽阀门，将液体混合物加热加压输送进蒸馏塔。

2. 调控蒸馏塔的温度、压力、真空度、回流比等工艺参数，使物料进行传质过程。

3. 对塔顶液和塔釜液取样分析组分含量。

4. 发现并处理蒸馏过程中的异常现象和事故。

5. 填写生产记录报表。

三、板式塔的使用及注意事项

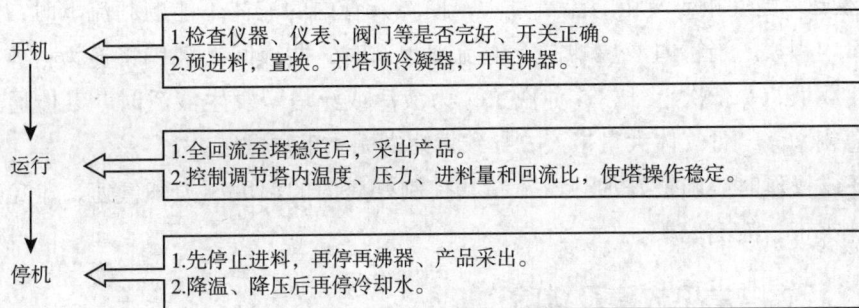

图 12-4 板式塔操作流程图

如塔内有易燃易爆物料，先打开放空阀，用惰性气体（如 N_2）置换系统中的空气，以防在进料时出现事故；当压力达到规定的指标后停止，再打开进料阀，打入指定液位高度的料液后停止。

在全回流情况下继续加热，直至塔温、塔压均达到规定的指标，产品质量符合要求才能从塔顶或塔釜采出产品，调节到指定的回流比。

> **请你想一想**
> 板式塔在操作过程中出现压力超标，该如何操作？

四、板式塔的日常维护与异常处理

（一）日常维护

板式塔的工作介质中常会有些杂质、结晶析出和沉淀等，都会对塔设备造成一定的危害，因此塔的日常维护非常重要。为了保证塔的安全稳定运行，做好日常检测和检查记录是非常必要的，日常检测项目如下。

检查各种仪器仪表，如压力表、安全阀、温度计等仪表是否灵敏可靠、堵塞、损坏。

检查各项工艺指标，包括进料、产品、回流液等的流量，温度和压力等。

检查塔的压力和温度，如塔顶、塔底等处压力及塔的压力降，塔底温度。如果塔底温度低，应及时排水，并彻底排净。

检查塔体及部件。主要检查塔系统的部件是否松弛，管道法兰有无泄漏等。

检查塔的保温情况，如保温、保冷材料是否完整，塔及附属管道阀门的保温是否损坏。

（二）塔板上的不正常现象

1. 漏液 当孔速过低时，板上液体就会从筛孔直接落下，这种现象称为漏液。当漏液量较大而使板上不能积液时，精馏操作将无法进行。

2. 雾沫夹带 当气体穿过板上液层继续上升时，会将一部分小液滴挟带至上一块塔板，这种现象称为雾沫夹带，其结果必然导致塔板传质效果的下降。雾沫夹带量主要与气速和板间距有关，其值随气速的增大而增大，随板间距的增大而减少。

3. 液泛　当气相或液相的流量过大，使降液管内的液体不能顺利流下时，液体便开始在管内积累。当管内液位增高至溢流堰顶部时，两板间的液体将连为一体，该塔板便产生积液，并依次上升，这种现象称为液泛或淹塔。发生液泛时，气体通过塔板的压降急剧增大，且气体大量带液，导致精馏塔无法正常操作。

故正常操作时应调整好加热蒸汽量，控制好塔内的温度压力和气速，避免产生漏液、雾沫夹带、液泛现象。

五、板式塔常见故障及排除

1. 塔温及压力不稳定

（1）回流液温度及蒸汽压力不稳定。处理方法：调整好蒸汽压力及回流液温度。

（2）回流管、疏水器堵塞。处理方法：疏通疏水器。

（3）回流比太小。处理方法：加大回流量。

（4）加热器漏液。处理方法：停车检漏予以修理。

2. 塔内压力过高

（1）加热太快。处理方法：引起则关小加热蒸汽。

（2）冷却剂中断。处理方法：检查补充冷却剂。

（3）调节阀、排气管堵塞。处理方法：疏通调节阀排气管。

（4）压力表失灵。处理方法：检修更换压力表。

任务二　填料塔

岗位情景模拟

情景描述　某药厂现有一直径为 0.6m，填料层高度为 6m 的吸收塔，用纯溶剂吸收某混合气体中的有害成分，使用的是填料吸收塔。

讨论　1. 填料塔的特点是什么？

　　　　2. 填料塔的正常操作要点有哪些？

一、填料塔的结构

填料塔由塔体、填料、液体分布装置、填料压紧装置、填料支撑装置、液体再分布装置等构成。如图 12 - 5 所示。

填料塔操作时，液体自塔上部进入，通过液体分布器均匀喷洒在塔截面上并沿填料表面呈膜状下流。当塔较高时，由于液体有向塔壁偏流的倾向，

请你想一想
　板式塔和填料塔有什么区别？各自有何优缺点？

使液体分布逐渐变得不均匀，因此，经过一定高度的填料层以后，需要液体再分布装置，将液体重新均匀分布到下段填料层的截面上，最后从塔底排出。

（一）填料

填料是填料塔的核心构件，它提供了气液两相接触传质的界面，填料塔的生产能力和传质速率等操作性能的优劣与所选择的填料密切相关。按堆积方式的不同，可分为散堆填料和规整填料两大类。

（二）填料塔附件

（1）填料支承装置　对于填料塔，无论使用散堆填料还是规整填料，都要设置填料支承装置，以承受填料层及其所持有液体的重量。

（2）液体分布器　可以给填料层提供良好的初始液体分布，液体分布器的种类很多，常见的液体分布器有多孔管式、溢流槽式等类型。

（3）液体再分布器　为减弱液体在塔内向壁径向流动的影响，必须每隔一定高度的填料层，对液体进行再分布。图 12-6 所示为锥形液体再分布器。

你知道吗

塔设备是化工、石油化工和炼油等生产中非常重要的设备之一。它可使气（或汽）液和液液两相之间进行紧密接触，达到相际传质及传热的目的。可在塔设备中完成的常见的单元操作有精馏、吸收、解吸和萃取等。此外，还包括工业气体的冷却与回收、气体的湿法净制和干燥，以及兼有气液两相传质和传热的增湿、减湿等。这些过程都是在一定的压力、温度、流量等工艺条件下，在一定的设备内完成的。由于其过程中两种介质主要发生的是质的交换，所以也将实现这些过程的设备叫传质设备；从外形上看这些设备都是竖直安装的圆筒形容器，且长径比较大，形如"塔"，故习惯上称其为塔设备。

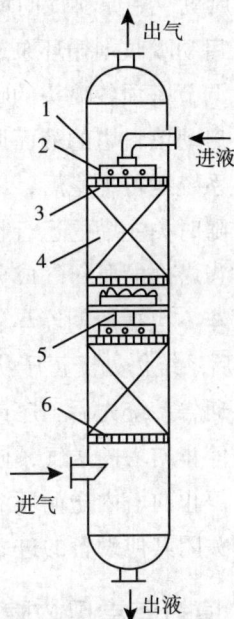

图 12-5　填料塔结构示意图

1. 壳体；2. 液体分布器；3. 填料压板；
4. 填料；5. 液体再分布装置；6. 填料支撑板

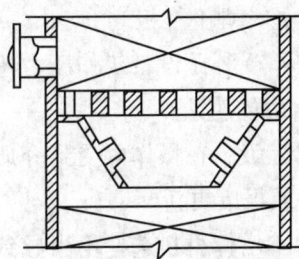

图 12-6　锥形液体再分布器示意图

二、填料塔的操作

1. 开车　分为短期停车和长期停车后的开车，现以短期停车后的开车为例进行介绍。开动风机，用原料气向填料塔内充压至操作压力。

（1）启动吸收剂循环泵，使循环液按生产流程运转。

（2）调节塔顶各喷头的喷淋量至生产要求。

（3）启动填料塔的液面调节器，使塔釜液面保持规定的高度。

（4）系统运行平稳后，即可连续导入原料混合气，并用放空阀调节系统压力。

（5）随时关注塔的运行状况，并检测塔内原料气的成分变化。

（6）当塔内的原料气成分符合生产要求时，即可投入正常生产。

2. 停车　包括短期停车、紧急停车和长期停车 3 种情况，现以临时停车为例讲述，临时停车后系统仍处于正压状态，其操作步骤如下。

（1）通告系统先后工序或岗位，做好停车准备。

（2）停止向塔内送气，同时关闭系统的出口阀。

（3）停止向塔内送循环液，关闭泵的出口阀；停泵后，关闭其进口阀。

（4）关闭其他设备的进、出口阀门，清理现场，完成停车操作

三、填料塔常见故障及排除

1. 塔体局部变形

（1）塔局部腐蚀或过热使材料强度降低。处理方法：防止局部腐蚀或过热。

（2）开孔无补强，焊缝应力集中使材料产生塑性变形。处理方法：矫正变形或割下变形处，焊上补板。

（3）受外压设备工作压力超过临界压力。处理方法：按操作规程稳定正常操作。

2. 塔体腐蚀

（1）设备在操作中受到介质的腐蚀、冲蚀和摩擦，处理方法：减压使用，修理腐蚀部分或报废更新。

（2）塔体材料选择不当导致腐蚀。处理方法：对所有腐蚀部位先补焊后再衬以耐腐蚀钢带。

目标检测

一、单项选择题

1. 为了提高分离效果而获得较高浓度的溶剂可采用（　　　）

　　A. 简单蒸馏　　　　B. 常压蒸馏　　　　C. 减压蒸馏　　　　D. 精馏

2. 对热不稳定的药物溶液可采用（　　　）

　　A. 简单蒸馏　　　　B. 水蒸气蒸馏　　　C. 减压蒸馏　　　　D. 精馏

3. 在精馏过程中，回流的作用是提供（　　　）

　　A. 下降的液体　　　B. 上升的蒸汽　　　C. 塔顶产品　　　　D. 塔底产品

4. 精馏塔内上升蒸汽不足时将发生的不正常现象是（　　　）

A. 液泛　　　　　B. 漏液　　　　　C. 雾沫挟带　　　D. 干板

5. 下列塔设备中，操作弹性最小的是（　　　）

　　A. 筛板塔　　　　B. 浮阀塔　　　　C. 泡罩塔

6. 在蒸馏生产过程中，从塔釜到塔顶，（　　　）的浓度越来越高

　　A. 重组份　　　　B. 轻组份　　　　C. 混合液　　　　D. 各组分

7. 严重的雾沫夹带将导致（　　　）

　　A. 塔压增大　　　B. 板效率提高　　C. 液泛　　　　　D. 板效率下降

8. 精馏塔开车时，塔顶馏出物应该是（　　　）

　　A. 全回流　　　　　　　　　　　B. 部分回流部分出料

　　C. 低于最小回流比回流　　　　　D. 全部出料

二、思考题

1. 精馏的原理是什么？为什么精馏必须有回流？

2. 精馏塔可分为哪两类？其各自的主要结构有哪些？

3. 精馏塔应该如何操作？

4. 塔板上有哪些不正常流动现象？它们是如何产生的？

书网融合……

微课　　　　　划重点　　　　　自测题

4

模块四

中药前处理设备

▷▷ 项目十三　中药饮片设备

PPT

学习目标

知识要求

1. **掌握**　洗药机、润药机、切药机和炒药机的结构及原理。
2. **熟悉**　洗药机、润药机、切药机和炒药机等的种类。
3. **了解**　洗药机、润药机、切药机和炒药机的最新技术。

能力要求

1. 学会按标准操作规程的要求使用洗药机、润药机、切药机和炒药机等设备。
2. 学会洗药机、润药机、切药机和炒药机的维护保养，会判断和排除常见故障。

中药前处理设备一般是指在中成药生产过程中，位于制剂工序前对药材进行预加工的设备。加工目的是提高药材的净度，改变外观形态，为生产准备原料。包括饮片机械、提取设备、浓缩及分离纯化设备等，项目十三介绍常见的饮片机械，常用的提取设备是项目十四的学习内容，浓缩设备详见项目八，分离纯化设备详见项目九。

中药材通过净制、切制、炮炙、烘干等方法改变其形态和性状，制取中药饮片的机械及设备统称饮片机械。包括净制机械，如洗药机、风选机、脱壳机；切制机械，如润药机、切药机；炮炙机械，如炒药机、蒸煮锅；烘干机械，如真空烘箱、转筒烘干机等。项目十三介绍洗药机、润药机、切药机、炒药机的内容。烘干机械学习内容详见项目十。

📖 任务一　洗药机

📋 岗位情景模拟

情景描述　某药厂要对新购买的一批陈皮进行清洗，使用滚筒式洗药机清洗，操作时用清水即可，快速清洗及时捞出后，进行切制。

讨论　1. 为什么陈皮清洗时间不宜过长？
　　　　2. 滚筒式洗药机结构及工作原理是什么？

一、洗药机的结构

图 13 - 1 和图 13 - 2 所示为滚筒式洗药机。利用内部带有筛孔的圆筒在回转时与水

产生相对运动，使杂质随水经筛孔排出，药材洗净后在另一端排出。本机结构简单，操作方便，使用较广泛。圆筒转速为 4 ~ 14r/min，圆筒内有内螺旋导板推进物料，实现连续加料。洗水可用泵循环加压，直接喷淋于药材，药材的洗涤时间为 60 ~ 100s。本机适用于直径 5 ~ 240mm 或长度短于 300mm 的大多数药材的洗涤。

滚筒式洗药机结构图　　　　　　滚筒式洗药机实物图

图 13 - 1　滚筒式洗药机

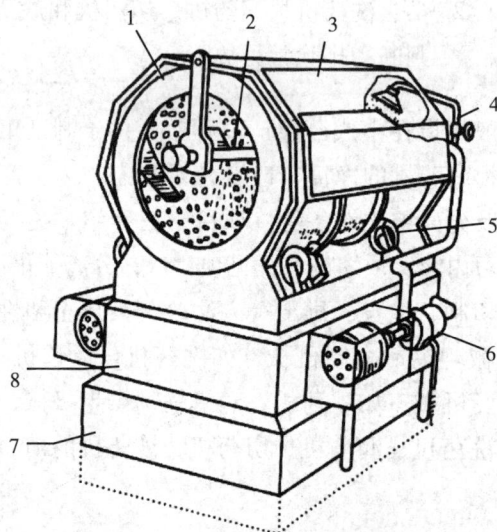

图 13 - 2　滚筒式洗药机示意图

1. 滚筒；2. 冲洗管；3. 防护罩；4. 二次冲洗管；5. 导轮；6. 水泵；7. 底座；8. 水箱

洗药机是用清水通过翻滚、碰撞、喷射等方法对药材进行清洗的机器，将药材所附着的泥土或不洁物洗净。目前国产的洗药机以滚筒式洗药机为主，能分段洗涤，将部分洗涤水过滤回用，在浸渍和加压水冲洗方面均有较大的改进，便于建立洗、润、切、烘的生产流水线，但是对种子类药材的洗涤，其适应性较差。

你知道吗

GMP 中对药材净制的要求

1. 厂房、地面、墙壁、天棚等内表面应易于清洁，不易产生脱落物，不易滋生霉菌。
2. 净制应设拣选工作台，工作台表面应平整，不易产生脱落物。

3. 中药材经精选后不得直接接触地面，不同药材不能在一起洗涤。

4. 净制生产用水的质量标准应不低于饮用水标准。

二、洗药机的使用

操作时，先开启机械，打开放水闸门，水从冲洗管喷入滚筒中，将药材从滚筒口送入，药材随滚筒转动而反动，被冲洗管喷出的水冲洗。由于滚筒中有挡板，洗涤药材时，滚筒做顺时针转动；待药材洗毕，使滚筒做逆时针转动，药材即可从出口排出。洗净后的药材需进一步润软。

> **请你想一想**
>
> 洗药机的清洗是确保其清洁卫生，使其符合工艺卫生要求，避免污染发生的重要环节，想一想洗药机的清洁标准操作规程是什么？

三、洗药机的维护保养及注意事项

（一）减速器

应定期检查减速器油位，油量减少时须及时补足。首次使用100小时后，请更换洗减速器润滑油，以后每2500小时换油一次。

（二）传动带

若启动电机，筒体转动缓慢或不转，可能是传动皮带打滑所致，通过调整电机上下位置来张紧皮带轮。

（三）停机

请检查电控箱内是漏电保护器还是过流保护器动作，查明故障原因再重新启动。

（四）喷嘴调节与清洗

拆开喷淋管两端的快装卡箍，取出喷淋管，必要时拆卸喷嘴以便清洗污泥。

（五）水位

任何时候水箱水位应高于水泵进口过滤器100mm，避免因缺水而烧毁水泵。

（六）接地

设备外壳必须可靠接地，避免意外事故发生。

任务二 润药机

岗位情景模拟

情景描述 某药厂要对大黄药材进行润软，由于大黄质地坚硬，时间短润不透，人工润软耗时耗力，先采用减压冷浸软化法，既能保证中药材的有效成分不被破坏，又能缩短软化时间，提高效率。

讨论　1. 减压冷浸法适合那类中药材润软？

　　　2. 减压冷浸设备主要的构件是什么？

制作饮片的药材浸润，使其软化的设备为润药机。药材切制前，对干燥的原药材均需软化处理。一般根据药材的质地情况，采用冷浸软化和蒸煮软化。多数药材可采用冷浸软化，可分为水泡润软化、水湿润软化。后者根据药材吸水性又可分为洗润法、淋润法及浸润法。蒸煮软化可用热水焯和蒸煮处理。为加速药材的软化，润药机可以加压或真空操作。润药机主要有卧式罐和立式罐两种，可进行真空喷淋冷润、真空蒸汽软化、真空冷浸、加压冷浸等软化操作。

一、真空蒸汽浸润机

真空蒸汽浸润机是我国自行研发的润药机，如三罐真空蒸汽浸润机是由三个直罐、机械传动或汽液联合传动装置及真空、蒸汽系统组成。三个罐体分布为加料、浸润、出料区域；特点是浸润一次仅半小时左右，药物含水量低，缩短了烘干时间。

(一) 真空蒸汽浸润机的结构

真空蒸汽浸润机结构装置如图 13 - 3 所示，用三个大铁筒（每个容积 150 ~ 200kg）作真空筒，安装成"品"字形，中有转轴一根。通过动力转动，几支圆柱形筒可交替使用。

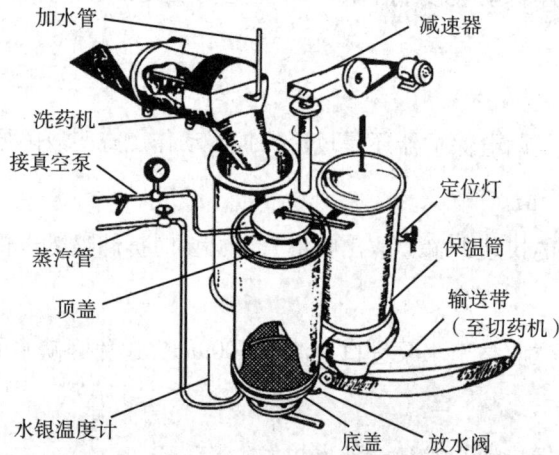

图 13 - 3　三罐真空蒸汽浸润机示意图

(二) 真空蒸汽浸润机的使用

药物经洗药机洗涤后，自动投入圆柱形筒内，待水沥干后，密封上下两端筒盖，然后打开真空泵，使筒内压力下降到一定程度，开始放入蒸汽，这时筒内压力逐步回升，温度逐步上升到规定的范围（可自行调节），此时真空泵自动关闭，保温一段时间（可根据药物性能掌握）后，关闭蒸汽，然后由输送带将药物运到切药机上切片。

二、减压冷浸润药机

减压冷浸润药机由真空泵、密闭减压罐、冷水管等部件组成。利用减压抽真空的方法，抽出药材组织间隙中的气体，使之接近真空；维持原真空度不变，将水注入罐内至浸没药材，再恢复常压，使水迅速进入药材组织内部，将药材润至可切，以此提高软化效率。

操作方法是先将药材置于减压罐内，减压抽真空，注入常水至浸没药材，迅速开启进气闸门，恢复常压，浸泡一定时间，放出罐内水，取出药材，晾润至透，即行切片。

你知道吗

药材软化新技术

1. 吸湿回润法 是将药材置于潮湿地面的席子上，使其吸潮变软再行切片的方法。本法适用于含油脂、糖分较多的药材，如牛膝、当归、玄参等。此法应在阴凉避风处进行，必要时中间翻动 1~2 次。

2. 热气软化法 是将药材经热开水焯或经蒸汽蒸等处理，使热水或热蒸汽渗透到药材组织内部，加速软化，再行切片的方法。此法一般适用于经热处理对其所含有效成分影响不大的药材，如甘草、三棱等。采用热气软化，可克服水处理软化时出现的发霉现象。黄芩、杏仁等可使其共存的酶受热破坏，使药材的有效成分得以长期保存。

3. 真空加温软化法 是指将净药材洗涤后，采用减压设备，通过减压和通入热蒸汽的方法，使药材在负压情况下，吸收热蒸汽加速药材软化的方法。此法能显著缩短软化时间，且药材含水量低，便于干燥，适用于遇热成分稳定的药材。

4. 减压冷浸软化法 是用减压设备通过抽气减压将药材间隙中的气体抽出，借负压的作用将水迅速吸入，使水分进入药材组织之中，加速药材软化的方法。此法是在常温下用水软化药材，且能缩短浸润时间，减少有效成分的流失和药材的霉变。

5. 加压冷浸软化法 是把净药材和水装入耐压容器内，用加压机械将水压入药材组织中以加速药材软化的方法。

三、冷压浸润罐

冷压浸润罐由空气压缩机、密闭浸渍罐等部分组成；是将水分强行压入植物药材组织内部以达到软化目的。操作时，将药材放入浸渍罐内，放入药材为罐体的2/3。注入冷水，浸没药材，严密封口，将水压泵开启，加压至规定值，保持一定时间，减

请你想一想

润药机在使用的过程中应该注意哪些问题？对人员有何要求？

压后将水放出，取出药材，稍晾，即可切片。由于药材质地不一样，加压浸润的时间也不一样，块大质坚硬的药材时间需长，块小质松泡的药材所需时间较短。

四、润药机的使用注意事项

1. 本机操作人员必须经培训合格，持证上岗，无证人员不得进行操作。

2. 为保证安全生产，本机应严格按照维护保养规程进行保养，严禁带病作业。

3. 设备在使用过程中除经常进行检查外，还应按国家标准及《压力容器安全技术监察规程》的规定，由压力容器监察部门进行检查，发现不安全因素，应立即停止使用，妥善处理。

4. 当机内有压力或液体时，严禁使用强力开门。

任务三 切药机 🖥 微课

岗位情景模拟

情景描述 某药厂要对桔梗进行切制，可以用手工切制，但效率低。为此，该药厂购买了剁刀式切药机，提高了工作效率。

讨论 1. 剁刀式切药机适合所有中药材的切制吗？

2. 切药机的主要构成部件是什么？

对根、茎、块、皮等药材进行均匀切制的设备为切药机。切药机是根据药材特性和药用要求，将药材分别切成薄片、厚片、顺片、斜片、段、丝和块等不同规格。

一、切药机的结构

(一) 剁刀式切药机

如图 13-4 所示，剁刀式切药机主要由电机、传动系统、台面、输送带、切药刀等部分组成。操作时，将药材堆放机器台面上，启动机器，药材经输送带（为无声链条组成）进入刀床切片，片的厚薄由偏心调节系统进行调节，剁刀式切药机可将药材切成片、段、节、丝等形状。这种切药机适应性强，功率大，适合切制长条形的根、根茎及全草类药材，而球形、团形药材则不适宜。

(二) 旋转式切药机

旋转式切药机分为动力、推进、切片、调节四部分。其特点是可以进行颗粒类药物的切制。操作时，将待切制的颗粒状药物如半夏、槟榔、延胡索等装入固定器内，铺平，压紧，以保持推进速度一致，切片均匀。装置先毕，启动机器切片。全草类药物则不宜切制。

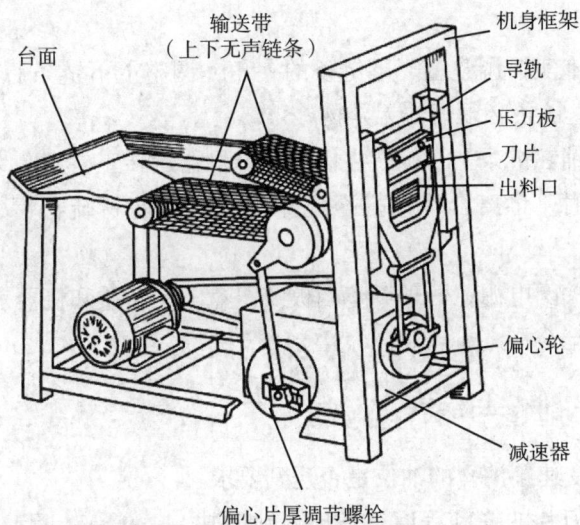

图 13 - 4 剁刀式切药机示意图

（三）多功能切药机

这种切药机主要适用于根茎、块状及果实类中药材进行圆片、直片以及多种规格斜形饮片的加工切制，切片厚度可调节，切片连续均匀。

由于国内和国际市场对饮片片形质量要求很高，切药机切得的饮片质量往往不如人工切片，也无洗刀和自动磨刀装置。在送料、刀门调节、降低噪音等方面均需改进。

你知道吗

在饮片生产中，只有认真按照炮制工艺操作，才能保证饮片质量。如果药物处理不当、切制工具及操作技术欠佳、切制后干燥不及时或贮存不当，都可以影响饮片质量。

二、切药机的使用

切药机的使用以旋转式切药机为例进行介绍。

（一）检查准备

1. 检查各紧固件是否松动，运行部位是否清洁无障碍物。

2. 未接通电源前，应仔细检查电器系统是否完好。

3. 连通电源，先空转，检查各转动部位是否润滑灵活、正常，有无异声，如果发现有噪声及时停车排除。

4. 填写并挂上运行状态卡。

（二）设备操作

1. 根据药物的泡实，调整上、下链条的夹角，调整上下链条后部辊上的螺栓，使链条松紧适宜，输送链条必须清洁无异物。

2. 将待切药材铺在链条上，旋转主机开关，机器运转正常。

3. 当药材堵塞时，将离合手柄推至倒车位置，待药材疏松后，将手柄推至正常位置。

4. 切制完毕，关闭电源，清理调整档板及刀盘上的杂质和机器表面灰尘。

5. 清洗切药机至合格。

三、切药机的维修与保养

（1）经常检查变速箱油孔的油位是否达到要求。

（2）经常检查刀片的锋利程度，发现磨钝或缺口时，应及时修磨。

（3）经常检查设备零部件是否松动，三角带松紧调整是否适宜，旋转刀盘是否有异声、异物。

（4）要注意上、下链条的清洁，上下链条松紧要调整适宜，严防链条轴轴向窜动，损坏零件。

> **请你想一想**
>
> 切药机在使用的过程中应该注意哪些问题？对人员有何要求？

四、切药机的使用注意事项

（1）如切制含淀粉量多、黏性大、纤维多的药材时，可适量喷水，以助切制。

（2）润滑链条要用植物油。

（3）加油时，油必须清洁过滤。

（4）操作时不准戴手套。

任务四　炒药机

岗位情景模拟

情景描述　小李到药房抓药，其中一味药是"炒白术"，药房工作人员告诉她，白术被古人誉为"补气健脾第一要药"，是中医临床常用的大宗药材之一。根据临床治疗要求的不同，可有生用白术、土炒白术、麸炒白术、焦白术等多种制品。

讨论　1. 什么是生用白术、土炒白术、麸炒白术、焦白术？

2. 炮制中药时，炒制的方法有哪些？炒药需要什么设备？

一、中药炒制的方法

中药的炒制是最常用的一种炮制方法，所谓炒，就是将净药材置锅内加热翻动。

根据医疗要求，结合药材性质，分为清炒和加辅料炒两种。

（一）清炒

根据炒的程度不同，清炒分为炒黄、炒焦、炒炭3种。

1. 炒黄　将净药材置锅内，用文火炒至药材表面微黄，闻到药材固有香气，或炒至鼓起、爆裂为度。炒黄可缓和药过偏之性，如黄连炒后可减其苦寒性，增强疗效；麦芽炒后可增强健脾作用，便于煎煮；水红花子炒后便于有效成分煎出。

2. 炒焦　将净药材置锅内，用文火或中火炒至外呈焦黄，内呈黄色。炒焦可增强药材健脾作用，如焦神曲、焦山楂。

3. 炒炭　将净药材置锅内，用中火或武火炒至外呈黑色，内呈焦褐色，存性，喷洒清水适量，灭尽火星。炒炭可增强药材止血作用，如侧柏炭、茜草炭。

（二）加辅料炒（固体辅料）

加辅料炒指净药材与固体辅料同置锅内拌炒。根据所用辅料不同，又分为麸炒、土炒、米炒、滑石粉炒等。

1. 麸炒　先将麸皮撒入锅内，用中火加热，待麸皮冒烟时，倒入净药材，迅速翻动，炒至药材表面呈微黄或黄色，取出，筛去麸皮，放凉。一般每100kg药材或切制品，用麸皮5~10kg。麸炒可增强健脾作用，如麸炒白术；可矫味矫臭，如麸炒僵蚕。

2. 土炒　将灶心土置锅内，用中火加热，炒至疏松灵活，再倒入净药材拌炒至药材呈焦黄色，取出，筛去土，放凉。一般每100kg药材或切制品，用灶心土25~30kg。土炒可增强补脾止泻作用，如土炒白术。

3. 米炒　将锅烧热，撒上浸湿的米，使其平贴锅上，用中火加热，至米冒烟时投入净药材，轻轻翻动米上的药至所需程度，取出，筛去米，放凉。一般每100kg药材或切制品，用米15~20kg。米炒可减低药材毒性，如米炒斑蝥；可强健脾作用，如米炒党参。

你知道吗

　　大部分的中药材在净选、切制等处理后都要进行清炒法、加辅料炒法或灸法等操作，此操作多借助于炒药机完成。

二、常用炒药机

炒药机有卧式滚筒炒药机和立式平底搅拌炒药机两种，目前生产中多用卧式滚筒炒药机。

（一）滚筒式炒药机的结构

如图13-5所示，其结构主要由炒药滚筒、动力装置及热源装置等部分组成。

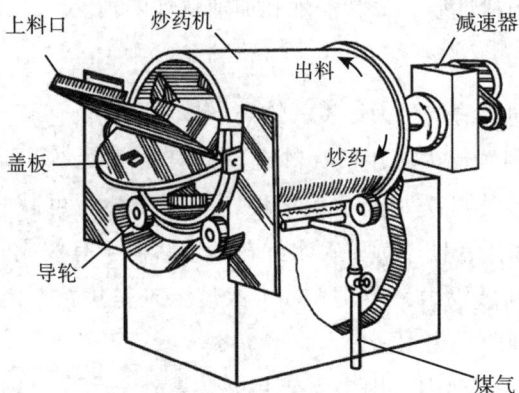

图13-5　滚筒炒药机

（二）滚筒式炒药机的工作原理

操作时，将药材通过上料口加入，盖好筒盖板。启动滚筒，借动力装置滚筒做顺时针方向转动，使筒壁均匀受热，滚筒内壁的抄板会把药材翻动，当药材炒到规定程度时，打开盖板，使滚筒反向旋转，即可使药材沿着抄板倾斜方向由出料口倾出。

（三）滚筒式炒药机的使用

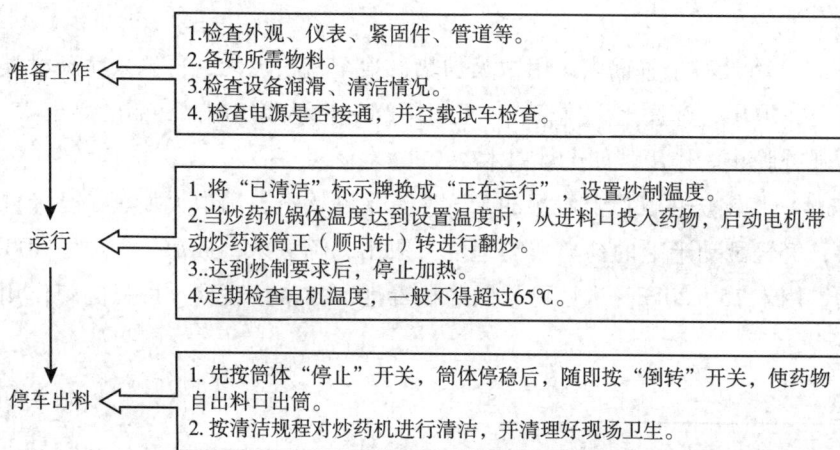

准备工作
1.检查外观、仪表、紧固件、管道等。
2.备好所需物料。
3.检查设备润滑、清洁情况。
4.检查电源是否接通，并空载试车检查。

运行
1.将"已清洁"标示牌换成"正在运行"，设置炒制温度。
2.当炒药机锅体温度达到设置温度时，从进料口投入药物，启动电机带动炒药滚筒正（顺时针）转进行翻炒。
3..达到炒制要求后，停止加热。
4.定期检查电机温度，一般不得超过65℃。

停车出料
1.先按筒体"停止"开关，筒体停稳后，随即按"倒转"开关，使药物自出料口出筒。
2.按清洁规程对炒药机进行清洁，并清理好现场卫生。

图13-6　滚筒式炒药机操作流程图

（四）滚筒式炒药机的特点

滚筒式炒药机机械性能稳定，炒药滚筒转速采用电磁调速控制，维修操作方便，备有送风、除尘、除烟等装置，能较好控制火力，广泛应用于各种规格和性质的中药材的炒类加工，如清炒、麸炒、砂炒、醋炒、土炒、闷炒、蜜炙、烘干等。

请你想一想

炒药机在使用的过程中应该注意哪些问题？对人员有何要求？

目标检测

一、单项选择题

1. 软化的目的是（　　　）
   A. 便于煎煮　　　　B. 便于切制　　　　C. 便于携带运输　D. 便于包装
2. 滚筒式炒药机不能进行的炮制加工是（　　　）
   A. 麸炒　　　　　　B. 砂炒　　　　　　C. 烘干　　　　　　D. 切片

二、多项选择题

1. 滚筒式炒药机特点有（　　　）
   A. 机械性能稳定
   B. 炒药滚筒转速采用电磁调速控制
   C. 维修操作方便
   D. 备有送风、除尘、除烟等装置
2. 润药机可进行的操作包括（　　　）
   A. 真空喷淋冷润　　　　　　　　B. 真空蒸汽软化
   C. 真空冷浸软化　　　　　　　　D. 加压冷浸软化

三、思考题

1. 什么是中药饮片机械？
2. 中药饮片机械有哪些类型？

书网融合……

微课　　　　　　划重点　　　　　自测题

项目十四 提取设备

学习目标

知识要求

1. **掌握** 多功能提取罐和渗漉筒的结构、原理。
2. **熟悉** 多功能提取罐的分类。

能力要求

1. 学会按标准操作规程的要求使用多功能提取罐和渗漉筒。
2. 学会多功能提取罐和渗漉筒的维护保养，会判断和排除常见故障。

任务一 多功能提取罐

岗位情景模拟

情景描述 某药厂接到一批生产降脂片的订单，处方中包括了 6 种中药材，提取工艺如下：山楂等水提液浓缩液采用二次醇沉法，加 95% 乙醇使成 70% 乙醇，冷藏静置 24 小时，抽滤，除去鞣质、树脂、树胶等沉淀杂质。回收乙醇，浓缩至约 1∶2 药液，得到精制水提药液（相当于原生药 2g/ml）。泽泻、丹参醇提浓缩液与山楂等水提浓缩液合并，继续浓缩至相对密度为 1.33 ~ 1.38（40% ~ 50%）的稠膏，与丹参冷浸制得浸膏合并，按比例加入抗潮性强、质地轻的微粉硅胶、氢氧化铝，混合烘干磨粉。适量乙醇制粒，烘干，整粒，加润滑剂压片。

讨论 该如何使用多功能提取罐进行提取？

多功能提取罐是中药生产中应用最广泛的提取设备。可用于中药材水提取、醇提取及提取挥发油、回收药渣中的溶剂等，适用于煎煮、渗漉、回流、温浸、循环浸渍、加压或减压浸出等浸出工艺，可以单独使用，也可以串连成罐组逆流提取。因其用途广，故称为多功能提取罐。

一、多功能提取罐的结构

多功能提取罐的结构如图 14 - 1 所示，主体结构一般由罐体、出渣门、加料口、提升气缸、夹层、出渣门气缸等组成。附属设备一般有冷凝器、冷却器、油水分离器等。出渣门上设有不锈钢丝网，这样使药渣与浸出液得以较为理想的分离。设备底部出渣门和上部投料门的启闭均采用压缩空气作动力，由控制箱中的二位四通电磁气控阀控制气缸活塞，操作方便。也可用手动控制器操纵各阀门，控制气缸动作。多功能提取罐的罐内操作压力为0.15MPa，夹层为0.3MPa，属于压力容器。

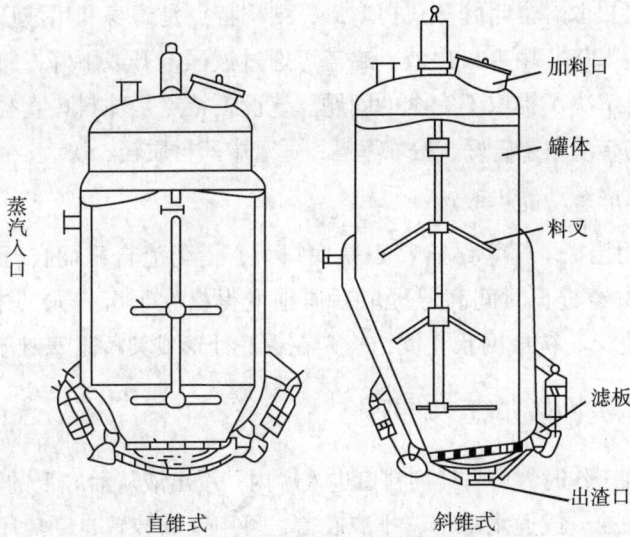

图14-1 静态多功能提取罐示意图

二、多功能提取罐的分类

（一）静态多功能提取罐

静态多功能提取罐有正锥式、斜锥式、直筒式三种。前两种设有气缸驱动的提升装置（图14-1），规格为0.5~6m³。小容积罐的下部采用直锥形，大容积罐采用斜锥形以利出渣。直筒式提取罐的罐体比较高，一般在2.5m以上，容积为0.5~2m³；多用于渗漉罐组逆流提取和醇提取、水提取等。

（二）动态多功能提取罐

动态多功能提取罐也叫动态提取罐（图14-2），工作原理与静态多功能提取罐相似，由于带有搅拌装置，在搅拌下降低了物料周围溶质的浓度，增加了扩散推动力。同时，B型设备底部设有直通蒸汽反冲口，可消除设备底部加热死角，增大了加热面积，提高了浸出效果。

动态多功能提取罐在使用时要求对搅拌装置进行试运转，即当搅拌装置以水代物料或物料进行试运转时，应无异常情况及声音，搅拌轴的旋转方向应与减速机上箭头方向一致，避

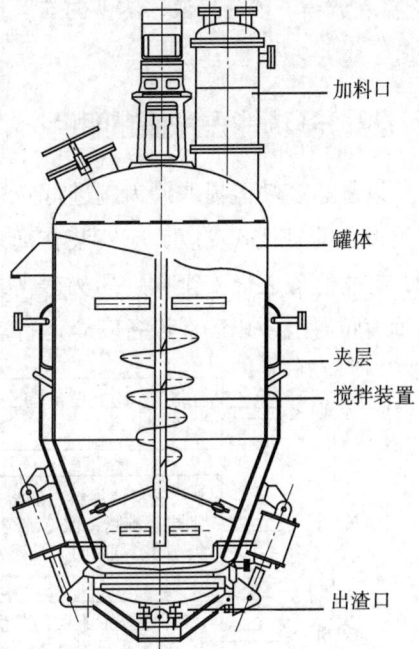

图14-2 B型动态多功能提取罐

免搅拌器反转对出渣门造成损坏。

（三）翻转式多功能提取罐

翻转式多功能提取罐也叫翻斗式提取罐，结构特点是罐身利用液压通过齿条、齿轮机构可使罐体倾斜120°，由上口出渣。罐盖可通过液压上升或下降，罐盖封闭力大、严密，可加压煎煮，解决了提取不完全的问题。该设备特点是加料口直径大，容易加料与出料，设备传热与传质效果较好，提取率高；适于中药材质轻、块大、品种杂等特点。

（四）微倒锥形多功能提取罐

微倒锥形多功能提取罐，结构特点是底口大，借药渣自重而自行排出。主要用来解决有些植物药材经过长时间高温提取后质地变得松软下沉，尤其中药材的根、茎、枝、叶相互穿插交叉，构成网状立体结构，在罐底处形成架桥阻塞难于出渣等问题。

三、多功能提取罐的工作原理

多功能提取罐工作时，药材经加料口进入罐内，浸出液从活底上的滤板过滤后排出。夹层可通入蒸汽加热，或通水冷却。排渣底盖，可用气动装置自动启闭。为了防止药渣在提取罐内膨胀因架桥难以排出，罐内装有料叉，可借助于气动装置自动提升排渣。

请你想一想

> 多功能提取罐是一种常用于制药、食品、化工行业的提取设备。它的特点是效率高，操作方便，可以轻松实现水提、醇提、酒精回收、药液的二次提取等多功能操作。但是，有很多同学虽然知道多功能提取罐的作用，却不会操作，或是操作中存在错误，因此导致了不少的问题，请问，多功能提取罐到底该如何操作呢？

四、多功能提取罐的使用

以静态多功能提取罐为例进行介绍。

设备的悬挂式支座，应安装在离地面适当高度、能安全承受全部重量的操作平台上，并垂直安装。安全阀、压力表等安全附件，应根据实际情况选型，且安全阀应装在垂直位置上，以确保设备安全运行。

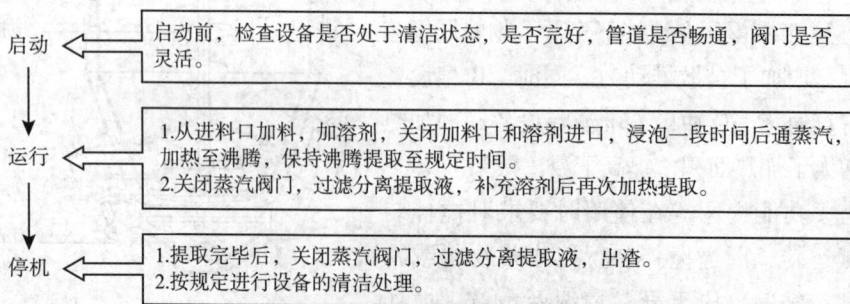

启动 ← 启动前，检查设备是否处于清洁状态，是否完好，管道是否畅通，阀门是否灵活。

运行 ← 1.从进料口加料，加溶剂，关闭加料口和溶剂进口，浸泡一段时间后通蒸汽，加热至沸腾，保持沸腾提取至规定时间。
2.关闭蒸汽阀门，过滤分离提取液，补充溶剂后再次加热提取。

停机 ← 1.提取完毕后，关闭蒸汽阀门，过滤分离提取液，出渣。
2.按规定进行设备的清洁处理。

图14-3 多功能提取罐操作流程图

以水煎煮为例，依据药材的质地按先轻后重的原则依次投入提取罐中，再补加工艺要求的水量，浸泡规定时间。开启直通蒸汽阀门，使蒸汽直接通入罐内加热，加热至沸腾后，关闭直通蒸汽阀门，打开夹层蒸汽阀门，使药液保持微沸，并开始计时至工艺要求的煎煮时间。关闭蒸汽阀门，开泵过滤完毕后，按要求进行第二、三次煎煮。

当最后一次煎煮完毕，药液过滤完毕，排渣，按要求清洁提取罐。

你知道吗

多功能提取罐的维护

1. 使用完毕后，要及时清洗提取罐并干燥，以便下次生产使用。

2. 定期检查电气线路、控制系统是否正常。定期检查各管路、焊缝、密封面等连接部位。定期检查安全阀、压力表等安全部件。

3. 多功能提取罐为耐压容器，应每年定期检查罐体的耐压能力，要有主管部门检试后所出具的合格证书。

五、多功能提取罐常见故障及排除

1. 当机器运行过程中突然发生停电、停水故障，应立即关闭所有蒸汽阀门。

2. 若在提取过程中出现溢锅现象，应立即关闭所有蒸汽阀门。然后再缓慢打开，调节进汽量。

3. 当设备运行过程中，若出现蒸汽流量正常，而蒸汽压力无法达到正常值时，应关闭所有阀门，及时通知动力维修车间进行管线检漏并维修。

任务二 渗漉筒 ⓔ 微课

岗位情景模拟

情景描述 某药厂要生产一批次藿香正气水的酊剂，经过前期配料、粉碎后，要进行渗漉提取，方法如下：取茯苓粗末用 8 倍量 25% 乙醇按渗漉法提取，滤取药液静置。苍术、陈皮、厚朴、白芷四味粗末用 7 倍量 60% 乙醇按渗漉法提取，留存初滤液85000ml，另放，余茯苓渗漉液合并，减压回收乙醇，浓缩至约 10000ml，静置。

讨论 1. 渗漉法操作有哪些步骤？

2. 渗漉法适合所有的中药材吗？

3. 发酵时产生的大量泡沫需要处理吗，怎么处理？

渗漉法是往药材粗粉中连续不断添加提取溶剂使其渗过药粉，下端出口连续流出提取液的一种提取方法。实现渗漉操作的设备最典型的就是渗漉筒。

一、渗漉筒的结构

渗漉筒的结构如图 14 - 4 所示，常见的有圆柱形或圆锥形，筒的长度为直径的 2～4 倍，容易膨胀的药粉多用圆锥形，一般的则用圆柱形；以水为溶剂多用圆锥形，而有机溶剂则常选用圆柱形。渗漉筒的材料包括玻璃、搪瓷、陶瓷、不锈钢等。渗漉筒较大时，由于上部药材的挤压，渗漉筒底部的药材易被过度压实，致使渗漉难以进行，因此可在渗漉筒中设若干筛板（假底），使药材分为若干层。

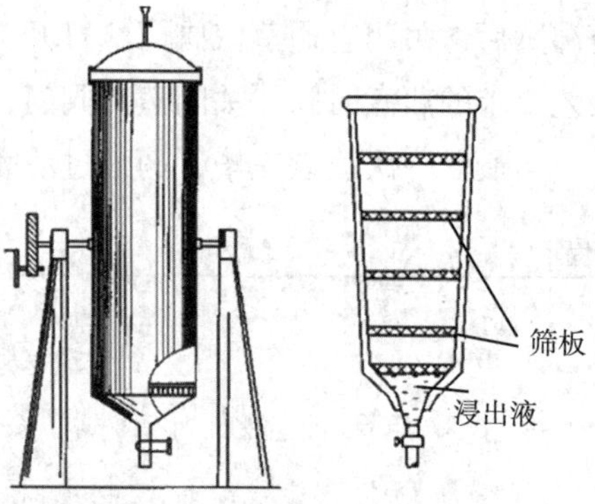

筛板

浸出液

图 14 - 4　常用小型渗漉筒示意图

二、渗漉筒的使用

渗漉操作一般包括药材粉碎→润湿→装筒→排气→浸渍→渗漉 6 个步骤。大型渗漉装置可用管道装置输送浸出溶剂和控制渗漉速度。可将数个渗漉筒串联使用，用前一个渗漉筒的渗漉液作为后一个渗漉筒的溶剂，执行重渗漉，以达提高浸出效果和改善产品质量的目的。渗漉可以实现长时间、大批量生产，渗漉结束时还可以通过蒸汽加热，使药渣中的残留浸出溶剂析出，经由冷凝器冷凝后回收于储罐内。渗漉进行中也可以视需要予以适度加热。

三、渗漉筒的标准操作流程

1. 检查准备

（1）检查并关闭所有阀门。

（2）检查渗漉筒是否漏液。

（3）填写并挂上运行状态卡。

2. 操作

（1）打开进料口，按处方量和工艺要求装药材，加规定浓度和数量乙醇，浸渍至工艺规定时间。

（2）打开进乙醇喷淋阀，出药液阀，使药液流入渗漉液贮罐并控制流量，使进乙醇和出药液流速相等。

（3）渗漉结束后，打开排渣门，排渣。

（4）清洗渗漉筒至合格后，关闭所有阀门。

四、渗漉筒的维修与保养

1. 定期润滑设备转动部位。

> **请你想一想**
>
> 中药材的品种多，其物性差异较大，一般大批量生产的品种不多，多数为中小批量的品种，形成了"多品种、小批量"的生产特点，不同材质的中药材，在选择渗漉器时也要因材质而定，特别是药材的膨胀性，那么该如何根据药材膨胀性选择渗漉器？

2. 经常检查渗漉筒密闭系统是否漏液；如有漏液，及时更换，修补密封圈。

3. 经常检查下部滤网，发现损坏及时更换。

五、渗漉筒的使用注意事项

1. 按照清洁规程清洁设备。

2. 出渣时，注意避免损坏底部滤网。

目标检测

一、选择题

1. 与溶剂能否使药材表面润湿无关的因素是（   ）

    A. 浓度差   B. 药材性质

    C. 浸提压力   D. 溶剂的性质

    E. 接触面的大小

2. 不能增加浸提浓度梯度的是（   ）

    A. 动态提取   B. 更换新鲜溶液剂

    C. 高压提取   D. 连续逆流提取

    E. 分批提取

3. 用渗流器提取时，与渗流效果有关因素叙述正确的是（   ）

    A. 与渗流器高度成反比，与器直径成正比

    B. 与渗流器高度成正比，与器直径成反比

    C. 与渗流器高度成反比，与器直径成反比

    D. 与渗流器高度成正比，与器直径成正比

    E. 与渗流器大小无关

4. 目前工业生产中90%的中药材提取用水作溶剂，主要原因是（   ）

    A. 水价廉易得，对中药材有较强的穿透力

    B. 水作溶剂浸提效果好

    C. 浸提范围广

    D. 浸提液易过滤

    E. 浸提液易保存

5. 目前中药厂应用最广的提取设备是（   ）

    A. 敞口倾斜式夹层锅   B. 圆柱形不锈钢罐

    C. 多功能提取罐   D. 圆柱形搪瓷罐

    E. 圆柱形陶瓷罐

6. 下列浸提设备中加料卸料均为自动连续操作的设备有（   ）

A. 渗漉器   B. 平转式连续逆流提取器

C. 螺旋推进式浸取器   D. U 形螺旋式浸取器

E. 多功能提取罐

二、思考题

1. 渗漉法的特点及适用性如何？

2. 多功能提取罐的特点有哪些？

书网融合……

 微课    划重点    自测题

5
模块五

制剂设备

PPT

学习目标

知识要求

1. **掌握**　混合机、高速搅拌制粒机、沸腾制粒机的结构、工作原理及使用。
2. **熟悉**　颗粒剂的一般生产工艺过程；颗粒剂生产过程使用的设备。
3. **了解**　不同混合机、制粒机的特点与应用。

能力要求

1. 学会按标准操作规程的要求使用混合机、制粒机。
2. 学会混合机、制粒机的维护保养，会判断和排除常见故障。

任务一　颗粒剂设备认知

岗位情景模拟

情景描述　板蓝根颗粒剂生产过程：蔗糖经过粉碎、过筛，糊精经过筛，两者混合后加入板蓝根提取液，制成符合要求的软材再制成湿颗粒，颗粒经干燥、整粒后进行颗粒分装，经过外包最后入库，完成整个生产过程。

讨论　1. 试述板蓝根颗粒生产的工艺流程。

　　2. 板蓝根颗粒剂的生产要用到哪些设备？

　　3. 颗粒剂生产的成型设备是什么？

　　4. 板蓝根颗粒采用的是什么制备方法？颗粒剂还有哪些制备方法？

颗粒剂是指原料药物与适宜的辅料混合制成有一定粒度的干燥颗粒状制剂。颗粒剂的制备方法，主要有湿法制粒和沸腾制粒两类。

一、湿法制粒工艺及设备

（一）湿法制粒制备颗粒剂的工艺

湿法制粒制备颗粒剂的一般工艺过程如下。

湿法制粒包括转动制粒、高速混合制粒和喷雾制粒。

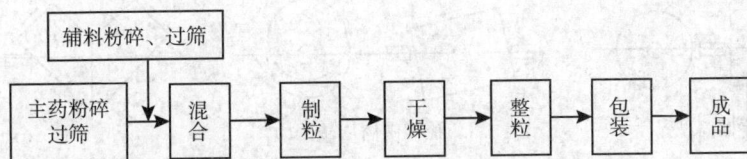

图 15-1　湿法制粒制备颗粒剂工艺流程图

（二）湿法制粒制备颗粒剂的设备

湿法制粒制备颗粒剂的工艺过程中，需要用到的设备有粉碎设备、筛分设备、混合设备、湿法制粒机、干燥机、整粒机、包装机等。制粒机是颗粒剂的成型设备，湿法制粒主要采用的制粒机为高速搅拌制粒机和喷雾制粒机。

二、沸腾制粒工艺及设备

（一）沸腾制粒制备颗粒剂的工艺

沸腾制粒制备颗粒剂的一般工艺过程如下。

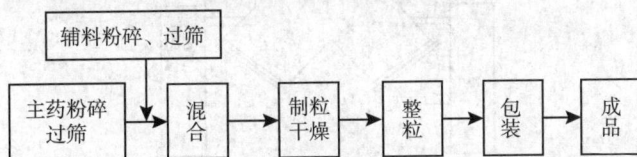

图 15-2　沸腾制粒制备颗粒剂工艺流程图

沸腾制粒可在同一设备内实现混合、制粒、干燥多种过程，颗粒均匀、疏松、色差小、流动性好；制备过程在密闭制粒机内完成。

（二）沸腾制粒制备颗粒剂的设备

沸腾制粒制备颗粒剂的工艺过程中，需要用到的设备有粉碎设备、筛分设备、混合设备、沸腾制粒机、整粒机、包装机等。沸腾制粒采用的制粒机为沸腾制粒机。

任务二　混合机

一、旋转型混合机

旋转型混合机的混合筒有多种形式，如图 15-3 所示。

本书以 V 型混合机为例介绍，该机配有 W 形往复式真空泵或 SZ 水环式真空泵，采用真空自动进料和密闭型蝶阀出料，能够实现无粉尘操作。但真空进料时易产生静电。安装时，应采取接地措施。

水平圆筒型　　　　倾斜圆筒型　　　　V型

双锥型　　　　立方体型

图 15-3　旋转型混合机示意图

（一）V 型混合机的结构

V 型混合机是由混合筒、旋转轴和支架等组成，其结构如图 15-4 所示。

水平轴　　　混合桶

支架

图 15-4　V 型混合机示意图

（二）V 型混合机的工作原理

V 型混合机启动后，混合筒开始绕水平轴旋转，混合桶内的物料可随即分成两部分，然后再汇聚到一起，集中于底部，接着又重复前面的过程，如此反复循环，对流使物料进行混合。当到达所设定的时间后，物料混合均匀，V 型混合机自动停机。

（三）V 型混合机的使用

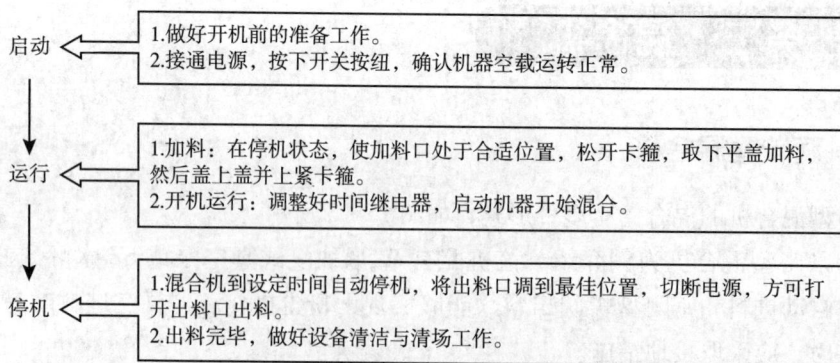

启动　← 1.做好开机前的准备工作。
　　　　　2.接通电源，按下开关按纽，确认机器空载运转正常。

运行　← 1.加料：在停机状态，使加料口处于合适位置，松开卡箍，取下平盖加料，然后盖上盖并上紧卡箍。
　　　　　2.开机运行：调整好时间继电器，启动机器开始混合。

停机　← 1.混合机到设定时间自动停机，将出料口调到最佳位置，切断电源，方可打开出料口出料。
　　　　　2.出料完毕，做好设备清洁与清场工作。

图 15-5　V 型混合机的使用操作流程图

你知道吗

V 型混合机混合速度快，在药厂应用广泛。操作时，最适宜转速可取临界转速的 30% ~40%，最适宜填充量为 30%。

二、三维运动混合机

（一）三维运动混合机的结构

三维运动混合机由机座、主动轴、从动轴、万向节和混合筒等组成。

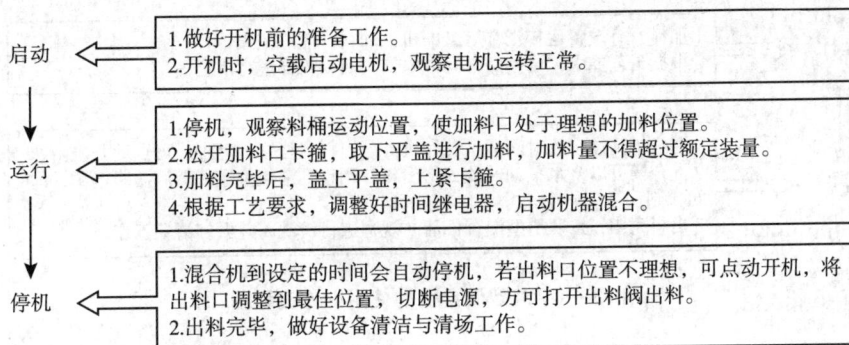

图 15 - 6　三维运动混合机示意图

（二）三维运动混合机的工作原理

三维运动混合机与物料接触的混合筒采用不锈钢材料制造，筒体内外壁均经抛光，无死角，不污染物料。由于装物料的筒体在主动轴的带动作用下，做周而复始的平移、转动、翻滚等复合运动，使各物料在混合过程中加速了流动和扩散的作用，同时避免了一般混合机因离心力作用所产生的物料集聚现象，混合效率高，混合后的物料能达到最佳混合状态。

（三）三维运动混合机的使用

启动 ← 1.做好开机前的准备工作。
2.开机时，空载启动电机，观察电机运转正常。

运行 ← 1.停机，观察料桶运动位置，使加料口处于理想的加料位置。
2.松开加料口卡箍，取下平盖进行加料，加料量不得超过额定装量。
3.加料完毕后，盖上平盖，上紧卡箍。
4.根据工艺要求，调整好时间继电器，启动机器混合。

停机 ← 1.混合机到设定的时间会自动停机，若出料口位置不理想，可点动开机，将出料口调整到最佳位置，切断电源，方可打开出料阀出料。
2.出料完毕，做好设备清洁与清场工作。

图 15 - 7　三维运动混合机的使用操作流程图

你知道吗

三维运动混合机混合均匀度高，上料、出料方便，可实现自动化，有利于减轻劳动强度。

三、槽型混合机

（一）槽型混合机的结构

槽型混合机由混合槽、S形搅拌桨和固定轴等组成。

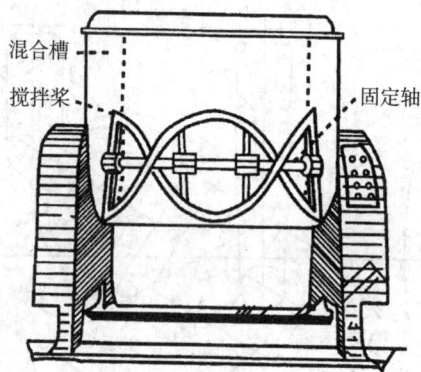

图15-8 槽型搅拌混合机示意图

（二）槽型混合机的工作原理

槽型混合机通过槽内的搅拌桨旋转，将物料从两端推向中心，再由中心推向两端，使物料在槽内不断翻滚即不停地以上下、左右、内外各个方向运动，而达到混合均匀的目的。槽可绕水平轴翻转105°，卸料时间短。

（三）槽型混合机的使用

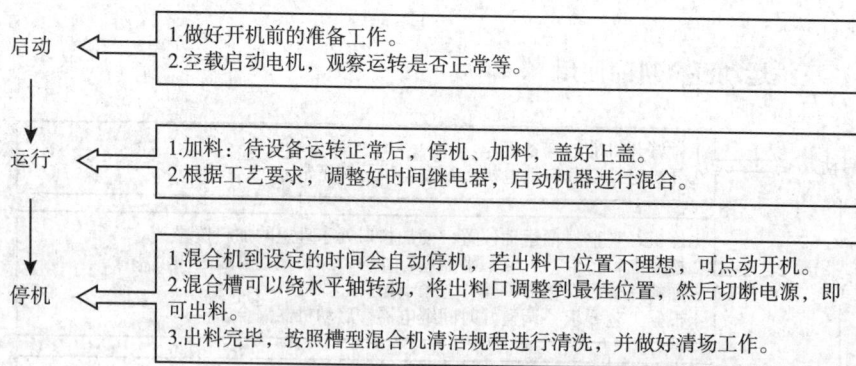

启动 ← 1.做好开机前的准备工作。
2.空载启动电机，观察运转是否正常等。

运行 ← 1.加料：待设备运转正常后，停机、加料，盖好上盖。
2.根据工艺要求，调整好时间继电器，启动机器进行混合。

停机 ← 1.混合机到设定的时间会自动停机，若出料口位置不理想，可点动开机。
2.混合槽可以绕水平轴转动，将出料口调整到最佳位置，然后切断电源，即可出料。
3.出料完毕，按照槽型混合机清洁规程进行清洗，并做好清场工作。

图15-9 槽型混合机的使用操作流程图

　　槽型搅拌混合机干、湿物料均可混合。在药厂除用于混合粉料外，也常用于片剂的颗粒、丸块、软膏等的捏合或混合等。

四、双螺旋锥形混合机

（一）双螺旋锥形混合机的结构

双螺旋锥型混合机是由锥形容器、螺旋推进器、减速器、拉杆和出料阀等组成。

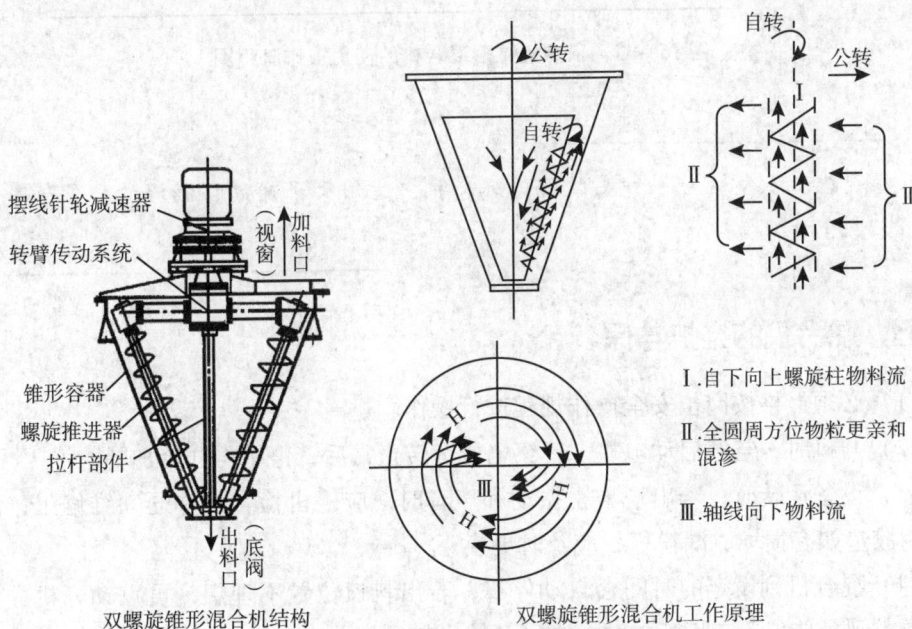

图 15 – 10　双螺旋锥形混合机示意图

（二）双螺旋锥形混合机的工作原理

　　双螺旋锥形混合机工作时由锥体上部加料口进料，装到螺旋叶片顶部，启动电源，由电机带动双级摆线针轮减速器，经套轴输出公转和自转两种速度。主轴以 5r/min 带动左右两个螺旋推进器（相当公转），而这两个螺旋推进器本身又以 100r/min 的速度按相反方向旋转（相当自转），以搅拌和提升物料。由于双螺旋的快速自转将物料自下而上提升，形成两股对称的沿臂上升的螺旋柱物流，转臂带动螺旋推进器公转，使螺旋柱体外的物料相应地混入螺旋柱体内，以使锥体内的物料不断地混掺错位，由锥型体中心汇合向下流动，使物料能在短时间内混合均匀。

（三）双螺旋锥形混合机的使用

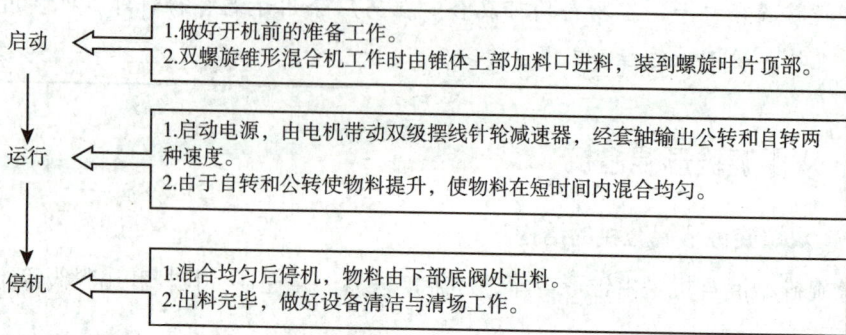

```
启动  ◁── │ 1.做好开机前的准备工作。
           │ 2.双螺旋锥形混合机工作时由锥体上部加料口进料，装到螺旋叶片顶部。

运行  ◁── │ 1.启动电源，由电机带动双级摆线针轮减速器，经套轴输出公转和自转两
           │   种速度。
           │ 2.由于自转和公转使物料提升，使物料在短时间内混合均匀。

停机  ◁── │ 1.混合均匀后停机，物料由下部底阀处出料。
           │ 2.出料完毕，做好设备清洁与清场工作。
```

图 15 – 11　双螺旋锥形混合机的使用操作流程图

你知道吗

双螺旋锥形混合机为一种高效粉体混合机，适用于干燥的、润湿的、黏性等固体药物粉末混合。

五、混合机的维护与保养

（1）必须严格按岗位安全操作规程进行操作。

（2）开机时，空载启动电机，观察电机运转正常后，停机再开始加料。

（3）设备运转时，若出现异常振动和声音时，应停机检查，并通知维修工；设备的密封胶垫如有损坏、漏粉等，应及时更换。

（4）混合机到设定的时间会自动停机，若出料口位置不理想，可点动开机，将出料口调整到最佳位置，切断电源，方可开始出料操作。

（5）出料时应控制出料速度，以便控制粉尘及物料损失。

（6）混合设备必需每年进行一次大检修。

任务三　制粒机

一、高速搅拌制粒机

（一）高速搅拌制粒机的结构

高速搅拌制粒机主要由制粒容器、搅拌桨、切割刀、出料口和动力系统等部件组成，其结构如图 15 – 12 所示。

（二）高速搅拌制粒机的工作原理

高速搅拌制粒机的搅拌桨使物料上下左右翻动，进行均匀混合，并将制成形的颗

粒压实，防止颗粒与器壁黏附；切割刀使大块粒状物破碎，使颗粒成形；即切割刀将物料制成颗粒，搅拌桨使颗粒受到强大的挤压作用与滚动，形成密实的颗粒。

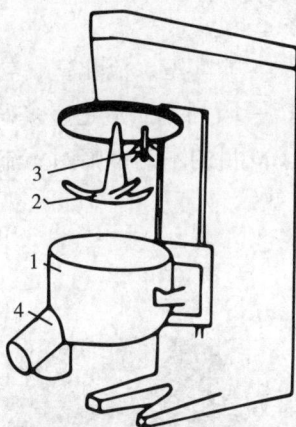

图 15-12　高速搅拌制粒机示意图
1. 制粒容器；2. 搅拌桨；3. 切割刀；4. 出料口

图 15-13　高速搅拌制粒机实物图

（三）高速搅拌制粒机的使用

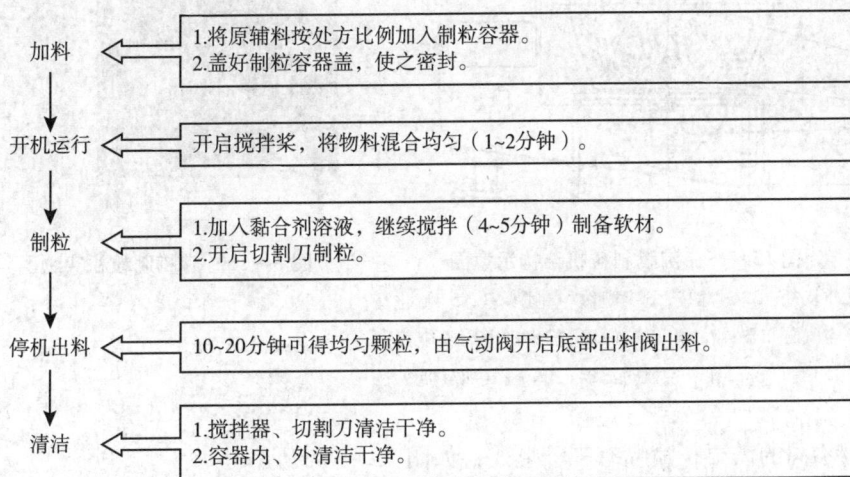

加料 ← 1.将原辅料按处方比例加入制粒容器。
　　　　2.盖好制粒容器盖，使之密封。

开机运行 ← 开启搅拌桨，将物料混合均匀（1~2分钟）。

制粒 ← 1.加入黏合剂溶液，继续搅拌（4~5分钟）制备软材。
　　　　2.开启切割刀制粒。

停机出料 ← 10~20分钟可得均匀颗粒，由气动阀开启底部出料阀出料。

清洁 ← 1.搅拌器、切割刀清洁干净。
　　　　2.容器内、外清洁干净。

图 15-14　高速搅拌制粒机的使用操作流程图

你知道吗

　　高速搅拌制粒机可完成混合、制粒两个过程，也称为高效混合制粒机。该设备生产效率高，制备一批颗粒只需 8~10 分钟，可以制备各种粒径（20~80 目）的颗粒，并且所制备的颗粒均匀、结实、细粉量少，很适于压片用。该设备具有操作简单、清洗方便、节省黏合剂用量、操作处于全封闭状态等特点，符合 GMP 的要求。

二、沸腾制粒机 🄴 微课

(一) 沸腾制粒机的结构

沸腾制粒机主要有反冲装置、过滤袋、喷嘴 、喷雾室、流化室、空气过滤器、空气加热器等部件组成,其结构如图15 – 15 和图15 – 16 所示。流化室多采用倒锥形,以消除流动"死区"。空气分布器上面覆盖着60 ~ 100 目的不锈钢筛网。流化室上部设有袋滤器以及反冲装置或振动装置,以防袋滤器堵塞。

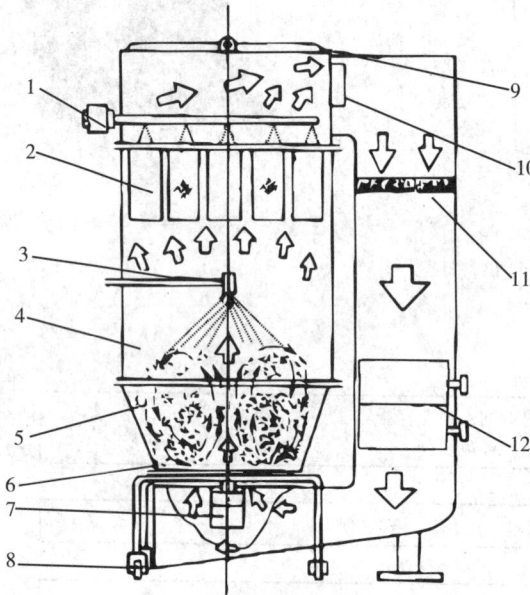

图 15 – 15 沸腾制粒机结构示意图

图 5 – 16 沸腾制粒机实物图

1. 反冲装置;2. 过滤袋;3. 喷嘴;4. 喷雾室;5. 流化室;

6. 空气分布器;7. 顶升气缸;8. 排水口;9. 安全盖;

10. 排气口;11. 空气过滤器;12. 空气加热器

根据不同的需要,喷嘴有三种形式,如图15 – 17 所示。

顶喷式   切线式   底喷式

图 15 – 17 喷嘴的三种形式

1. 顶喷式 喷枪位置在物料运动的最高点上方,以免物料将喷嘴堵塞,喷液方向与物料方向相反。

2. 切线式 喷枪装在容器的壁上，底部有旋转运动的转盘，物料除了上下运动外，还有周围的旋转运动，形成了螺旋状运动。适用于制粒制微丸。

3. 底喷式 喷液方向与物料运动方向相同。适用于包衣，如薄膜衣包衣、缓释包衣、肠溶包衣等。

（二）沸腾制粒机的工作原理

压缩空气经风机吸入，经过空气过滤器过滤，加热器预热到规定温度（60℃左右）后，通过分布板，热空气以均匀的流量进入原料容器及喷雾室。在喷雾室，通过容器壁的帮助，热空气流吹动物料由中心向四周做上下环流运动，可达到混合的目的。同时，在喷雾室内部的喷嘴，喷洒黏合剂，使物料黏合、聚集成颗粒；热空气流将颗粒中的水分带走，得到干燥的颗粒。

沸腾制粒机的上部设有过滤袋，即捕集室，可以吸收溢出的粉末。制粒所需物料按处方比例称量好后放入流化室内，制粒前，可以先通入空气流对物料进行流化混合，然后再通过喷嘴喷黏合剂进行制粒，制粒结束后，继续通入热空气对颗粒进行干燥。颗粒成型过程如图 15–18 所示。

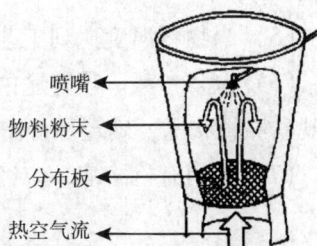

图 15–18 颗粒成型过程

（喷嘴、物料粉末、分布板、热空气流）

（三）沸腾制粒机的使用

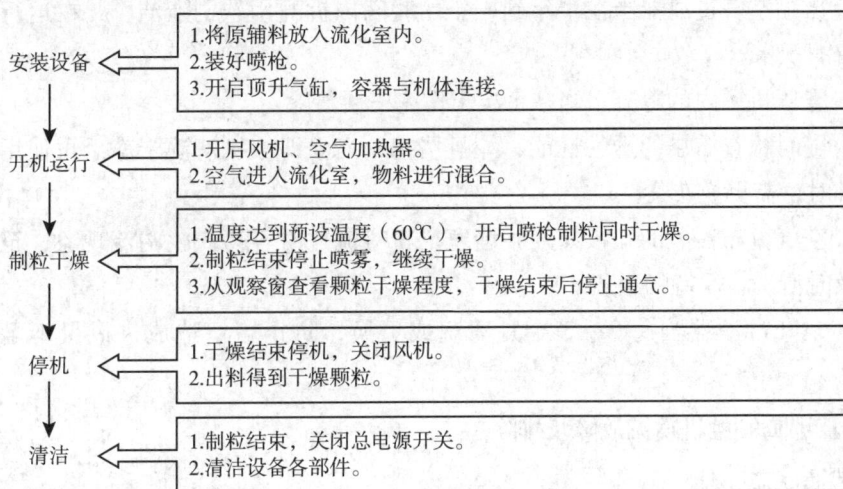

安装设备	1.将原辅料放入流化室内。 2.装好喷枪。 3.开启顶升气缸，容器与机体连接。
开机运行	1.开启风机、空气加热器。 2.空气进入流化室，物料进行混合。
制粒干燥	1.温度达到预设温度（60℃），开启喷枪制粒同时干燥。 2.制粒结束停止喷雾，继续干燥。 3.从观察窗查看颗粒干燥程度，干燥结束后停止通气。
停机	1.干燥结束停机，关闭风机。 2.出料得到干燥颗粒。
清洁	1.制粒结束，关闭总电源开关。 2.清洁设备各部件。

图 15–19 沸腾制粒机的使用操作流程图

你知道吗

沸腾制粒机集混合、制粒、干燥于一体，故又称一步制粒机。它的优点是设备体积小、生产效率高、成品颗粒含量均匀。其应用广泛，很具发展前途。

在制药行业中，沸腾制粒机可以用作片剂、冲剂、胶囊剂的颗粒制粒，也可用于粉状、颗粒状湿物料的干燥等。

（四）沸腾制粒机的使用注意事项

（1）沸腾制粒机运转过程中，不要触摸旋转部件。

（2）沸腾制粒机运转过程中，喷雾干燥机表面温度比较高，请不要用手去触摸各个部件，以防烫伤。

（3）制粒结束后，物料的温度降到室温时才可停机。

（4）投入物料的同时观察各接触点（面），如喷雾室与流化室联接的接触面，是否紧密。

（5）当物料温度达到工艺要求温度时，才可进行喷雾操作。

（6）调整参数。喷雾途中随时通过取样筒取样，察看颗粒形成情况，通过玻璃视镜观察沸腾状况，确定是否需要调整参数。

（7）如用有机溶液，应经 100 目不锈钢筛网过滤后使用，操作时应戴防护眼镜及手套。

（五）沸腾制粒机的维护

（1）每次喷枪使用完毕，都要用温热水在料桶中开泵进行清洗，不能有黏合剂残留，以防堵塞，每周应用有机溶剂彻底清洗零件，以免堵塞。

（2）配制好的黏合剂要过 40 目筛方可使用，以防喷枪堵塞。

（3）压缩空气过滤器当在半年到一年的时间内拆开用软刷清洁，并在运行前除尽下部残留的积水。

（4）空压机罐内的冷凝水当在每次工作完毕后清除。

（5）随时检查布袋的透气性能，一旦堵塞，当立即停机清洗干净后再使用，更换制粒品种时，需更换布袋。

（6）空气分布器上的孔板如发生堵塞，粉料流化时容易产生沟流现象，至流化不良，应及时清洗，保持畅通。

（7）空气过滤器当每 2 ~ 3 个月清洗或更换，防止堵塞造成进风量不足，影响流化。

（六）沸腾制粒机常见故障及排除

1. 沸腾状态不佳

（1）过滤器长时间未抖动，布袋上粉末吸附过多。处理方法：检查过滤器抖动气缸。

（2）沸腾高度过高，状态过激烈，床层负压高，粉末易吸附在袋滤器上。处理方法：调小风门，抖动袋滤器。

2. 排出空气中的细粉过多

（1）床层负压过高。处理方法：调节风门开启度。

（2）检查袋滤器破损。处理方法：更换滤袋。

3. 制得的颗粒不均匀

（1）雾化压缩空气压力偏小。处理方法：调大压缩空气压力或降低泵的电压调小液流量。

（2）喷嘴处有块状物堵塞。处理方法：排除块状物。

目标检测

一、单项选择题

1. 直接得到干燥颗粒的制粒设备是（ 　　）

　　A. 沸腾制粒机 　　　　　　　　　B. 高速搅拌制粒机

　　C. 干燥制粒机 　　　　　　　　　D. 以上都不是

2. 可以用于湿颗粒干燥的制粒设备是（ 　　）

　　A. 沸腾制粒机 　　　　　　　　　B. 高速搅拌制粒机

　　C. 干燥机 　　　　　　　　　　　D. 以上都是

3. V 型混合机混合速度快，在药厂应用广泛，最适宜填充量为（ 　　）

　　A. 10% 　　　　　B. 20% 　　　　　C. 30% 　　　　　D. 40%

4. 在药厂除用于混合粉料外，也常用于片剂的颗粒、丸块、软膏等的捏合或混合的设备是（ 　　）

　　A. V 型混合机 　　　　　　　　　B. 三维运动混合机

　　C. 槽型混合机 　　　　　　　　　D. 双螺旋锥形混合机

5. 双螺旋锥形混合机为一种高效粉体混合机，适用于（ 　　）固体药物粉末混合

　　A. 干燥的 　　　　　　　　　　　B. 干燥的、润湿的

　　C. 润湿的、黏性的 　　　　　　　D. 干燥的、润湿的、黏性的

6. 关于高速搅拌制粒机，下列说法错误的是（ 　　）

　　A. 可完成混合、制粒两个过程

　　B. 制备一批颗粒只需要 8～10 分钟

　　C. 所制备的颗粒均匀、结实、细粉量多

　　D. 可以制备各种粒径的颗粒

二、多项选择题

1. 湿法制粒包括（ 　　）

　　A. 转动制粒 　　　B. 高速混合制粒 　C. 喷雾制粒 　　　D. 以上均是

2. 关于沸腾制粒，下列说法正确的是（ 　　）

　　A. 可在同一设备内实现混合、制粒、干燥多种过程

　　B. 颗粒均匀、疏松、色差小、流动性好

  C. 制备过程在密闭制粒机内完成

  D. 以上都不是

3. V形混合机的主要结构包括（ 　　）

  A. 机座   B. 主动轴、从动轴

  C. 万向节   D. 混合筒

4. 湿法制粒制备颗粒剂的工艺过程中，需要用到的设备包括（ 　　）

  A. 粉碎设备   B. 筛分设备

  C. 混合设备   D. 沸腾制粒机

5. 沸腾制粒制备颗粒剂的工艺过程中，需要用到的设备包括（ 　　）

  A. 粉碎设备   B. 湿法制粒机

  C. 混合设备   D. 沸腾制粒机

6. 三维运动混合机的特点包括（ 　　）

  A. 混合均匀度高   B. 上料、出料方便

  C. 可实现自动化   D. 有利于减轻劳动强度

7. 槽型混合机主要结构包括（ 　　）

  A. 混合槽   B. S形搅拌桨   C. 固定轴   D. 螺旋搅拌桨

8. 双螺旋锥形混合机主要结构包括（ 　　）

  A. 锥形容器   B. 螺旋推进器   C. 减速器   D. 拉杆和出料阀

9. 高速搅拌制粒机主要由（ 　　）和动力系统等部件组成

  A. 制粒容器   B. 搅拌桨   C. 切割刀   D. 出料口

三、思考题

1. 三维运动混合机如何调节适合出料口位置？

2. 槽型混合机是如何工作的？

3. 高速搅拌制粒机有哪些优点？

4. 沸腾制粒机制得的颗粒不均匀时如何处理？

书网融合……

微课1   划重点   自测题

项目十六 胶囊剂设备

学习目标

知识要求

1. **掌握** 半自动胶囊充填机、全自动胶囊充填机、滴制式软胶囊机、滚模式软胶囊机的结构、工作原理及使用。

2. **熟悉** 胶囊剂的一般生产工艺过程；胶囊剂生产过程使用的设备。

3. **了解** 半自动胶囊充填机、全自动胶囊充填机、滴制式软胶囊机、滚模式软胶囊机的特点与应用。

能力要求

1. 学会按标准操作规程的要求使用半自动胶囊充填机、全自动胶囊充填机、滴制式软胶囊机、滚模式软胶囊机。

2. 学会半自动胶囊充填机、全自动胶囊充填机、滴制式软胶囊机、滚模式软胶囊机的维护保养，会判断和排除常见故障。

任务一 胶囊剂设备认知

胶囊剂是指原料药物或与适宜辅料填充于空心胶囊或密封于软质囊材中制成的固体制剂；主要供口服用，也有供直肠、阴道给药的胶囊以及可改变释药特征的缓释、控释胶囊。

一、硬胶囊剂生产工艺及设备

（一）硬胶囊剂的制备工艺

硬胶囊剂制备的一般工艺过程如下。

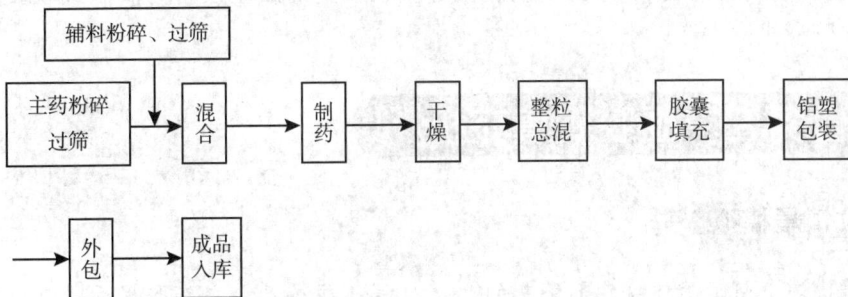

```
            辅料粉碎、过筛
                 │
                 ▼
主药粉碎  →  混  →  制  →  干  →  整粒  →  胶囊  →  铝塑
过筛         合     药     燥     总混     填充     包装

→  外  →  成品
   包     入库
```

图 16-1 硬胶囊剂制备工艺流程图

（二）硬胶囊剂生产设备

在硬胶囊剂生产的工艺过程中，需要用到的设备有粉碎设备、筛分设备、混合设备、制粒机、干燥机、整粒机、胶囊充填机、铝塑包装机、外包装机等。胶囊充填机是胶囊剂的成型设备，胶囊剂生产主要采用的胶囊充填机为半自动胶囊充填机和全自动胶囊充填机。

二、软胶囊剂生产工艺及设备

（一）软胶囊剂制备的工艺

1. 压制法制备软胶囊剂　一般工艺过程如下。

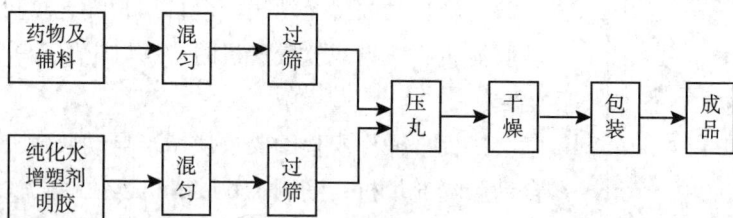

图 16-2　压制法制备软胶囊剂工艺流程图

2. 滴制法制备软胶囊剂　一般工艺过程如下。

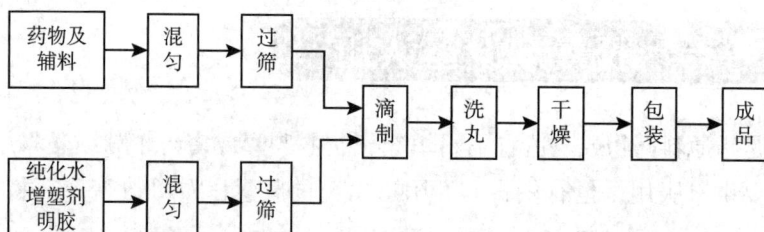

图 16-3　滴制法制备软胶囊剂工艺流程图

（二）软胶囊剂生产设备

软胶囊生产的工艺过程中，需要用到的设备有混合设备、筛分设备、滴制式软胶囊机或滚模式软胶囊机、干燥机、包装机等。软胶囊的成型设备为滴制式软胶囊机或滚模式软胶囊机。

任务二　硬胶囊填充机

岗位情景模拟

情景描述　阿莫西林胶囊剂填充的生产过程：按生产要求领取用于胶囊填充的阿莫西林颗粒，用全自动胶囊填充机进行充填，填充机在完成排囊、分离、填充、锁紧的过程中，频繁出现了胶囊体、帽分离不良的现象，工作人员还发现装量不够的现象，需要调整，未停机便直接进行了调整。生产结束，工作人员停机后清理了设备，填写了生产记录，结束工作。

讨论　1. 试述为什么会出现胶囊体、帽分离不良的现象？
2. 工作人员发现装量不够，未停机直接进行调整可以吗？
3. 工作人员在生产结束后清理了设备、填写了生产记录，是否就完成了所有工作？

硬胶囊剂是指将药物直接填充到空胶囊壳中而制成的制剂。制备硬胶囊剂所用设备有半自动胶囊填充机和全自动胶囊填充机。

一、半自动胶囊填充机

（一）半自动胶囊填充机的结构

半自动胶囊填充机主要由机座、电器控制系统、变频调速器、播囊装置、填充装置、锁紧装置组成。其结构如图16-4所示。

（二）半自动胶囊填充机的工作原理

半自动胶囊填充机是由机械动作完成空胶囊的排列、定向、囊帽囊身分离、药物填充和囊帽囊身锁紧等工序，而在各工序之间的连续过程则由人工辅助完成。

1. 空胶囊排列、定向　储料斗与供料斗之间，由一块可以上下调节的隔板分隔成两部分（图16-5）。将无序的胶囊投入储囊料斗，胶囊由胶囊储料斗滑入胶囊供料斗，调节隔板可以控制滑入胶囊的数量，以保证足够的胶囊顺利进入排囊板。

图16-4　半自动胶囊填充机

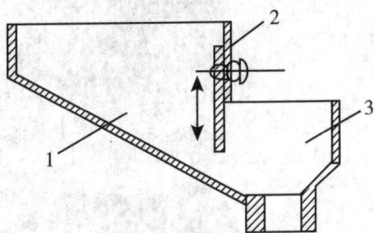

图16-5　料斗示意图
1. 储料斗；2. 隔板；3. 供料斗

胶囊由胶囊储料斗滑入胶囊供料斗，调节隔板可以控制滑入胶囊的数量，以保证足够的胶囊顺利地进入排囊板。排囊板是一个光滑的金属板，根据胶囊的型号，在其纵向开有一定数量、大小的光滑圆孔状排囊管。工作时，排囊板上下往复运动，使胶囊落入排囊管中。每个排囊管的下部都安装有一个卡囊簧片。当排囊板向上运行时，卡囊簧片将胶囊卡住，使胶囊无法下落；当排囊板向下运动时，有一固定撞块将卡簧向后旋转，使卡簧松开卡住的胶囊，胶囊落入送囊槽中。当排囊板再次上行，撞块脱离卡簧，卡簧复位，压住胶囊。排囊板每上下往复运动一次，每个排囊管落下一个胶囊，如图 16 - 6 所示。

图 16 - 6　排囊板示意图

由于在进入排囊管之前胶囊是无序的，所以进入排囊管中的胶囊囊帽在上方或在下方是无法确定。胶囊落入送囊槽，送囊槽的中部比胶囊帽略小。由于囊帽比囊身略大，因此送囊槽可夹住囊帽。当往复运动的推板向前推胶囊时，将胶囊推倒。胶囊被推至最前端，压囊爪向下压囊，爪尖压向胶囊的中间，囊身首先下落，所有胶囊完成定向，囊身向下，囊帽向上。随即压囊板将已定向的胶囊推离送囊槽（图 16 - 7）。在负压的作用下，胶囊囊身向下落入模具盘中，压囊板每推下一排胶囊后，模具盘转动一个角度，相邻一排空模具孔转到压囊板下方，准备接收胶囊，机器同时计数，当所有模孔全部装满后，停止播囊。

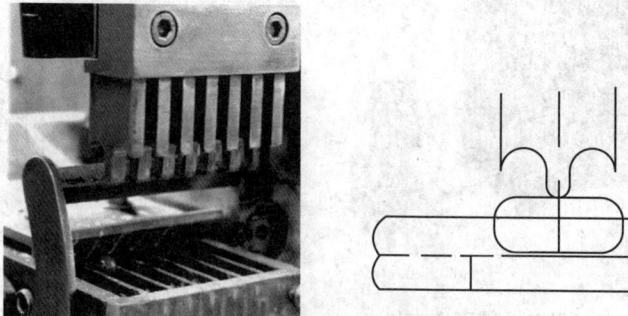

图 16 - 7　压囊爪定向

2. 空胶囊囊帽与囊身分离装置 当胶囊落入模具中后，上下模具均为台阶孔，上模具孔的台阶稍小于囊帽，大于囊身，下模具的台阶孔小于囊身。负压将囊帽和囊身抽开，囊帽被上模具孔的台阶挡住，留在上模具盘中，囊身则落入下模具盘，如图16-8所示。

图16-8 囊帽、囊身分离

3. 空胶囊填充装置 胶囊囊帽和囊身分别留在上、下模具盘中，上、下模具盘用手工分开，下模具盘送到填充装置处进行填充。粉料装在粉料斗中，料斗转到下模具盘上。料斗中装有的螺旋杆开始转动，粉料随螺旋杆转动下落装入胶囊中。下胶囊盘同时转动，使每颗囊身装满粉料。下胶囊盘转动一圈，所有的囊身都装满粉料，螺旋杆停止转动，料斗离开下模具盘。在料斗中同步转动的还有一个搅拌器，保证料斗中的粉料疏松，有足够的流动性，随螺旋杆下落的粉料量保持恒定。螺旋杆的型号可以根据粉料的性质进行选择，螺旋杆的转速与下胶囊盘的转速也可以根据需要的填充量进行调整。图16-9和图16-10所示为填充示意图。

图16-9 填充装置

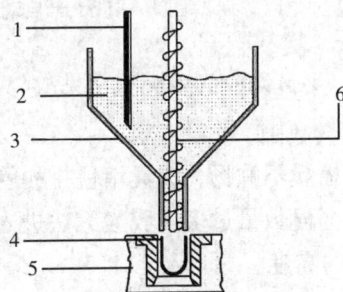

图16-10 填充示意图

1. 搅拌器；2. 物料；3. 料斗；

4. 囊身；5. 模具；6. 加料桨

4. 胶囊锁紧装置 料斗离开下模具盘后，上模具盘盖到下模具盘上，上下孔对准，上下模具盘同时被拿到胶囊锁紧机构处。上模具盘靠紧顶针盘盖，顶针盘的顶针插入下模具的孔中。踩动气动脚阀，顶针将囊身推入囊帽中，将胶囊锁紧。最后，推动模具盘，利用顶针将锁紧的胶囊从模具盘中顶出，从出料口流出。

（三）半自动胶囊填充机的使用

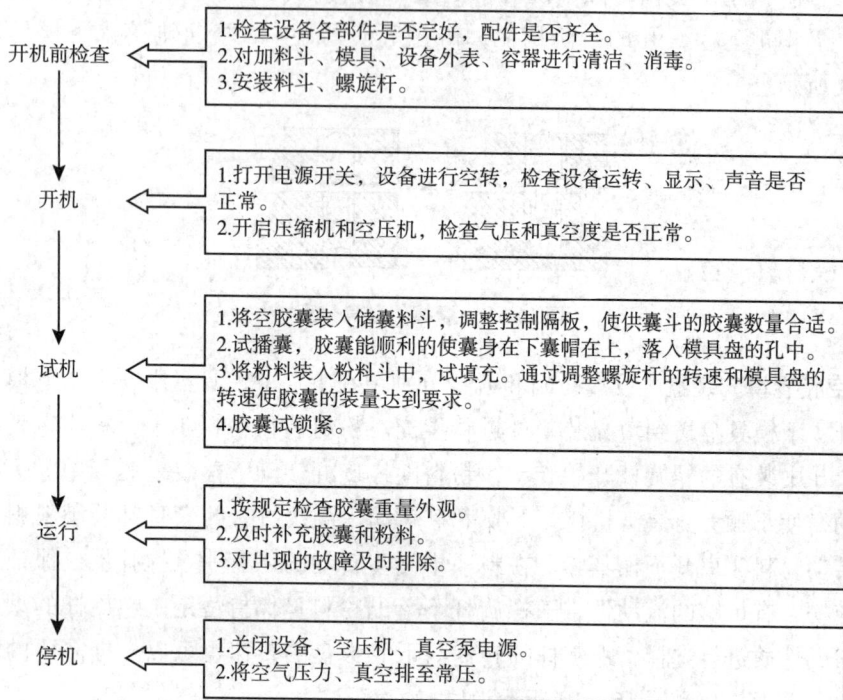

```
开机前检查  ←  1.检查设备各部件是否完好，配件是否齐全。
                2.对加料斗、模具、设备外表、容器进行清洁、消毒。
                3.安装料斗、螺旋杆。

      ↓

开机       ←   1.打开电源开关，设备进行空转，检查设备运转、显示、声音是否
                  正常。
                2.开启压缩机和空压机，检查气压和真空度是否正常。

      ↓

试机       ←   1.将空胶囊装入储囊料斗，调整控制隔板，使供囊斗的胶囊数量合适。
                2.试播囊，胶囊能顺利的使囊身在下囊帽在上，落入模具盘的孔中。
                3.将粉料装入粉料斗中，试填充。通过调整螺旋杆的转速和模具盘的
                  转速使胶囊的装量达到要求。
                4.胶囊试锁紧。

      ↓

运行       ←   1.按规定检查胶囊重量外观。
                2.及时补充胶囊和粉料。
                3.对出现的故障及时排除。

      ↓

停机       ←   1.关闭设备、空压机、真空泵电源。
                2.将空气压力、真空排至常压。
```

图 16 – 11　半自动胶囊填充机的使用操作流程图

（四）半自动胶囊填充机常见故障及排除

1. 播囊故障

（1）播囊不顺畅，废囊堵住排囊管。处理方法：剔除废囊。

（2）播囊数量过多或胶囊无法进入送囊槽。处理方法：调整问题排囊管的卡簧片，调整撞块的高度。

2. 胶囊帽、囊身分离故障　负压压力不够。处理方法：检查真空系统。

3. 锁紧故障　无法锁紧，或过紧，出现叉口或凹顶。处理方法：调整压缩空气，使压缩空气的压力达到合适要求。

你知道吗

半自动胶囊填充机填充速度快，将空胶囊的整理、囊帽囊身的分离、胶囊的填充在同一台机器上完成。适合于小型药厂、保健品厂小批量生产，也适合于科研单位的中试生产和学校教学使用。

二、全自动胶囊填充机 🅔 微课

（一）全自动胶囊填充机的结构

全自动胶囊填充机由机座、电控系统、主工作盘和模具等构成（图 16 – 12）。在主

工作盘四周装有胶囊料斗、播囊装置、旋转工作台、药物料斗、充填装置、胶囊扣合装置、胶囊导出装置。传动及电控位于转盘下的机箱内。

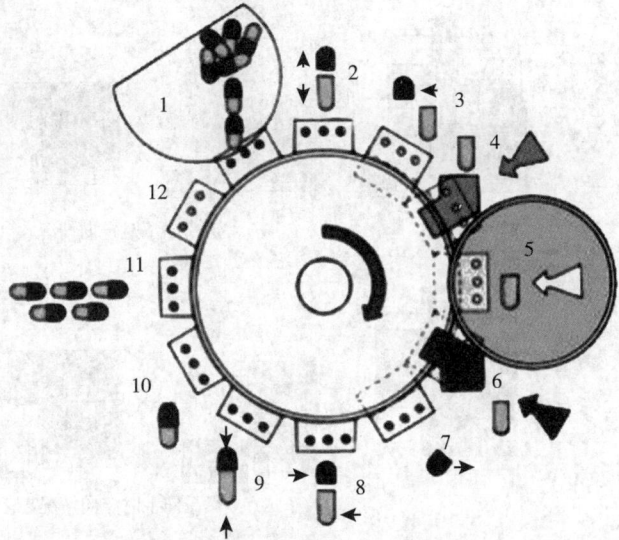

图 16－12　全自动胶囊填充机

图 16－13　填充工位示意图

1. 送囊；2～3. 分囊；4～6. 填充药物；7. 剔除废品；
8～10. 合囊；11. 成品胶囊排出；12. 吸尘清洁

（二）全自动胶囊填充机的工作原理

全自动胶囊填充机，不需要人工加以任何辅助动作，填充机可自动完成排囊、分离、填充、锁紧等工作。

在填充机工作台上装有一个主工作盘，工作盘转动可带动胶囊模具周向转动。围绕主工作盘设有空胶囊排列、定向装置、拔囊、剔除废囊、填充、锁紧、出料、清洁等装置。各装置按照设定的工作运动方式进行相应的工作，最终完成胶囊的制备（图 16－13）。

1. 空胶囊排列与定向装置　全自动胶囊填充机胶囊的排列方法和半自动胶囊填充机是一样的，通过排囊板将胶囊送到送囊槽中。由于送囊槽的宽度略大于胶囊体身的直径而略小于胶囊帽的直径，这样送囊槽可夹住胶囊帽，而不会夹住胶囊身。当水平往复运动的推爪尖向前推向胶囊的中间，随着推爪向前的推动，就发生了胶囊的调头运动，不受夹力的囊身便被推向了前面，并被水平推到送囊槽的前端。垂直运动的压爪再压向胶囊的中间，使胶囊身向下再翻转 90°并垂直推到模具孔中（图 16－14）。

2. 空胶囊囊帽、囊身分离装置　空胶囊囊帽、囊身的分离方式同半自动胶囊填充机类似，利用真空将囊帽和囊身分离。当主工作盘上的模具受到已定向胶囊之后，随即转拔囊位，真空气孔与模具板的下表面贴紧，真空接通。同步上升的有顶杆伸入模具的孔中，使顶杆与气孔之间形成一个环隙，以减少真空空间，加强拔囊效果。同半自动胶囊填充机类似，上下模具均为台阶孔，上模具孔的台阶稍小于囊帽，大于囊身，下模具孔小于囊身。负压将囊帽和囊身抽开，囊帽被上模具孔的台阶挡住，留在上模具中，囊身则落入下模具（图 16 - 15）。

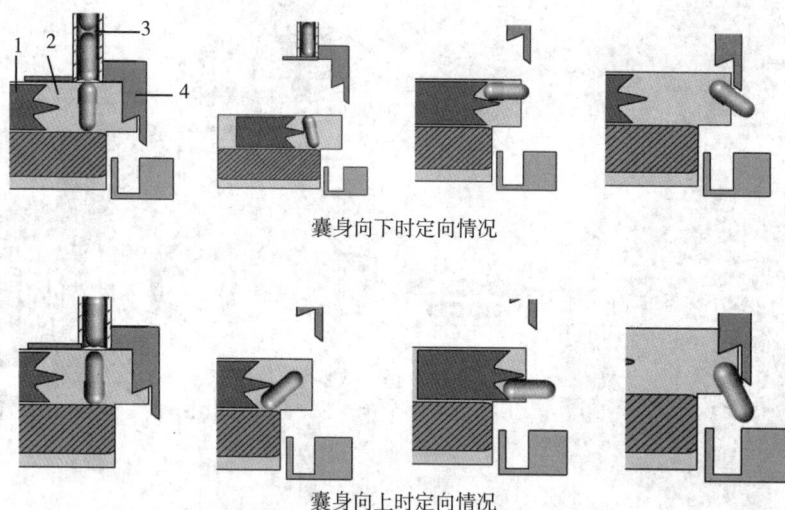

囊身向下时定向情况

囊身向上时定向情况

图 16 - 14 空胶囊排列、定向原理示意图
1. 推爪；2. 送囊槽；3. 排囊板；4. 压爪

未接真空前　　　　接真空后

图 16 - 15 空胶囊囊帽、囊身分离示意图
1. 上囊模板；2. 下囊模板；3. 真空气体分配板；4. 顶杆

3. 填充和送粉装置　胶囊的囊身和囊帽分离后，上下模具随即错开。下模具向外伸出，将囊身送到填充装置处填充。为使药物粉料定量地填充到囊身中，填充装置分为计量填充和送粉两部分。国内目前常用的 NJP 系列全自动胶囊填充机的计量填充装置采用模板式计量装置（图 16 - 16）。药粉盒是由计量盘和粉盒圈组成，工作时装有药粉的药粉盒做间歇转动。计量模板上开有六组孔，这些孔称为计量杯，计量杯的上方有冲杆，冲杆在同一位置上下往复运动。当冲杆自模孔中抬起上升离开计量杯后，药粉盒转动一个角度，粉盒中的药粉将模孔填满；当冲杆回落下压冲入计量杯时，即压入下一组相同位次的计量杯中，计量模孔中的药粉被各组冲杆压实。粉盒转动一次，填充一次，冲杆压实一次，共压实 5 次；到第 6 组冲杆向下压，计量模板下方的托板在此处有一缺口，第 6 组冲杆下压将计量杯中的药粉柱压出计量模板，落入等在下边的空胶囊身，完成一次填充。在第 6 组冲杆位置上还有一个不运动的刮粉器（刮粉器与计量模板之间有 0.1mm 间隙），将模板表面上的多余药粉刮除，第 6 组冲杆位置不再增加药粉，保证药粉的计量的准确。

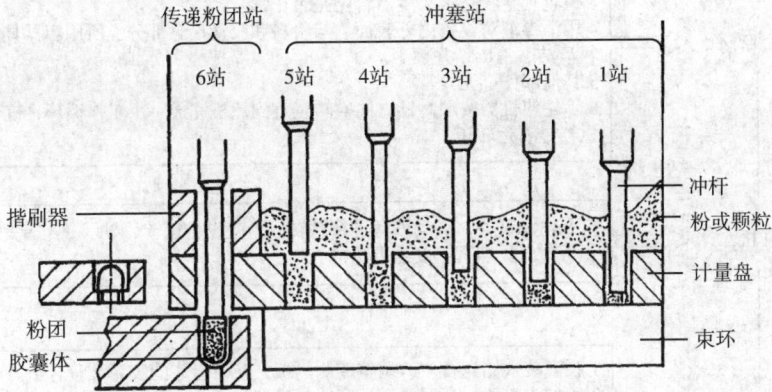

图 16-16 模板式计量装置原理示意图

模板式计量装置的准确性受药粉盒中粉料层的高低变化影响很大，要保持粉料层的高度的相对恒定，需要不断地向药粉盒内补充所消耗的药粉。在粉盒上方设有送粉机构。送粉机构的结构类似半自动胶囊填充机的填充机构，由储料桶及输送器组成。药粉储料桶多置于机器的高位，在储料桶内有一低速转动的搅拌桨，保证粉料的流动性。底部出料管中装有一螺旋杆，转动出料。当药粉盒内粉层降低一定高度后，设备自动开启旋转螺旋杆，把药粉输送到粉盒，粉层达到一定高度后，螺旋杆停机，停止送粉。

4. 剔除废囊装置 某些空胶囊在拔囊时，囊身和囊帽无法分离，空胶囊就整体一直挂在上模具中，在囊帽、囊身锁紧前需将此胶囊剔除。在剔除位上，上下模具之间有一个可以上下往复运动的顶杆架。当模具停止在此位置时，顶杆架上升，顶杆架上的顶杆插入上模具孔中，如果模具孔中有完整的空胶囊时，空胶囊就被上行顶杆顶出上模具。

5. 胶囊锁紧装置 空胶囊剔除后，随着主工作盘的转动，伸出的上模具收回，上下模具重合，停在锁紧位置。锁紧顶杆上行，伸入下模具孔中顶住胶囊体底部，顶杆上升，使胶囊帽、胶囊身锁紧。

6. 出囊装置 当模具停在出囊位时，出料顶杆上升，插入下模具孔，将胶囊顶出囊板孔。

7. 模具清洁装置 当模具停在清洁位时，位于上方的真空吸尘口将模具孔中粉末、碎囊抽走，清洁模具。

（三）全自动胶囊填充机的使用

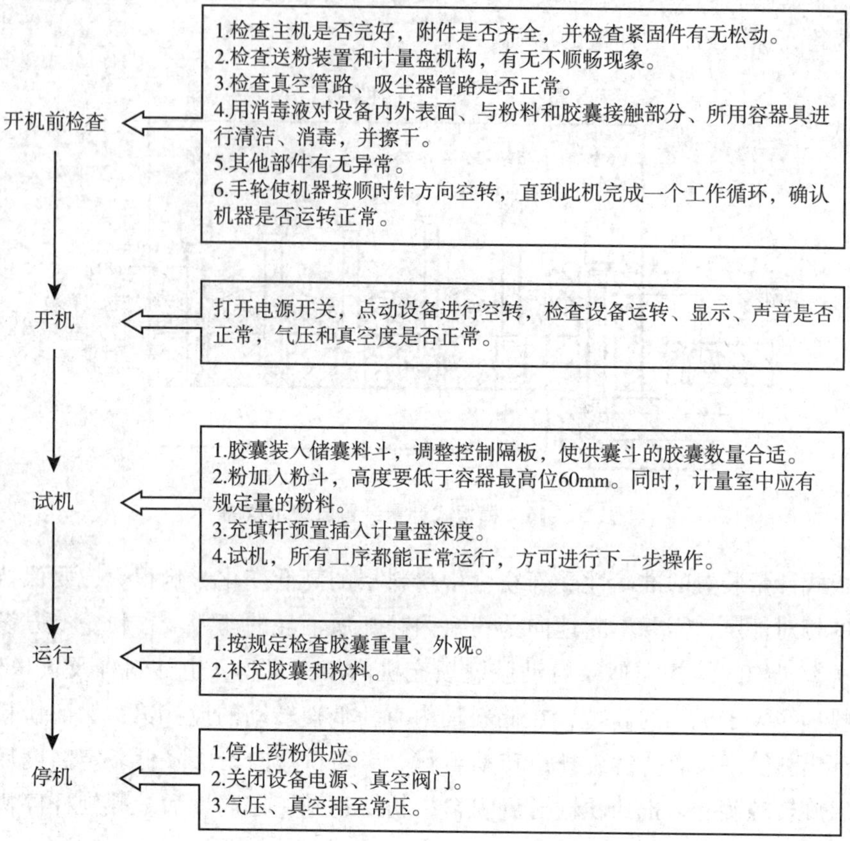

开机前检查 ←

> 1.检查主机是否完好，附件是否齐全，并检查紧固件有无松动。
> 2.检查送粉装置和计量盘机构，有无不顺畅现象。
> 3.检查真空管路、吸尘器管路是否正常。
> 4.用消毒液对设备内外表面、与粉料和胶囊接触部分、所用容器具进行清洁、消毒，并擦干。
> 5.其他部件有无异常。
> 6.手轮使机器按顺时针方向空转，直到此机完成一个工作循环，确认机器是否运转正常。

开机 ←

> 打开电源开关，点动设备进行空转，检查设备运转、显示、声音是否正常，气压和真空度是否正常。

试机 ←

> 1.胶囊装入储囊料斗，调整控制隔板，使供囊斗的胶囊数量合适。
> 2.粉加入粉斗，高度要低于容器最高位60mm。同时，计量室中应有规定量的粉料。
> 3.充填杆预置插入计量盘深度。
> 4.试机，所有工序都能正常运行，方可进行下一步操作。

运行 ←

> 1.按规定检查胶囊重量、外观。
> 2.补充胶囊和粉料。

停机 ←

> 1.停止药粉供应。
> 2.关闭设备电源、真空阀门。
> 3.气压、真空排至常压。

图 16 – 17　全自动胶囊机的使用操作流程图

（四）全自动胶囊填充机的维护保养

（1）定期清理设备内外部清洁，内部各传动机构必须清洁干净，定期清洗。

（2）按照设备保养要求，在规定的时间向各传动零部件、传动机构加注润滑油脂。

（3）定期检查传动链条的松紧度，如有松动，及时调整。

（五）全自动胶囊机常见故障及排除

1. 播囊不顺畅　废囊堵住排囊管。处理方法：剔除废囊。

2. 胶囊不能入送囊槽中　处理方法：调整卡囊弹簧开合时间。

3. 胶囊不能入模具孔中　处理方法：调整推囊爪及压囊爪位置。

4. 胶囊体、帽分离不良

（1）底部顶杠、模具位置不对。处理方法：调整顶杆、模具的位置。

（2）负压压力不够。处理方法：检查真空系统。

5. 突然停机

（1）料斗粉用完。处理方法：添加药粉。

（2）料斗出料口受阻。处理方法：排出异物。

你知道吗

全自动胶囊填充机能自动完成播囊、分离、充填、剔废、锁紧、成品出料、模块清理等动作。配备不同规格的模具，可以生产不同型号的胶囊制剂，广泛应用于药品的生产。

任务三 软胶囊设备

软胶囊剂（又称胶丸），指将一定量的药液、糊状物、粉料加适宜的辅料密封于各种形状的软质囊材中制成的剂型。制备软胶囊剂的方法常用的有滴制法和滚模压制法；所用设备分别为滴制式软胶囊机和滚模式软胶囊机。

一、滴制式软胶囊机

（一）滴制式软胶囊机的结构

滴制式软胶囊机主要由药液储存槽、明胶储存槽、定量控制装置、喷头、冷却装置、电器控制系统等部分组成。如图 16 - 18 所示。

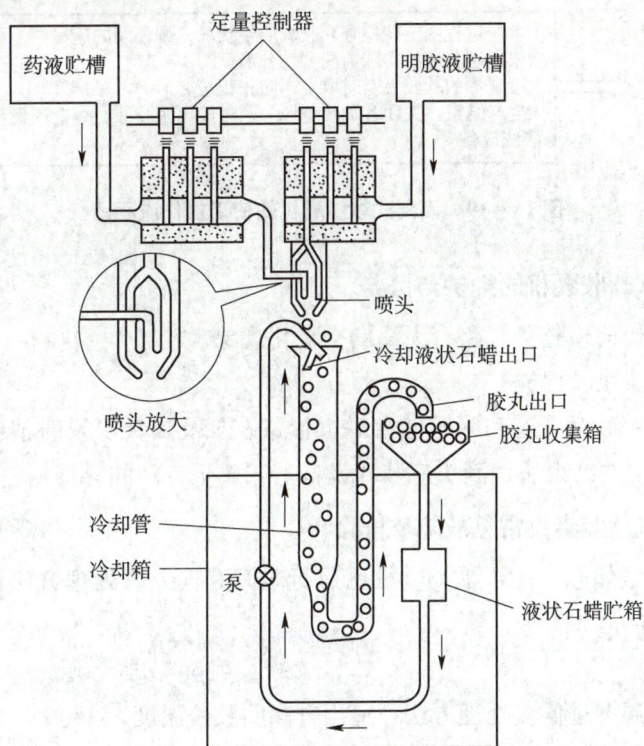

图 16 - 18 滴制式软胶囊机滴制原理示意图

（二）滴制式软胶囊机的工作原理

首先，明胶、水、甘油和其他添加剂加热熔化成明胶液，放到明胶储存槽中。明胶储存槽外有加热保温装置，使储存槽中的胶液的温度保持在 50~60℃。将配制好的药液放到药液储存槽中，通过各自的定量控制装置将药液和明胶液同步打入喷头。从明胶液和药液打入喷头的时间和顺序的控制上看，明胶先打入喷头，从喷头的外侧喷出。由于表面张力作用，明胶形成一个球面，随后药液打入喷头，从喷头中心与外侧的明胶液一起喷出，当药液喷完后，明胶液再结束喷出。药液全部被包裹在明胶液中滴入冷却液，在表面张力的作用下由液滴状变成圆球状冷却凝固。

（三）滴制式软胶囊机的使用

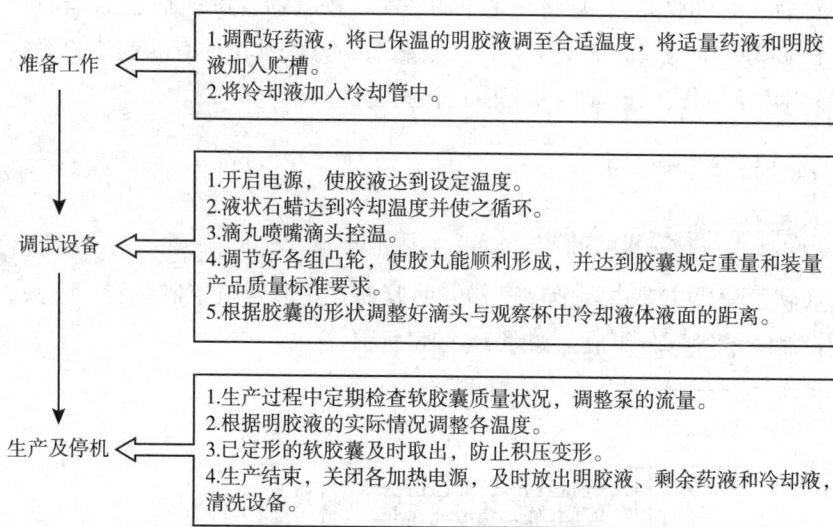

准备工作 ← 1.调配好药液，将已保温的明胶液调至合适温度，将适量药液和明胶液加入贮槽。
2.将冷却液加入冷却管中。

调试设备 ← 1.开启电源，使胶液达到设定温度。
2.液状石蜡达到冷却温度并使之循环。
3.滴丸喷嘴滴头控温。
4.调节好各组凸轮，使胶丸能顺利形成，并达到胶囊规定重量和装量产品质量标准要求。
5.根据胶囊的形状调整好滴头与观察杯中冷却液体液面的距离。

生产及停机 ← 1.生产过程中定期检查软胶囊质量状况，调整泵的流量。
2.根据明胶液的实际情况调整各温度。
3.已定形的软胶囊及时取出，防止积压变形。
4.生产结束，关闭各加热电源，及时放出明胶液、剩余药液和冷却液，清洗设备。

图 16 - 19　滴制式软胶囊机的使用操作流程图

（四）滴制式软胶囊机的维护与保养

（1）每班开机前检查各管路有无渗漏、老化现象。

（2）定期检查泵，保养。

（3）生产结束后对药液和明胶储存罐、管路、泵及滴头要及时清洗。清洗时应注意保护好滴头。清洗结束后，滴头应装回设备上或放至专门的容器内。

（五）滴制式软胶囊机常见故障及排除

1. 胶丸破损或偏心　柱塞泵三个柱塞运行时间有偏差。处理方法：调整各组偏心轮，使之相互配合正常。

2. 胶丸串联

（1）明胶液温度过低。处理方法：适当升高明胶液温度。

（2）柱塞泵渗漏。处理方法：更换柱塞或偏心轮。

3. 胶丸拖尾　滴头高度过低或冷却液温度过低。处理方法：做相应调整。

4. 胶丸不圆整 滴头高度过高或冷却液温度过低。处理方法：做相应调整。

你知道吗

滴制法制备胶囊设备生产的胶囊剂又称为无缝胶囊，具有装量准确、自动化程度高、占地面积小、操作简单、容易控制、生产成本低等特点，几乎不产生废胶，被广泛应用于药品、保健品、食品、化妆品等行业的软胶丸生产。

二、滚模式软胶囊机

（一）滚模式软胶囊机的结构

滚模式制备软胶囊剂主要由胶皮成型装置、软胶囊成型装置、药液计量装置、输送装置等组成。如图 16-20 至图 16-22 所示。

图 16-20 滚模式软胶囊机

图 16-21 滚模

（二）滚模式软胶囊机的工作原理

如图 16-22 所示，配制好明胶液并真空脱气后，放至保温胶桶保温。使用时，用洁净的压缩空气通过保温导管压入明胶盒。明胶盒的电热棒加热，明胶保持流动性较好的液状，并通过明胶盒底部可调节的缝隙流至下面的胶皮轮上，通过调节胶盒的缝隙控制胶液流下的量和胶皮的厚度。胶皮轮匀速转动，明胶形成厚薄均匀的明胶皮；胶皮轮保持低温，可对明胶皮进行冷却，并有干燥的冷风对胶皮冷却、干燥。明胶膜在胶皮轮上旋转接近 1 周后，明胶膜形成胶带，脱离胶皮轮，进入油辊系统，对胶皮两面涂布可食用的润滑油，使胶皮表面光滑，以保证软胶囊形成过程中不会粘结在模具和喷体上。最后，明胶皮送入喷体与左右模具之间。胶皮和喷体贴合良好，呈密闭状态，空气无法进入。同时，安装在喷体上的加热棒加温，使明胶皮恢复了黏合性。运行中，喷体不动，一对滚模同步转动。当滚模转到凹槽与楔形喷体喷药孔对准时，药液泵将药液从喷药孔打出，药液将变软的胶皮挤胀到凹槽底，由于凹槽底有气孔，胶皮能胀满凹槽。随着药液的喷出、胶皮的挤涨，滚模不断地转动，凹槽周边的凸台对胶皮挤压，使周边的胶皮粘黏并切割。成型的胶囊从胶皮上脱落。

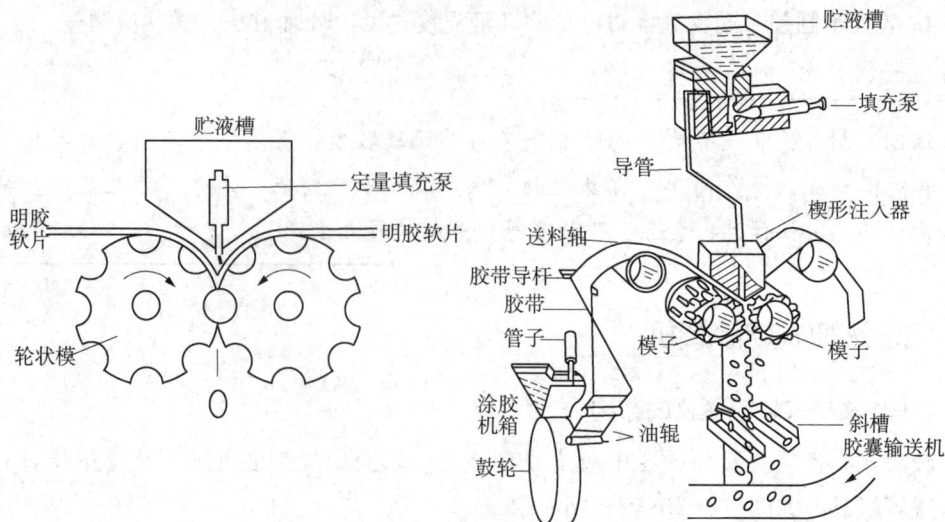

图 16 – 22　滚模式软胶囊机结构及工作原理图

（三）滚模式软胶囊机的使用

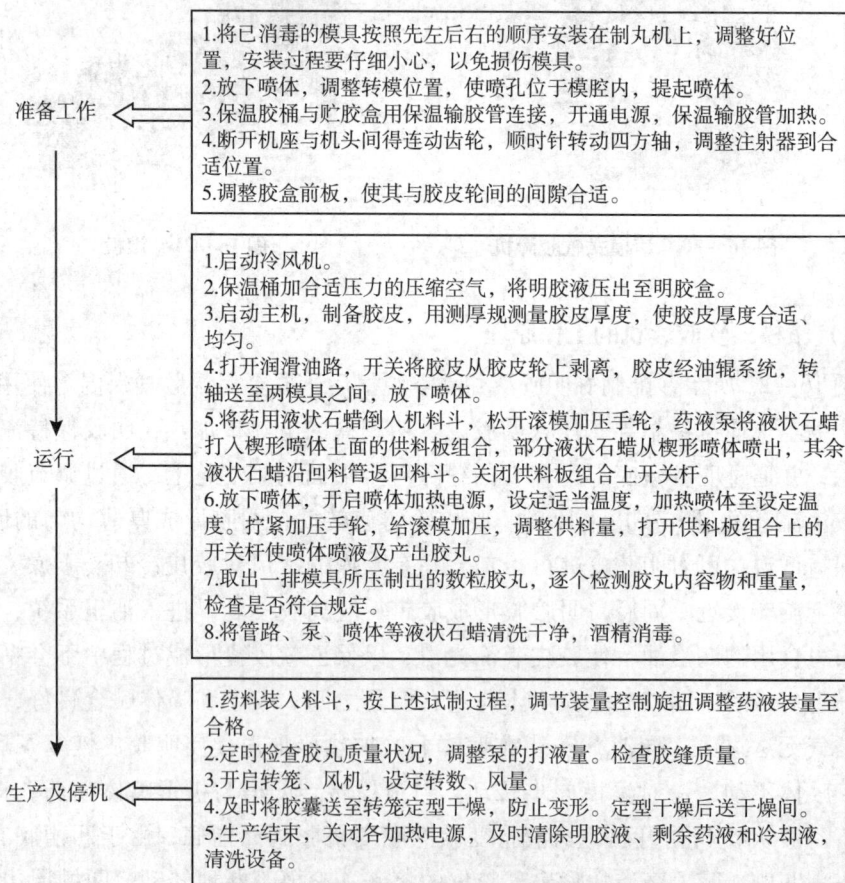

准备工作

1.将已消毒的模具按照先左后右的顺序安装在制丸机上，调整好位置，安装过程要仔细小心，以免损伤模具。
2.放下喷体，调整转模位置，使喷孔位于模腔内，提起喷体。
3.保温胶桶与贮胶盒用保温输胶管连接，开通电源，保温输胶管加热。
4.断开机座与机头间得连动齿轮，顺时针转动四方轴，调整注射器到合适位置。
5.调整胶盒前板，使其与胶皮轮间的间隙合适。

运行

1.启动冷风机。
2.保温桶加合适压力的压缩空气，将明胶液压出至明胶盒。
3.启动主机，制备胶皮，用测厚规测量胶皮厚度，使胶皮厚度合适、均匀。
4.打开润滑油路，开关将胶皮从胶皮轮上剥离，胶皮经油辊系统，转轴送至两模具之间，放下喷体。
5.将药用液状石蜡倒入机料斗，松开滚模加压手轮，药液泵将液状石蜡打入楔形喷体上面的供料板组合，部分液状石蜡从楔形喷体喷出，其余液状石蜡沿回料管返回料斗。关闭供料板组合上开关杆。
6.放下喷体，开启喷体加热电源，设定适当温度，加热喷体至设定温度。拧紧加压手轮，给滚模加压，调整供料量，打开供料板组合上的开关杆使喷体喷液及产出胶丸。
7.取出一排模具所压制出的数粒胶丸，逐个检测胶丸内容物和重量，检查是否符合规定。
8.将管路、泵、喷体等液状石蜡清洗干净，酒精消毒。

生产及停机

1.药料装入料斗，按上述试制过程，调节装量控制旋钮调整药液装量至合格。
2.定时检查胶丸质量状况，调整泵的打液量。检查胶缝质量。
3.开启转笼、风机，设定转数、风量。
4.及时将胶囊送至转笼定型干燥，防止变形。定型干燥后送干燥间。
5.生产结束，关闭各加热电源，及时清除明胶液、剩余药液和冷却液，清洗设备。

图 16 – 23　滚模式软胶囊机的使用操作流程图

（四）滚模式软胶囊机的维护与保养

（1）每次检查设备各部件的润滑、紧固情况，发现问题及时维修或报修。

（2）定期检查、检定各温度表的准确性。

（3）供料泵中的液状石蜡应定期更换。

（五）滚模式软胶囊机常见故障及排除

1. 喷体漏液　接头、垫片破损、老化。处理方法：更换接头、垫片。

2. 胶皮质量出现问题

（1）胶液过于黏稠，造成胶皮厚度不稳定。处理方法：更换胶液。

（2）胶盒漏液口出现损坏，造成胶皮不平整。处理方法：更换胶盒损坏挡板。

（3）胶皮轮损坏或有异物，造成胶皮有斑点。处理方法：清洁胶皮轮或维修更换胶皮轮。

（4）胶液温度过高，胶皮轮、干燥风温度过高，胶皮润滑不良均会造成胶皮粘黏。处理方法：可根据具体情况调整温度，加强润滑。

3. 胶丸夹缝质量问题　胶皮质量问题、温度过低，转模模腔未对准转，转模压力过小，喷体温度过低或损坏，均会造成夹缝质量不好或漏液。处理方法：可视具体情况调整，维修，更换。

4. 胶囊中有气泡

（1）气体随液料进入胶囊。处理方法：可视情况去除液料中气体或更换液料管路的密封件。

（2）气体在喷注时进入胶囊。处理方法：可检查胶皮质量是否正常，喷体位置是否正确、有无变形，并进行调整、维护。

5. 胶囊畸形　两片胶皮厚薄不一致或太薄，转模模腔未对准转，内容物不合适。处理方法：据检查情况调整。

6. 胶囊装量不准　有气体进入胶囊，供料泵供料不准。处理方法：根据原因解决气泡问题，重新调整供料泵或更换柱塞。

你知道吗

滚模式软胶囊机即压制法制备的软胶囊称为有缝胶囊。该制法产量大、自动化程度高、成品率高、计量准确，可压制各种装量和形状的胶囊。

目标检测

一、单项选择题

1. 半自动胶囊填充机是由机械动作完成空胶囊的排列、定向、囊帽囊身分离、药物填充和囊帽囊身锁紧等工序，而在各工序之间的连续过程则由（　　）完成

A. 机器自动　　B. 人工辅助　　C. 辅助设备　　D. 附属设备

2. 自动胶囊填充机，不需要人工加以任何辅助动作，填充机可自动完成（　　）等工作
    A. 排囊、分离、填充、闭合　　　　　B. 排囊、切割、填充、锁紧
    C. 排囊、分离、填充、锁紧　　　　　D. 填囊、分离、填充、锁紧

3. 全自动胶囊填充机工作时，如出现胶囊体、帽分离不良，可能是因为（　　）
    A. 底部顶杠、模具位置不对　　　　　B. 卡囊弹簧开合时间不对
    C. 料斗出料口受阻　　　　　　　　　D. 囊爪及压囊爪位置不合适

4. 滴制式软胶囊机主要由（　　）等部分组成
    A. 药液及明胶储存槽、定量控制装置、喷头、冷却装置、电器控制系统
    B. 药液储存槽、定量控制装置、喷头、冷却装置、电器控制系统
    C. 明胶储存槽、定量控制装置、喷头、冷却装置、电器控制系统
    D. 药液储存槽、明胶储存槽、定量控制装置、喷头、电器控制系统

5. 滴制式软胶囊机工作时，胶丸串联是因为（　　）
    A. 柱塞泵三个柱塞运行时间有偏差
    B. 滴头高度过低
    C. 明胶液温度过低
    D. 滴头高度过高

6. 滴制法制备胶囊设备生产的胶囊又称（　　）
    A. 无缝胶囊　　　B. 有缝胶囊　　　C. 滴丸　　　　　D. 胶丸

7. 滚模式软胶囊机喷体漏液可能是因为（　　）
    A. 接头、垫片破损、老化　　　　　　B. 胶皮质量出现问题
    C. 胶丸夹缝质量问题　　　　　　　　D. 胶囊中有气泡

8. 滚模式软胶囊机即压制法制备的软胶囊称为（　　）
    A. 无缝胶囊　　　B. 有缝胶囊　　　C. 滴丸　　　　　D. 胶丸

9. 滚模式软胶囊机工作时，出现胶囊畸形的原因可能是（　　）
    A. 两片胶皮厚薄不一致　　　　　　　B. 胶皮太薄
    C. 转模模腔未对准　　　　　　　　　D. 以上均有可能

二、多项选择题

1. 胶囊机包括（　　）
    A. 半自动胶囊填充机　　　　　　　　B. 全自动胶囊填充机
    C. 滴制式软胶囊机　　　　　　　　　D. 滚模式软胶囊机

2. 以下为软胶囊成型设备的是（　　）
    A. 半自动胶囊填充机　　　　　　　　B. 全自动胶囊填充机
    C. 滴制式软胶囊机　　　　　　　　　D. 滚模式软胶囊机

3. 下列关于半自动胶囊填充机的说法，正确的是（　　）
    A. 填充速度快

B. 空胶囊的整理、囊帽囊身的分离、胶囊的填充在同一台机器上完成

C. 适合于小型药厂

D. 适合于保健品厂小批量生产

4. 全自动胶囊填充机主要由（　　　）等构成

A. 机座　　　　　　B. 电控系统　　　　C. 主工作盘　　　D. 模具

5. 关于全自动胶囊填充机，下列说法正确的是（　　　）

A. 自动完成播囊、分离、充填、剔废、锁紧、成品出料、模块清理等动作

B. 配备不同规格的模具，可以生产不同型号的胶囊制剂

C. 需要人工辅助完成部分动作

D. 可以生产软胶囊

6. 滚模式制备软胶囊机主要由（　　　）等组成

A. 胶皮成型装置　　　　　　　　B. 软胶囊成型装置

C. 药液计量装置　　　　　　　　D. 输送装置

三、思考题

1. 试写出硬胶囊剂制备的一般工艺过程。

2. 全自动胶囊填充机由哪些装置组成？

3. 滴制式软胶囊机有哪些优点？

4. 滚模式软胶囊机工作时出现胶丸夹缝质量问题，如何处理？

书网融合……

ⓔ 微课　　　　📝 划重点　　　　📄 自测题

PPT

项目十七 片剂设备

学习目标

知识要求

1. **掌握** 旋转式压片机、高速压片机、普通包衣锅、高效包衣机的结构、工作原理及使用。

2. **熟悉** 片剂的一般生产工艺过程；片剂生产过程使用的设备。

3. **了解** 不同压片机、包衣机的特点与应用。

能力要求

1. 学会按标准操作规程的要求使用压片机、包衣机。

2. 学会压片机、包衣机的维护保养，会判断和排除常见故障。

任务一 片剂设备认知

岗位情景模拟

情景描述 碳酸钙片的生产过程：碳酸钙粉末、淀粉、糊精、滑石粉、硬脂酸镁均过筛，称取淀粉，用冲浆法制备粘合剂并过筛，粘合剂与碳酸钙、淀粉及糊精混合制成符合要求的软材，再制成湿颗粒，颗粒经干燥、整粒后进行压片，经包衣机进行包衣，经内包、外包最后入库，完成整个生产过程。

讨论 1. 试述碳酸钙片的生产工艺流程。

2. 碳酸钙片的生产要用到哪些设备？片剂生产的成型设备是什么？

3. 碳酸钙片和板蓝根颗粒的生产工艺有什么异同？

4. 包衣机有哪几种类型？

片剂是指原料药物与适宜的辅料混合制成的圆形或异形的片状固体制剂。

一、片剂生产工艺

片剂生产的一般工艺过程如下。

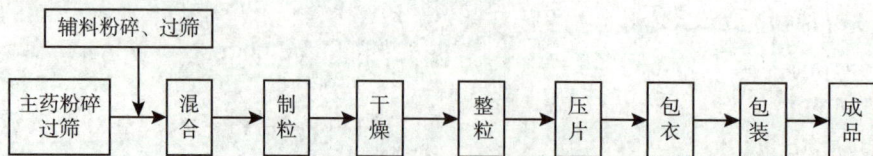

图 17-1 片剂工艺流程图

二、片剂生产设备

在片剂生产的工艺过程中，需要用到的设备有粉碎设备、筛分设备、混合设备、制粒机、干燥机、整粒机、压片机、包衣机、包装机等。压片机是片剂的成型设备，片剂生产主要采用的压片机有旋转式压片机和高速压片机。另外大部分片剂成型后，需要进行包衣，包衣工艺常用的包衣机有普通包衣锅和高效包衣机。

任务二　压片机

压片机的类型有多种，最初使用的是单冲压片机，现在使用的有旋转式压片机、高速压片机。

一、旋转式压片机 微课

根据冲模数量的不同，旋转式压片机有多种类型，包括 8 冲、16 冲、19 冲、25 冲、33 冲、55 冲等；多少冲的压片机就有多少副冲模，如 8 冲的旋转式压片机就有 8 副冲模。按流程来说，旋转式压片机有单流程和双流程两种（图 17 - 2，图 17 - 3）。单流程的有一套压轮，即上、下压轮各一个，加料斗、刮粉器、充填调节器和压力调节器等各一套；双流程的有两套压轮，即上、下压轮各两个，加料斗、刮粉器、充填

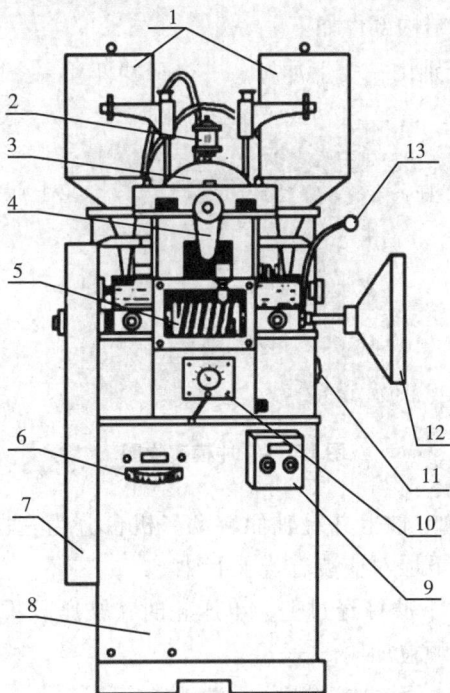

图 17 - 2　压片机结构示意图（ZP - 33 型）

1. 加料筒；2. 润滑油杯；3. 上压轮安全调节装置；4. 摇臂；5. 蜗杆；6. 调速手轮；7. 无级变速轮；
8. 机架；9. 电器控制器；10. 片厚调节装置；11. 充填调节旋钮；12. 手轮；13. 离合器手柄

调节器和压力调节器等各两套，分别装于对称位置，机台每转动一圈，每付冲压两个药片。因此，双流程旋转式压片机的生产效率高，且压片时其载荷分布好，电机、传动机构处于更稳定的工作状态。通常情况下，25 冲以上的压片机都为双流程形式。各型旋转式压片机的工作过程是相同的。

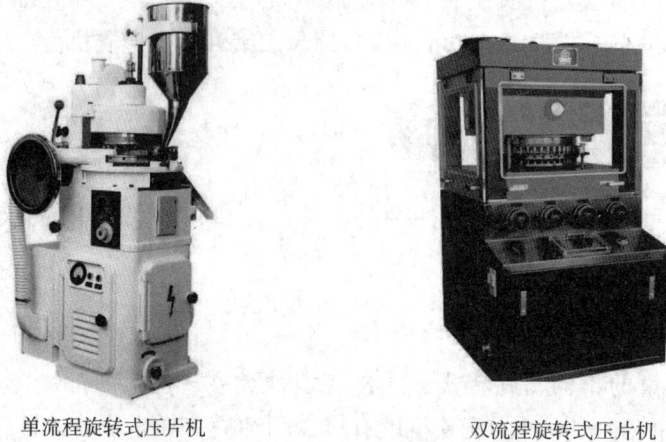

单流程旋转式压片机　　　　　双流程旋转式压片机

图 17 - 3　旋转式压片机实物图

（一）旋转式压片机的结构

旋转式压片机的主要结构部件如下。

1. 冲模　一副冲模分别由一个上冲杆、一个下冲杆和一个中模组成。

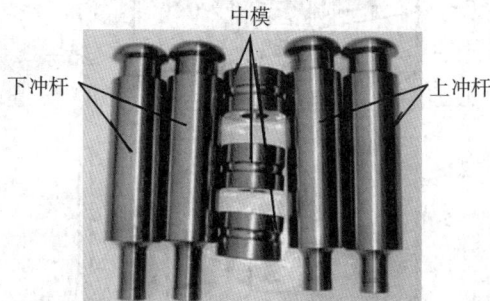

图 17 - 4　冲模实物图

2. 机台　装于机器的中轴上并绕轴而转动。机台分为三层，上层装着若干上冲，中层对应装着若干中模，下层对应装着若干下冲。

3. 上、下压轮　上、下冲杆经过上、下压轮时，被压轮推动，使上冲向下、下冲向上运动，并对模孔中的颗粒加压。

4. 上、下冲轨道　上、下冲杆随上、下冲轨道运行。

5. 充填调节器　装于下冲轨道上，用于调节下冲经过刮粉器时的高度以调节模孔的容积，控制填充的颗粒量，从而控制片重。

6. 片厚调节器　用于调节下压轮的高度，从而调节压片时下冲升起的高度，控制药片的厚度。

7. 进料斗 颗粒从进料斗中不断地流入刮粉器中，并由此流入模孔。

8. 刮粉器 将颗粒填充后中模外多余的颗粒刮去，根据充填调节量控制药片重量；把从进料斗内流出的多余颗粒控制在刮粉器内；药片被升起的下冲送出后，可被刮粉器推开至出料口出片。

9. 附属吸尘器 压片结束，清洁设备时，用于除去冲模上产生的飞粉和中模下堕的粉末。

10. 机座及电动机

（二）旋转式压片机的工作原理

旋转式压片机的压片过程如图 17 - 5 所示。

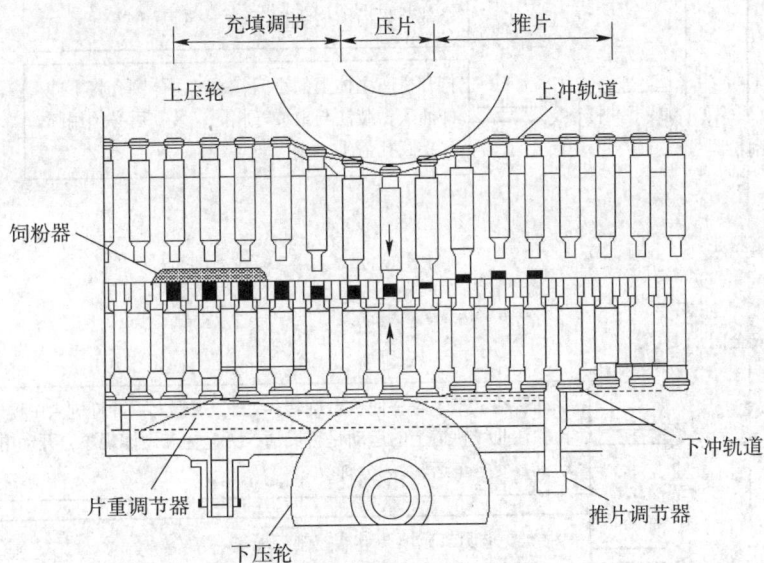

图 17 - 5 旋转式压片机压片过程

（1）下冲转到加料器之下时，下冲的位置处于低位，恰好与中模形成一个下部封闭的模腔，物料颗粒流入中模模腔；同时，上冲升起，让开刮粉器与进料斗。

（2）下冲转到充填调节位置，根据充填调节所需的填充深度，多余的颗粒被下冲往上推而排出。

（3）下冲转到计量轨时，经刮粉器将下冲往上推而排出的颗粒和刮粉器内多余的物料颗粒刮去，保证剂量准确。

（4）下冲定量结束，随下轨道归位；上冲随上轨道下移，进入模冲内。当上下冲转到上下两压轮之间，上下冲之间的距离大小为片厚调节器调节的厚度大小，物料颗粒压缩成片。

（5）上下冲杆离开上下压轮位置，上冲上移，离开中模；下冲转到顶出轨亦上移，将中模模腔中成形的药片慢慢往上顶，直至下冲与中模的上缘相平，中模模腔内的药片顶出。

（6）药片被刮粉器上的拦片板推开，从出料口出片。

以上各工序，每副冲模周而复始地进行，单流程旋转式压片机每转一圈，每副冲模各压一次片，双流程旋转式压片机每转一圈，每副冲模各压两次片。

（三）旋转式压片机的使用

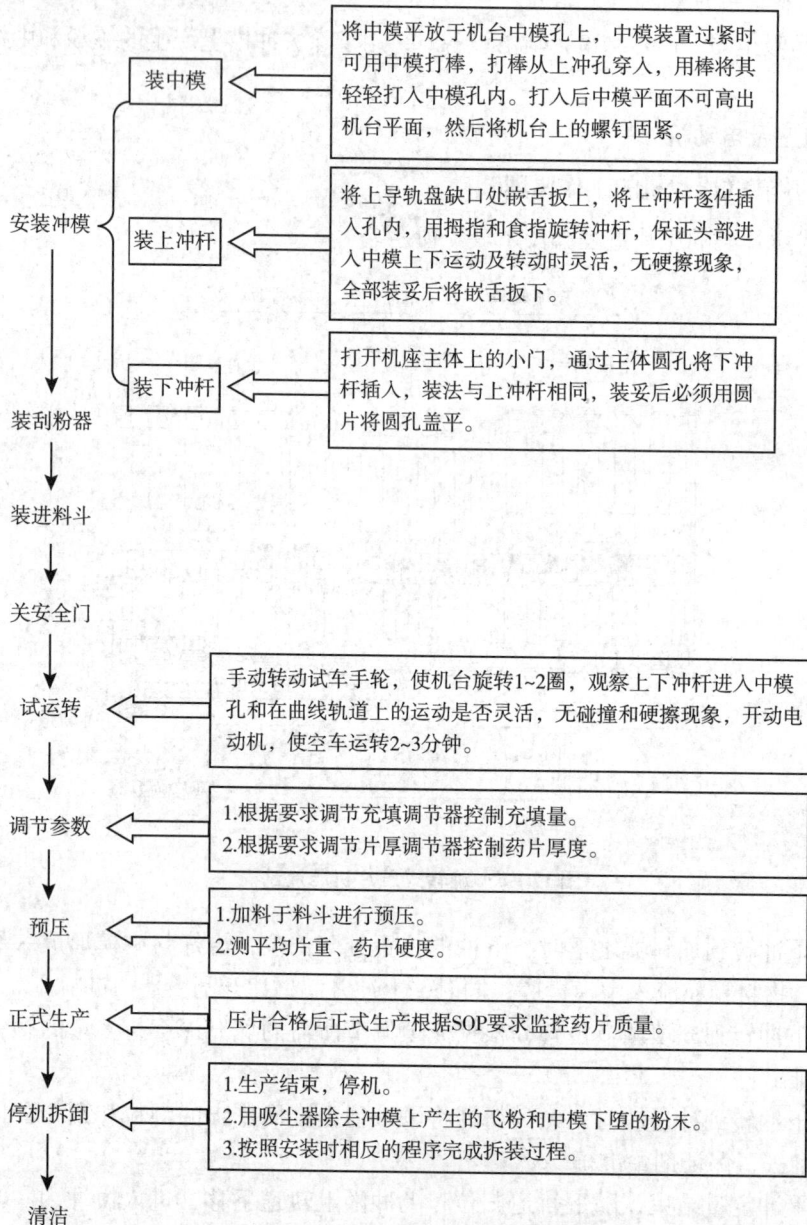

安装冲模
├─ 装中模 ← 将中模平放于机台中模孔上，中模装置过紧时可用中模打棒，打棒从上冲孔穿入，用棒将其轻轻打入中模孔内。打入后中模平面不可高出机台平面，然后将机台上的螺钉固紧。
├─ 装上冲杆 ← 将上导轨盘缺口处嵌舌扳上，将上冲杆逐件插入孔内，用拇指和食指旋转冲杆，保证头部进入中模上下运动及转动时灵活，无硬擦现象，全部装妥后将嵌舌扳下。
└─ 装下冲杆 ← 打开机座主体上的小门，通过主体圆孔将下冲杆插入，装法与上冲杆相同，装妥后必须用圆片将圆孔盖平。

↓
装刮粉器
↓
装进料斗
↓
关安全门
↓
试运转 ← 手动转动试车手轮，使机台旋转1~2圈，观察上下冲杆进入中模孔和在曲线轨道上的运动是否灵活，无碰撞和硬擦现象，开动电动机，使空车运转2~3分钟。
↓
调节参数 ← 1.根据要求调节充填调节器控制充填量。
2.根据要求调节片厚调节器控制药片厚度。
↓
预压 ← 1.加料于料斗进行预压。
2.测平均片重、药片硬度。
↓
正式生产 ← 压片合格后正式生产根据SOP要求监控药片质量。
↓
停机拆卸 ← 1.生产结束，停机。
2.用吸尘器除去冲模上产生的飞粉和中模下堕的粉末。
3.按照安装时相反的程序完成拆装过程。
↓
清洁

图 17-6 旋转式压片机的使用操作流程图

请你想一想

旋转压片机使用时可能会出哪些问题？如何排除可能出现的故障？

（四）旋转式压片机的使用注意事项

（1）设备上的防护罩、安全盖等装置不可拆除，使用时应装妥，保证生产安全。

（2）安装前，检查冲模的质量，看是否有缺边、裂缝、变形等情况，查看冲模数量是否完整无缺失，冲模型号是否准确。

（3）检查颗粒制粒是否合格。如不合格不可使用，会影响机器的正常运转，缩短使用寿命。

（4）初次试车应将片厚调节器调节到最大厚度，加颗粒于料斗中，用手转动试车手轮，同时调节充填和片厚，逐步增加到片剂的重量和硬软程度达到成品要求，然后开电动机正式运转生产，在生产过程中，按照片剂质检要求定时抽验片剂的质量，看是否符合要求。

（5）岗位生产操作人员须熟悉设备的技术性能、内部构造及控制机构的使用原理，设备运行期间不得离开工作地点。

（6）设备运行中要随时注意听设备发出的声音是否正常，如震动异常或发出异常声音，当立即停机进行检查，消除故障后方可恢复使用，不可勉强使用。

（7）设备运行中出现任何异常，切不可立即用手去处理，当停机后检查，以免对人身造成伤害。

（五）旋转式压片机常见故障及排除

1. 转台部分有故障

（1）冲杆孔、中模孔两孔同轴度不符合要求。两孔经长期磨损易致同轴度不符，若生产任务紧，可暂时将该中模孔堵住不用维持生产，待生产任务不紧时进行维修。若磨损不是很严重可用铰刀铰冲杆孔恢复其同轴度，如磨损严重则需更换转台。

（2）转台上移影响充填或出片。一般为固定转台的锥度锁紧块松动所致。处理方法：紧固锥度锁紧块可以解决。

（3）中模上移

1）中模顶丝松动。处理方法：紧固中模顶丝。

2）中模顶丝磨损。处理方法：及时更换。

2. 导轨部分有故障

（1）导轨磨损。因冲杆是在导轨上以滑动摩擦的方式做曲线运动来工作，其磨损是最常见的维修故障之一，冲杆与导轨磨损，轻者可以用油石研磨导轨恢复正常，磨损严重者只有通过更换导轨解决。

（2）导轨组件松动。导轨组件连续工作可能松动。处理方法：当及时紧固，并应注意导轨过渡要圆滑。

（3）下导轨过桥板磨损，致冲杆磨损导轨主体。处理方法：下导轨过桥板是保护导轨主体的，如受磨损，轻者可用油石修复，重者当更换解决。

3. 压轮部分有故障

（1）压轮磨损。压轮外圆、内孔磨损严重。处理方法：须更换压轮。

（2）压轮轴轴承缺油或损坏。处理方法：定期对压轮轴轴承进行润滑保养，出现损坏及时更换。

4. 调节系统有故障

（1）调节失灵。处理方法：检查调节手轮和蜗轮，并通过紧固螺丝、润滑转动蜗轮等措施解决。

（2）充填量不稳定。处理方法：查看冲模、充填轨组件、刮粉器等机件是否正常工作或是否有磨损，排除机件损害因素；看颗粒粗细是否相差过大、其流动性是否较差，如是当改良颗粒质量。

（3）片剂松散或片剂外观质量不好。处理方法：调整压力手轮增加压力、调整颗粒及辅料成分，改善颗粒质量。

（4）压片时机器振动有较大响声。系由于两边压力不均衡造成。处理方法：当调整压力。

5. 加料部分有故障

（1）漏粉。处理方法：调整加料器或刮粉板和转台平面的间隙。

（2）溢料或料不足。转台转速低，物料流速快则出现溢料现象，转台转速高，物料流速慢则出现料不足现象。处理方法：当根据转台转速适当调整物料流速。

6. 声音异常问题

（1）同步带不平行。处理方法：调整电机使主轴上和蜗杆轴上的同步带轮平行。

（2）减速箱缺油摩擦增大。处理方法：应定期检查润滑油状况，及时加油。

（3）转台和拦片板轻微摩擦产生。处理方法：调整拦片板和转台的间隙。

（4）个别轴承缺油或损坏。处理方法：涂润滑油或更换损坏轴承。

（5）冲杆塞冲、转动不灵活。处理方法：压片室应当定期清场，并按要求清洗冲杆。

7. 片重差异问题

（1）排除机件磨损因素。

（2）使用前用卡尺将每个冲头检查后，排除冲头长短不齐的因素后再使用。

（3）片形和尺寸偏差过大将导致药片重量的不一致。处理方法：在使用冲模具前应检查清楚。

（4）个别片量轻至片重差异不合格，可能是个别下冲运动失灵，使颗粒的充填量较其他为少。处理方法：应检查出个别下冲，消除此障碍。

（5）如遇片重突然减轻时，当即停车检查加料斗或加粒器是否堵塞，检查所用颗粒是否过细且有黏性或具有湿性颗粒，查看颗粒中是否有棉纱头，药片等异物混入致流动不畅。处理方法：对以上情况进行处理。

（6）查看颗粒是否过湿，细粉是否过多，颗粒粗细是否相差过大，以及颗粒中润滑剂是否不足。处理方法：改良颗粒质量。

（7）控制加料斗中加入的颗粒量恒定，当改变机器运转速度时，应适当调整加料斗颗粒流出速度。

（六）旋转式压片机的维护与保养

（1）在旋转压片机工作过程中应定期对压片室进行清场，每班次至少一次。

（2）每月1～2次定期对压片机各机件进行检查。检查蜗轮、蜗杆、轴承、压轮、曲轴、上下导轨等各活动部分是否转动灵活和磨损情况，发现缺陷应及时修复。

（3）一次使用完或停用设备时，应清理掉剩余物料颗粒，清洁设备各部位，如停用时间较长，须将冲模全部拆下，并将设备全部擦拭清洁，机器的光面当涂上防锈油，用布蓬罩好。

（4）冲模的保养应放置在有盖的铁皮箱内，使冲模全部浸入油中，并要保持清洁，防止生锈、碰伤。每一种规格的冲模装一箱，避免不同规格的混放。

（5）导轨、压轮、压片机冲模具等易磨损件应及时检查或润滑保养。

你知道吗

　　旋转压片机是制药企业常用的压片机。旋转压片机的给料方式合理，片重差异小，由上、下两方加压，压力分布均匀，生产效率较高。它是制药、化工、食品等工业部门处理各种颗粒状原料压制成片剂的基本设备。适用于小批量、大批量、多品种生产中压制圆形的各种药片、糖片、钙片等。

　　现在的旋转压片机做了许多改进，如精度比较高、封闭式的操作、除尘设备较好、增加预压机构、半自动控制、自动控制等。半自动压片机可根据压力变化自动剔除片重不合格的药片。更有自动压片机，由压力变化信号指挥，自动调节片重。根据所用的冲模模型不同，可以压制各种形状的片剂，如圆形、椭圆形、心形、星形、三角形等，图17-7所示为各种异型冲模。

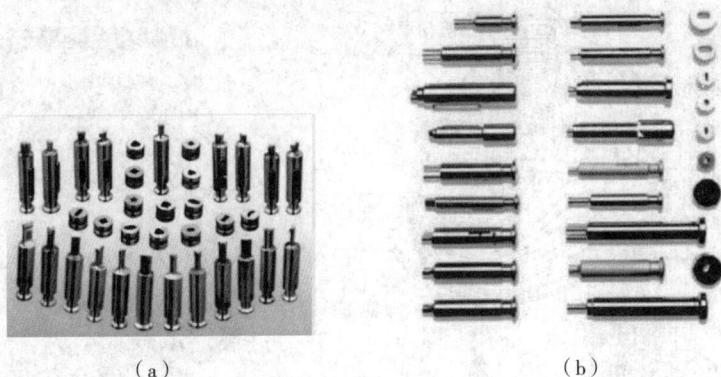

（a）　　　　　　　　　　　　　（b）

图17-7　各种异型冲模

二、高速压片机

高速压片机是一种先进的旋转式压片机，为了适应高速压片的需要，其结构为两个旋转圆盘和两个给料器（图 17 − 8）。其特点是转速快，产量高（可达 300 万片/小时），得到的片剂质量好，设备操作为封闭式，符合 GMP 的要求。

高速压片机采用计算机控制生产整个过程：自动给料；根据生产指令要求自动调节片重；对产品生产过程可自动取样、计数、计量和记录；生产过程出现不合格产品可自动剔除；转速、压轮压力可预先调节；可监控冲模损坏位置；有过载报警、故障报警。设备

图 17 − 8　高速压片机实物图

计数器可显示产量，根据预先设定的产量进行生产，生产结束自动停机。因此，高速压片机是全自动化压片机，无需人员操作。

任务三　包衣机

将普通压制片剂（素片）包制成糖衣片、薄膜衣片或肠溶衣片的设备是片剂包衣设备。片剂的包衣方法有很多种，最常用的是滚转包衣法，本节主要介绍滚转包衣法所用的设备。

一、普通包衣锅

（一）普通包衣锅的结构

如图 17 − 9 和图 17 − 10 所示，普通包衣锅锅体式样为荸荠形，锅底浅、口大；主要由动力部分、加热鼓风、吸粉装置等组成。锅体的转速、进风温度和倾斜角度均可调整。

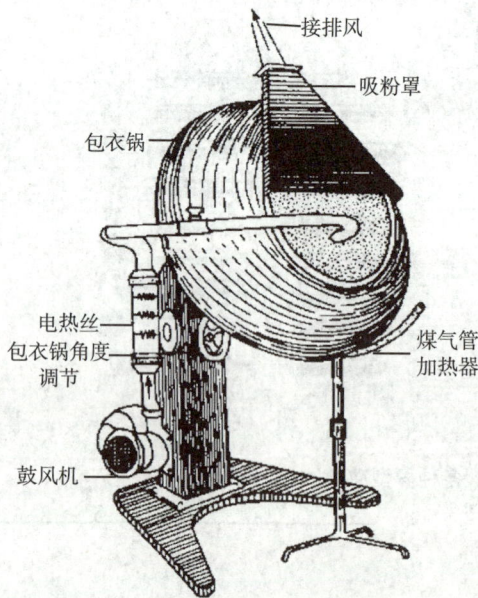

图 17 − 9　普通包衣锅外形及结构示意图

图 17 − 10　普通包衣锅实物图

（二）普通包衣锅的工作原理

普通包衣锅采用电阻丝直接加热；动力采用电机带动带轮，带轮的轴心与锅体相连，使锅体转动。片芯在锅中滚动，相互摩擦、滑移，使包衣液在芯片上均匀分布，同时向锅内通以热风，除去水分，最后得到包衣的药片。

在包糖衣片时，由于片子之间的黏着，可以达到较充分的混合。但当用普通包衣锅进行薄膜包衣时，应在锅内贴加挡板，并配备自动供液供气的喷雾系统。用喷雾系统可使包衣液均匀分散。

（三）普通包衣锅的使用

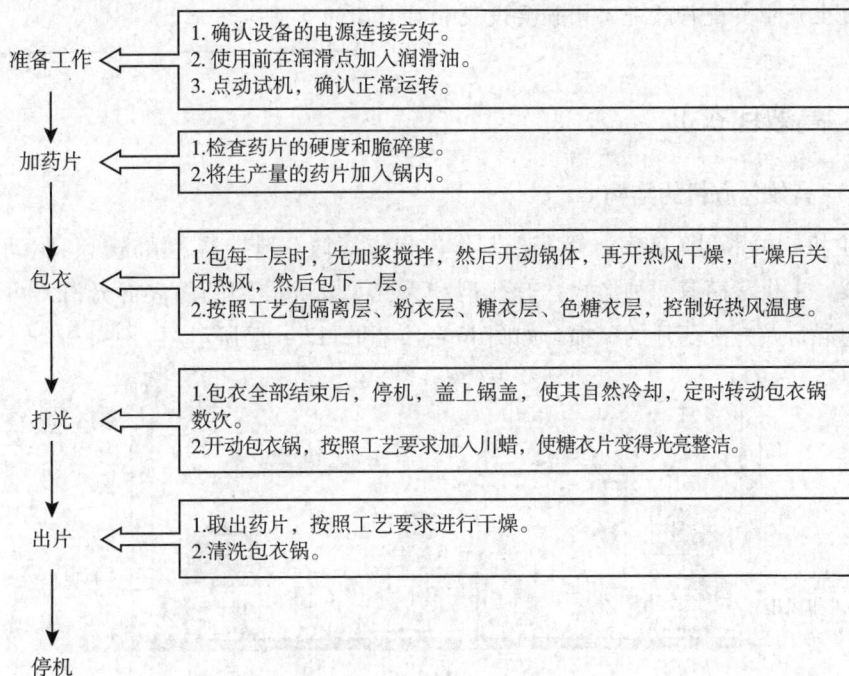

```
准备工作 ←  1. 确认设备的电源连接完好。
            2. 使用前在润滑点加入润滑油。
            3. 点动试机，确认正常运转。
   ↓
加药片   ←  1. 检查药片的硬度和脆碎度。
            2. 将生产量的药片加入锅内。
   ↓
包衣     ←  1. 包每一层时，先加浆搅拌，然后开动锅体，再开热风干燥，干燥后关
               闭热风，然后包下一层。
            2. 按照工艺包隔离层、粉衣层、糖衣层、色糖衣层，控制好热风温度。
   ↓
打光     ←  1. 包衣全部结束后，停机，盖上锅盖，使其自然冷却，定时转动包衣锅
               数次。
            2. 开动包衣锅，按照工艺要求加入川蜡，使糖衣片变得光亮整洁。
   ↓
出片     ←  1. 取出药片，按照工艺要求进行干燥。
            2. 清洗包衣锅。
   ↓
停机
```

图 17-11 普通包衣锅的使用操作流程图

请你想一想

普通包衣机使用时可能会出哪些问题？如何排除可能出现的故障？

（四）普通包衣锅的使用注意事项

（1）开车顺序：总控开关→锅体开关→电炉开关→风机开关。关车顺序：风机开关→电炉子开关→锅体开关→电源总开关。

（2）用包衣锅包薄膜衣时，应适当调节包衣锅的转速或加挡板等，防止片剂在锅中滑动。包衣溶液用喷雾方法喷于片剂表面效果较好。

（3）干燥时要控制好温度，依据包衣素片的不同要求调整各项参数。用包衣锅包糖衣片时，包衣锅要始终按适宜速度转动，不可任意调整。

（4）发现机器故障或产品质量问题必须停机时，必须关闭加热装置，加绝缘板后，再处理各类故障。运转中严禁打开机器，以免发生危险，损坏机件。

（5）使用完毕，要及时对机械及管路内进行清洗。必须关闭电源，方可进行清洁。

你知道吗

普通包衣锅也称糖衣锅，它既能包糖衣，又能包薄膜衣，但主要用来制备糖衣片。一般实验室用糖衣锅做薄膜衣小试。

由于糖衣锅的结构是一个敞开的锅，整个包衣过程处于一种正压状态，这样会带出溶剂的挥发气体及包衣敷料和药片的粉尘，直接影响操作区。根据GMP的要求，该设备在大生产中要进行改进，比如要设置相对封闭的空间等。

二、高效包衣机

（一）高效包衣机的结构

1. 主机 由密闭工作室、筛孔板制作的包衣滚筒、搅拌器、清洗盘、驱动机构等部件组成。主机滚筒有两种形式：有孔型和无孔型。无孔型的内表面光滑，可保证片芯的均匀混合及减少药片的破损。如图17-12至图17-15所示。

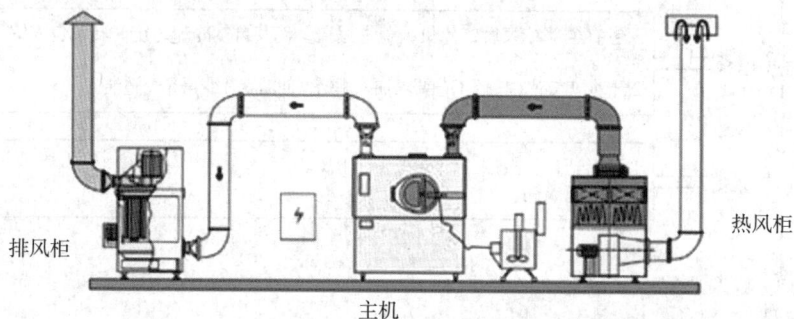

排风柜　　　　　　　　　　　　　　　　　　　热风柜

主机

图17-12 高效包衣机结构示意图

图17-13 高效包衣机实物图　**图17-14 无孔型高效包衣锅**　**图17-15 有孔型高效包衣锅**

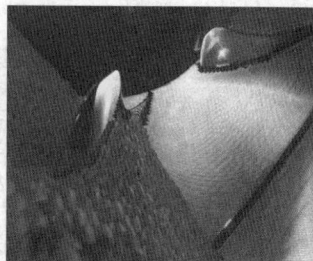

2. 热风机　主要由风机、初效过滤器、中效过滤器、高效过滤器、冷凝器、热交换器六大部件组成。主机所需热风直接采用室外自然空气，经初效、中效与高效过滤器过滤，经交换器加热后，进入主机包衣滚筒内对片芯进行加热。

3. 排风机　主要由风机、布袋除尘器、清灰机构及集灰箱四大部件组成。其作用是把包衣滚筒内的包衣尾气经除尘后排到室外，使包衣滚筒内处于负压状态，既促使片芯表面的敷料迅速干燥，又可使排至室外的尾气得以除尘处理。

4. 喷雾系统　目前大都采用蠕动泵及有气喷雾来完成。糖包衣喷枪和薄膜包衣喷枪可以安装到滑动支撑臂上，方便从锅前门取出，进行调整。

5. 上料、卸料装置　机器可以选择配备自动上、卸料装置。如图 17 - 16 和图 17 - 17 所示。

图 17 - 16　上料装置　　　　　图 17 - 17　卸料装置

（二）高效包衣机的工作原理

如图 17 - 18 所示，包衣锅为短圆柱形并沿水平轴旋转，热风由上方引入，由锅底部的排风装置排出。当片芯在包衣机中运转时，将包衣溶液或混悬液的极细小的液滴喷射到片芯的表面，当这些液滴到达片芯时，通过接触、铺展、液滴间的相互接合，经热风的干燥，同时在排风和负压作用下，使包衣介质在片芯表面快速干燥，形成坚固、细密、光滑的膜。

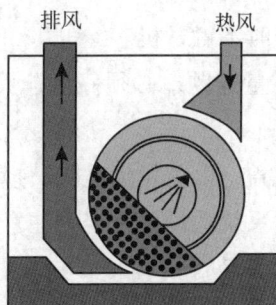

图 17 - 18　高效包衣锅原理图

（三）高效包衣机的使用

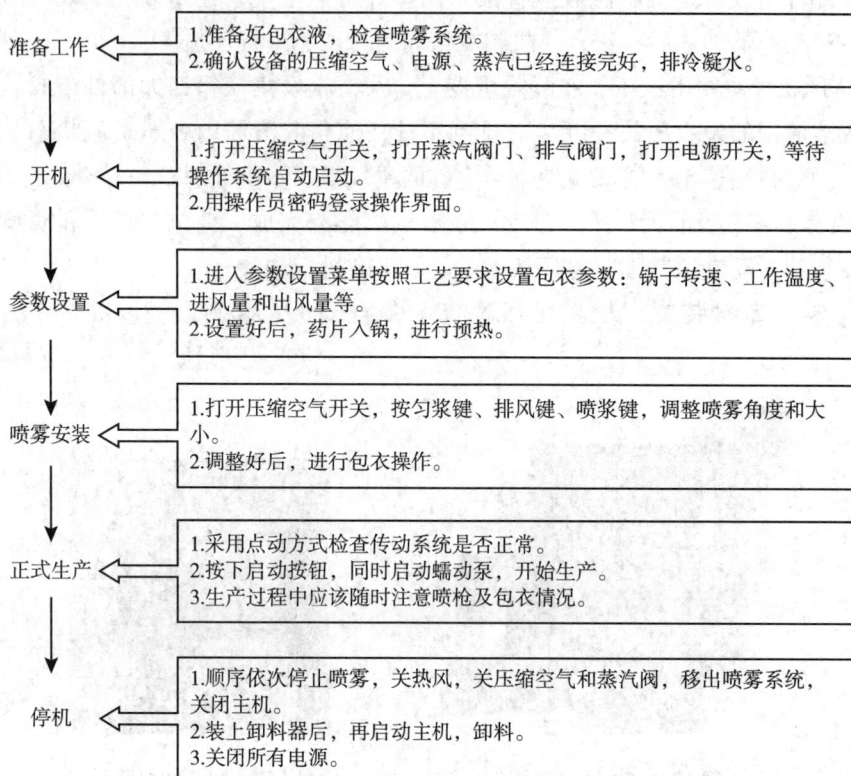

准备工作	1.准备好包衣液，检查喷雾系统。 2.确认设备的压缩空气、电源、蒸汽已经连接完好，排冷凝水。
开机	1.打开压缩空气开关，打开蒸汽阀门、排气阀门，打开电源开关，等待操作系统自动启动。 2.用操作员密码登录操作界面。
参数设置	1.进入参数设置菜单按照工艺要求设置包衣参数：锅子转速、工作温度、进风量和出风量等。 2.设置好后，药片入锅，进行预热。
喷雾安装	1.打开压缩空气开关，按匀浆键、排风键、喷浆键，调整喷雾角度和大小。 2.调整好后，进行包衣操作。
正式生产	1.采用点动方式检查传动系统是否正常。 2.按下启动按钮，同时启动蠕动泵，开始生产。 3.生产过程中应该随时注意喷枪及包衣情况。
停机	1.顺序依次停止喷雾，关热风，关压缩空气和蒸汽阀，移出喷雾系统，关闭主机。 2.装上卸料器后，再启动主机，卸料。 3.关闭所有电源。

图 17-19　高效包衣机的使用操作流程图

请你想一想

高效包衣机使用时可能会出哪些问题？如何排除可能出现的故障？

（四）高效包衣机的使用注意事项

（1）热风柜使用前应将蒸汽管道内的冷凝水利用旁路管道排出。

（2）工作时如有异声应立即停机检查。

（3）机器各部位防护罩打开时不得开机。

（4）发现机器故障或产品质量问题，必须停机，关闭电源后再处理。不得在运行中排除各类故障。

（5）设备运行中严禁打开机盖，以免发生危险，损坏机件。

（6）没有自动控制锅内压力系统的设备一定要注意进出风量的控制。

（7）每次加料量不得超过锅容量的1/3。

（8）锅内严禁放入铁块等硬物。

（9）每次生产完毕按要求把设备擦洗干净，特别是喷枪要拆开清洁，及时更换里边的易损密封件。

（五）高效包衣锅的维护与保养

（1）定期检查皮带磨损、撕裂及张紧度，及时发现问题并更换。

（2）按实际产品进行喷枪的清洁工作和除尘袋的清洁工作。

（3）定期检查热风柜及排风柜的空气过滤器是否有堵塞、损坏现象。按实际使用情况更换空气过滤器。

（4）每年清换齿轮箱内的润滑油一次。

（5）定期检查各部位的安全螺栓和紧固件是否有松开或脱落现象，以便及时处理。

（6）按照设备要求，在平时、中修、大修时检查转动部位的润滑情况并及时加注润滑脂。

（六）高效包衣机常见故障及排除

1. 主机不能开动

（1）主机空气开关尚未打开或线路缺相。处理方法：应检查线路或打开空气开关。

（2）PLC损坏。处理方法：应找厂家维修或更换。

2. 热风系统故障

（1）热风温度低。可能是由于蒸汽温度或压力不够、溢流阀失灵、电热偶损坏。处理方法：增加蒸汽温度或压力，更换损坏部件。

（2）风力过小。原因为阀门未完全打开或过滤网堵塞。处理方法：打开阀门或更换过滤网。

3. 排风系统故障

（1）不形成负压或负压不够大。原因是排风阀门开的不够大或过滤袋堵塞、排风机空气开关跳断。处理方法：开大排风阀或更换滤袋、关闭电源重新打开空气开关。

（2）不显示负压或负压显示不正常。可能是温度模块受到干扰或损坏、感应器失灵。处理方法：重新开机或进行更换。

你知道吗

　　高效包衣锅是目前进行包衣生产的主要设备，可对药片进行包糖衣、水相薄膜、有机相薄膜。高效包衣锅干燥速度快，包衣效果好，已成为包衣设备的主流。高效包衣锅一般是水平旋放置的，内部设有挡板或搅拌浆。

目标检测

一、单项选择题

1. 片剂的成型设备是（　　）

　　A. 制粒机　　　　B. 压片机　　　　C. 包衣机　　　　D. 包装机

2. 旋转式压片机的主要结构部件不包括 （   ）

 A. 喷枪   B. 上、下压轮 C. 充填调节器 D. 片厚调节器

3. 旋转式压片机的安装顺序正确的是 （   ）

 A. 冲模→进料斗→刮粉器→安全门

 B. 冲模→刮粉器→进料斗→安全门

 C. 冲模→进料斗→安全门→刮粉器

 D. 进料斗→冲模→刮粉器→安全门

4. 旋转式压片机转台部分有故障，可能是因为 （   ）

 A. 冲杆孔、中模孔两孔同轴度不符合要求

 B. 转台上移影响充填或出片

 C. 中模上移

 D. 以上均是

5. 旋转式压片机导轨部分有故障，可能是因为 （   ）

 A. 导轨磨损

 B. 导轨组件松动

 C. 下导轨过桥板磨损，致冲杆磨损导轨主体

 D. 以上均是

二、多项选择题

1. 片剂生产的工艺过程中，需要用到的设备有 （   ）

 A. 粉碎设备、筛分设备   B. 混合设备、制粒机

 C. 干燥机、整粒机   D. 压片机、包衣机、包装机

2. 旋转式压片机的冲模包含 （   ）

 A. 上冲杆   B. 下冲杆   C. 中模   D. 刮粉器

3. 关于旋转式压片机使用时的注意事项，正确的是 （   ）

 A. 设备上的防护罩、安全盖等装置不可拆除，使用时应装妥，保证生产安全

 B. 安装前，检查冲模的质量，看是否有缺边、裂缝、变形等情况

 C. 检查颗粒制粒是否合格

 D. 运行中出现任何异常，切不可立即用手去处理，当停机后检查

4. 旋转式压片机工作时出现片重差异超限的原因可能是 （   ）

 A. 片形和尺寸偏差过大将导致药片重量的不一致

 B. 个别片量轻至片重差异不合格，可能是个别下冲运动失灵

 C. 颗粒过湿，细粉过多，颗粒粗细相差过大

 D. 加料斗中加入的颗粒量不恒定

5. 下列关于普通包衣锅的说法正确的有 （   ）

 A. 糖衣锅

 B. 既能包糖衣，又能包薄膜衣

    C. 但主要用来制备糖衣

    D. 一般实验室用糖衣锅做薄膜衣小试

6. 高包衣机的结构主要包括（　　　）

    A. 主机　　　　　　B. 热风机　　　　　C. 排风机

    D. 喷雾系统　　　　E. 上料、卸料装置

7. 高效包衣机使用时要注意（　　　）

    A. 各部位防护罩打开不得开机

    B. 发现机器故障或产品质量问题，必须停机，关闭电源后再处理

    C. 运行中严禁打开机盖，以免发生危险，损坏机件

    D. 每次加料量不得超过锅容量的1/3

8. 下列关于高效包衣锅的维护说法正确的有（　　　）

    A. 按实际产品进行喷枪的清洁工作和除尘袋的清洁工作

    B. 定期检查热风柜及排风柜的空气过滤器是否有堵塞、损坏现象。按实际使用
       情况更换空气过滤器

    C. 每年清换齿轮箱内的润滑油一次

    D. 定期检查各部位的安全螺栓和紧固件是否有松开或脱落现象，以便及时处理

9. 下列关于高效包衣机说法正确的有（　　　）

    A. 是目前进行包衣生产的主要设备

    B. 可对药片进行包糖衣、水相薄膜、有机相薄膜

    C. 高效包衣锅干燥速度快，包衣效果好

    D. 高效包衣锅一般是水平旋放置的，内部设有挡板或搅拌浆

三、思考题

1. 试写出片剂制备的一般工艺过程。

2. 旋转式压片机由哪些装置组成？

3. 试述高速压片机的特点。

4. 高效包衣机的工作原理是什么？

5. 试述片剂、硬胶囊、颗粒剂的生产设备有什么异同？

书网融合……

　　　微课　　　　　划重点　　　　自测题

PPT

项目十八 丸剂设备

学习目标

知识要求

1. **掌握** 全自动中药制丸机和全自动滴丸机的基本结构、原理及正确使用。
2. **熟悉** 制丸设备的类型；塑制法和泛丸法的生产工艺流程。
3. **了解** 泛制法制丸设备的基本原理和设备。

能力要求

1. 学会按标准操作规程的要求使用全自动制丸机和滴丸机。
2. 学会全自动中药制丸机和全自动滴丸机的维护保养，会判断和排除常见故障，解决生产过程中出现的一般问题。

任务一 丸剂设备认知

丸剂一般是指药物细粉或药物提取物加黏合剂或辅料制成的球形固体制剂。丸剂按制备所用赋型剂的不同，分为蜜丸、水丸、糊丸、蜡丸、浓缩丸。丸剂的制备方法有塑制法、泛制法和滴制法三种。

塑制法系指药材细粉加适宜的黏合剂，混合均匀，制成软硬适宜、可塑性较大的丸块，再依次制丸条、分粒、搓圆而成丸粒的一种制丸方法。用于蜜丸、浓缩丸、糊丸、蜡丸等的生产。丸剂（塑制法）生产过程及主要设备如图18-1所示。多用全自动中药制丸机。

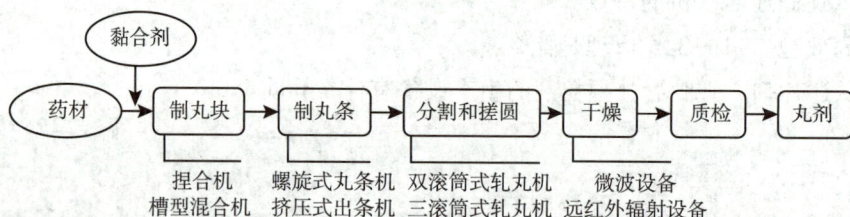

图 18-1 丸剂（塑制法）生产过程及主要设备图

泛制法系指在转动的适宜的容器或机械中，将药材细粉与赋形剂交替润湿、撒布，不断翻滚，使之逐渐增大的一种制丸方法。主要用于水丸、水蜜丸、糊丸、浓缩丸等的制备。丸剂（泛制法）生产过程及主要设备如图18-2所示。多用包衣锅。

滴丸剂系指固体或液体药物与适宜的基质加热熔融后溶解、乳化或混悬于基质中，再滴入不相混溶、互不作用的冷凝液中，由于表面张力的作用使液滴收缩成球状而制成的制剂。滴丸主要供口服，亦可供局部使用（如眼、耳鼻、阴道、直肠用滴丸）及外用（如度米芬滴丸）。多用全自动滴丸机。

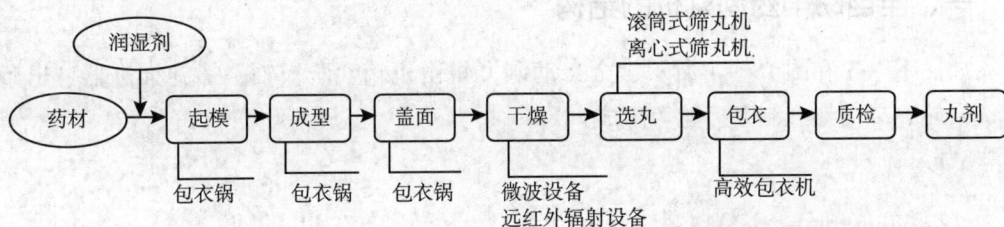

图 18-2　丸剂（泛制法）生产过程及主要设备图

你知道吗

炼药机是中药制丸的配套设备，用于制丸生产的前期加工。它能将物料通过混合、炼制、捏合、挤压成柔软适中、硬度适当、均匀一致的膏坨。新型的中药制丸一体机能够充分利用一台机器完成许多功能，提高中药制丸的工作效率。机械一体化的发展方式在我国未来十年将是一大趋势，各个中药制丸机厂商应该要考虑到这个发展的方向。大规模推动中药制丸机多种功能一机化，能够刺激我国中药制药设备生产行业的发展。未来，中药炼药机与其他相关制丸设备一机化将会成为行业的导向。

📋 任务二　制丸机　📱 微课

📑 岗位情景模拟

情景描述一　安宫牛黄丸制备：牛黄 100 克、水牛角浓缩粉 200 克、麝香 25 克、珍珠 50 克、朱砂 100 克、雄黄 100 克、黄连 100 克、黄芩 100 克、栀子 100 克、郁金 100 克、冰片 25 克。以上十一味，珍珠水飞或粉碎成极细粉，朱砂、雄黄分别水飞成极细粉；黄连、黄芩、栀子、郁金粉碎成细粉；将牛黄、水牛角浓缩粉、麝香、冰片研细，与上述粉末配研，过筛，混匀，加适量炼蜜通过全自动中药制丸机制成大蜜丸 600 丸，即得。

讨论　1. 安宫牛黄丸在制备过程中需要用到什么设备？
　　　　2. 大蜜丸制丸机的结构和原理是什么？

情景描述二　保济丸制备：将钩藤、菊花、蒺藜、厚朴、木香、苍术、天花粉、广藿香、葛根、化橘红、白芷、薏苡仁、稻芽、薄荷、茯苓、广东神曲十六味中药粉碎成细粉，过筛，混匀，用水泛丸，干燥，以胭脂红、滑石粉及三氯化二铁的混合物为色素、以糊精为黏合剂包衣，干燥，即得。

讨论 1. 保济丸在泛制过程中需要用到什么设备？
　　　　2. 水泛丸是如何成型的？

一、全自动中药制丸机的结构

如图 18-3 和图 18-4 所示，全自动制丸机由机箱、压板轴、螺旋推进器、出条片、导轮、导向架、制丸刀轮等组成。

图 18-3　全自动中药制丸机

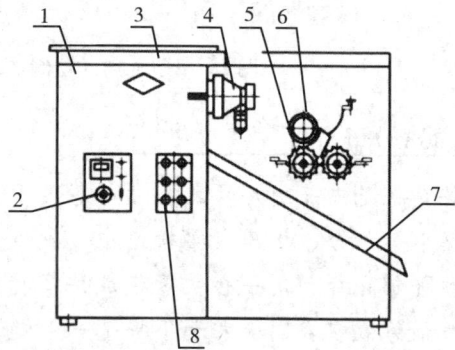

图 18-4　全自动制丸机示意图
1. 机身；2. 调速旋钮；3. 进料斗；4. 出料口；
5. 切丸刀；6. 导轮；7. 出丸刀；8. 控制按钮

二、全自动中药制丸机的工作原理

全自动中药制丸机将混合或炼制好的药料送入料仓内，在螺旋推进器的挤压下，制出三根直径相同的药条，经过导轮，顺条器同步进入制丸刀轮中，经过快速切碰，制成大小均匀的药丸。全自动制丸机是由制条、制丸、供酒精和电气控制四部分组成。

1. 制条部分 将混合均匀的药料送入托料盘，使药料进入料箱，在压板轴的旋转挤压下进入推料体，在螺旋推进器的挤压下，药料通过出条口制出多条直径相同的药条。

2. 制丸部分 将出条片制成的多条药条，通过导条轮，顺条器送入制丸刀中，制丸刀连续做往复运动，同时做相对旋转运动，制出均匀的药丸。

3. 供酒精部分 将95%医用酒精注入酒精桶内，经酒精管流至酒精连座，经酒精嘴流出给制丸刀润滑，使制丸刀不黏药。

4. 电气控制部分 配电板由变频器、接触器、断路器和中间继电器等组成。控制面板配置有转速表和电压表，显示推进器转数和制丸刀电机电压，由调速旋钮控制电机转速。

三、全自动中药制丸机的使用

全自动中药制丸机的使用操作流程如图 18 - 5 所示。

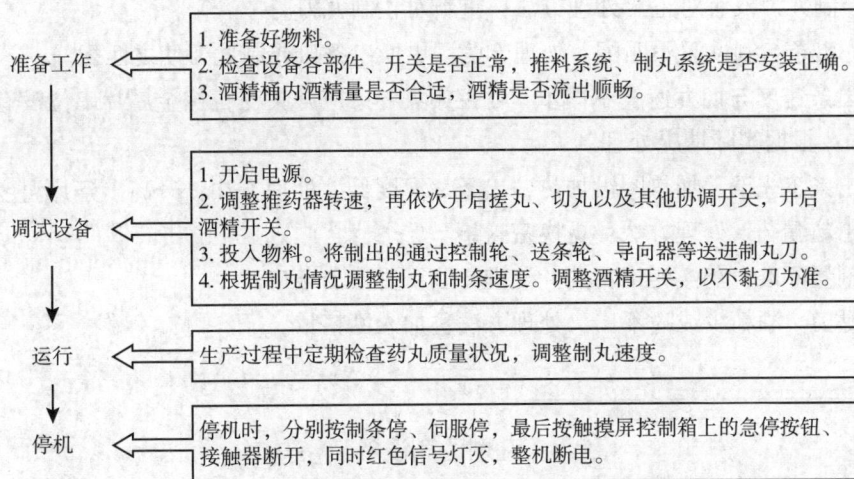

图 18 - 5　全自动中药制丸机使用操作流程图

请你想一想

　　全自动中药制丸机在制丸过程中需要注意哪些安全操作要点？如何保证制备出圆而实的丸剂？

四、全自动中药制丸机的使用注意事项

1. 注意药料的硬度，勿将太硬药或杂物投入料箱，以免损伤推料系统。

2. 机器工作时切勿将手或异物置入推进器和制丸刀，否则易发生危险。

3. 清洗时不要划伤制丸刀。制丸刀工作时防止掉入异物，以免损伤制丸刀。

4. 酒精是易燃液体，加酒精时不要外溢，经常检查酒精通道是否泄漏，避免发生火灾。

五、全自动中药制丸机的维护与保养

（1）每班前各紧固件应检查并及时紧固。

（2）油箱需保证油面高度，应高于油窗中心线，低于中心线应加油，每半年换油一次，油号为25#机油。

（3）减速机为油浴式润滑，用70#工业极压齿轮油，正常油面高于油标中线为止，每 3 ~ 6 个月更换一次。

六、全自动中药制丸机常见故障及排除

1. 丸型不圆

（1）制丸刀没有对正。处理方法：重新对正制丸刀。

（2）出条与制丸刀不匹配。处理方法：更换出条口或制丸刀使之匹配。

2. 出条速度与切丸速度不同步　自控失灵，感应开关与自控金属片串位没有接触。处理方法：根据实际情况处理。

3. 出条不光滑　加热圈没加热，出条片温度低。处理方法：升高出条片温度。

4. 出料漏药　处理方法：更换密封垫。

5. 剂量不准、药条粗细不均　处理方法：更换出条口。

6. 黏刀　酒精少或喷不出。处理方法：加入酒精量。

你知道吗

丸剂泛制设备

泛制法制丸剂的设备主要是糖衣锅，由糖衣锅、电器控制系统、加热装置三部分组成。起模时经验较为重要，将适量的药粉置于糖衣锅中，用雾化器将润湿剂喷入糖衣锅内的药粉上，转动糖衣锅使药粉均匀润湿，继续转动形成细小颗粒成为丸核，该过程对温度、湿度和细粉的控制要求较严。再撒入药粉和润湿剂进行成型制备，每次加入锅内的赋形剂量和加入时间要适宜，以防产生新的母核；滚动使丸核逐渐增大成为坚实致密、光滑圆整、大小适合的丸剂。

起模是泛丸成型的基础，是制备水丸的关键。模子形状直接影响成品的圆整度，模子的大小和数目，也影响加大过程中筛选的次数和丸粒的规格以及药物含量的均匀性。起模方法可分为药物细粉加水起模、湿粉制粒起模和喷水加粉起模三种。

任务三　滴丸机

岗位情景模拟

情景描述　复方丹参滴丸制备：①原料混合制药。将三七、冰片研磨粉细，并过80目筛，首先将三七、冰片在槽型混合机中干混15~20分钟，然后，向其中加入丹参浸膏和95%乙醇，湿混15~20分钟后，得到混合软材。②制备滴丸：在60℃水浴保温的条件下，将混合软材加入PEG 6000的熔融液中，搅拌混合均匀，直至乙醇完全挥发，然后继续静置保温30~40分钟，待气泡除尽，然后将复方丹参与PEG 6000混匀熔融液转入滴丸机的贮液筒内，保温在80~85℃的条件下，控制滴速，一滴滴地滴入二甲基硅油冷凝液中，待冷凝完全，倾去冷凝液，收集滴丸，沥净和用滤纸除去滴丸

上的冷凝液，然后干燥得到复方丹参滴丸。

讨论　1. 滴丸机的结构主要包括哪几部分？

　　　　2. 滴丸机在滴制过程中丸剂是如何成型的？

　　　　3. 加入 PEG 6000、二甲基硅油冷凝液的作用是什么？基质和冷凝液两者有什么关系？

　　　　4. 熔融液在贮液筒内为什么需要保温？

　　滴丸是指将固体或液体药物与热的基质混匀后，滴入不相溶的冷却剂中，收缩冷凝成丸的一种制剂。基质熔点较低，根据需要可以选择脂溶性硬脂酸、单硬脂酸甘油酯或者水溶性聚乙二醇6000、聚乙二醇4000、硬脂酸钠等。滴丸制剂可以提高难溶性药物的溶出速率，提高生物利用度。主要供口服使用，亦可供外用和局部（如耳鼻、直肠、阴道）使用，还有眼用滴丸。制备滴丸剂主要设备有多功能滴丸机等。

　　滴制法丸剂生产设备是指能利用一种熔点较低的脂肪性基质或水溶性基质，将主药溶解、混悬、乳化后利用适当装置滴入另一种不相混溶的液体冷却剂中冷却成丸剂的制药设备。滴丸机和滴头分别如图 18 - 6 和图 18 - 7 所示。

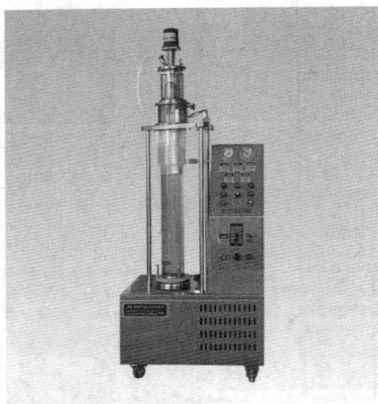
图 18 - 6　滴丸机

图 18 - 7　滴头

一、全自动滴丸机的结构

　　全自动滴丸机的结构由药物调剂供应系统、动态滴制系统、冷却收集系统、循环制冷系统、电气控制系统等组成，如图 18 - 8 所示。

　　1. 药物调剂供应系统　滴丸机该系统由保温层、加热层、调料罐、电动减速搅拌机、油浴循环加热泵、药液输出开关、压缩空气输送机构等组成。将药液与基质放入调制罐内，通过加热搅拌制成滴丸的混合药液，然后通过压缩空气将其输送到滴液罐内。药液进入滴液罐时，导热油随之进入滴液罐的加热保温层，继续对药液和滴头加热保温，使滴液罐内药液温度与滴头的温度保持一致。

　　2. 动态滴制系统　滴液罐内的药液通过操作滴头滴入到冷却剂中，液滴在温度梯

度（温度由高到低）的作用下，使药滴在表面张力作用下适度充分的收缩成丸。丸重均匀。冷却油泵出口装有节流开关，通过调节冷却油泵节流开关的开启度控制油泵的流量，使冷却剂在收集过程中保持了液面的平衡。

3. 冷却收集系统　通过冷却柱上端加热环，保持管口在 20～50℃温度范围内无级调节，使药液在表面张力作用下适度充分的收缩成丸；通过自动升降，使滴孔与冷却液在距离最小的状态下（＜15mm）进行滴制，有效地杜绝了由于滴丸溅落形成的微小粒子。

4. 循环制冷系统　为了保证滴丸的圆度，避免滴制的热量及冷却柱加热盘的热量传递给冷却液，使其温度受到影响，制冷机组通过冷却柱内的矩阵型冷凝器，保持了冷却剂循环过程的温度平衡，控制了制冷箱内冷却剂的温度，保证了滴丸的顺利成型。

5. 电气控制系统　设备面板上设有电气操作盘和各参数显示器。

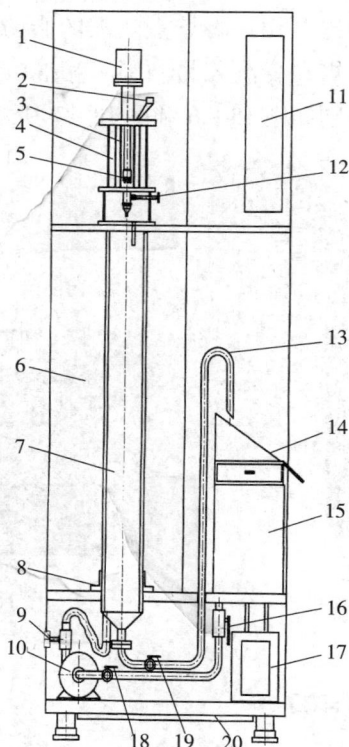

图 18 - 8　全自动滴丸机结构示意图

1. 搅拌电机；2. 加料口；3. 药液；4. 导热油；5. 搅拌器；6. 机柜；7. 冷却柱；8. 升降装置；
9. 液位调节装置；10. 油泵；11. 控制箱；12. 滴制速度手柄；13. 出料管；14. 出料槽；15. 油箱；
16. 油箱阀；17. 制冷系统；18. 放料阀；19. 放油阀；20. 接油盘

二、全自动滴丸机的工作原理

滴丸基质（水溶性或脂溶性如聚乙二醇、明胶和硬脂酸等）经加热搅拌后，熔化

成液体，与原料药混合成溶液或混悬液，再通过气压输送至滴罐，由特质的滴头滴入装有互不相溶的冷却剂（液状石蜡、植物油、甲基硅油和水等）滴桶中，在液体表面张力的作用下，形成圆球度极高的滴丸。在有冷却系统的冷凝液内定型冷却后，落入筛框与冷凝液分离。

三、全自动滴丸机的使用

全自动滴丸机的使用操作流程如图 18 – 9 所示。

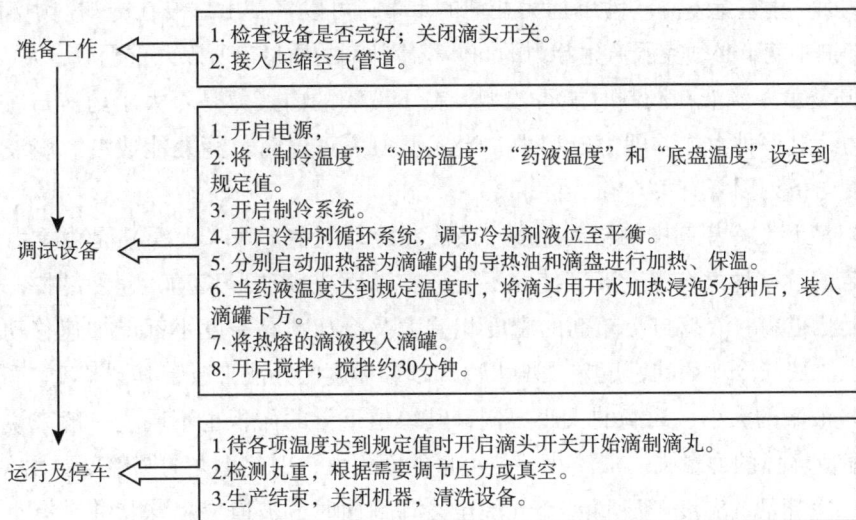

```
准备工作  ←  1. 检查设备是否完好；关闭滴头开关。
              2. 接入压缩空气管道。

调试设备  ←  1. 开启电源，
              2. 将"制冷温度""油浴温度""药液温度"和"底盘温度"设定到
                 规定值。
              3. 开启制冷系统。
              4. 开启冷却剂循环系统，调节冷却剂液位至平衡。
              5. 分别启动加热器为滴罐内的导热油和滴盘进行加热、保温。
              6. 当药液温度达到规定温度时，将滴头用开水加热浸泡5分钟后，装入
                 滴罐下方。
              7. 将热熔的滴液投入滴罐。
              8. 开启搅拌，搅拌约30分钟。

运行及停车 ←  1. 待各项温度达到规定值时开启滴头开关开始滴制滴丸。
              2. 检测丸重，根据需要调节压力或真空。
              3. 生产结束，关闭机器，清洗设备。
```

图 18 – 9　全自动滴丸机的使用操作流程图

你知道吗

滴丸机是生产加工机械药物制剂机械的一种，广泛用于食品、药品、化工、金属等行业。那么滴丸机在使用时需要注意什么呢？

1. 清洗滴丸机主机时，需要把设备的气压调小。

2. 使用滴丸机时，内置化料罐油缸温度上下限一般相差10℃。

3. 化料时一般油浴温度在100℃，料液温度在65℃时，可将油浴温度调到90℃。

4. 滴丸机管口的温度不能高到55℃。如达到，此时需要降温。

5. 滴丸机滴丸离心后，需要取出，因为时间久了会变色。

6. 油浴温度不能超过100℃，超过100℃导热油就会冒出。

请你想一想

全自动滴丸机在滴制过程中如何调节相关参数保证最后滴出圆整度高的滴丸？

四、全自动滴丸机操作参数的控制

1. 丸重　药液的表面张力与温度有关，温度上升时，药液的表面张力显著下降，丸重也减小；温度降低时，药液的表面张力增大，丸剂也增大，因此，操作过程中应保持恒温。黏滞度大的药液能充满较大的滴管口，滴出时温度低会使黏滞度增大，因此，温度适当降低有利于滴制较大的丸剂。

滴出口与冷却剂的距离不宜超过 5cm，因距离过大，液滴会因重力作用而被撞成细小液滴，从而产生重量差异。为了加大丸剂的重量，可以将滴出口浸在冷却剂中滴制，滴液在冷却剂中滴下必须克服产生浮力的同体积冷却剂的质量，所以丸重也应增大。

2. 圆整度　滴液在滴制时能否成型，在于液滴的内聚力是否大于药液与冷却剂间的黏附力，这两种力之差即为成型力；当成型力为正值时，滴丸能成型。滴液成型后的圆整度与下列因素有关。

（1）液滴在冷却剂中的移动速度　液滴在冷却剂中下降（上浮）是由重力（或浮力）决定的，这种力作用于液滴使之不能成整球而成扁球形移动，速度越快，受力越大，其形状越扁。液滴与冷却剂的密度相差大及冷却剂黏滞度小都能加速移动，故可采用减小清液与冷却剂的密度差及增大冷却剂黏滞度的办法来改善其圆整度。

（2）液滴的大小　液滴的大小不同，其单位重量的面积也不同。一般来说，面积大的收缩成球体的力量强。液滴小单位重量的面积大，因此小丸的圆整度要比大丸好。

（3）冷却剂的温度　液滴经空气滴至冷却剂面时，被撞成扁球状并带有空气，在下降时，逐渐收缩成球形并逸出气泡。若液滴冷却过快，则丸粒不圆整，空气来不及逸出则产生空洞、拖尾等现象，将上部冷却剂的温度调至 40℃ 左右，使液滴有充分收缩与释放气泡的时间，则可使丸粒圆整。

（4）冷却剂的性质。冷却剂与液滴要有一定的亲和力，才有利于空气尽早排出，保证丸粒的圆整度。另外，液滴若与冷却剂部分混溶，也会影响丸粒的圆整度。

五、全自动滴丸机的维护与保养

（1）一般机件，每班开车前加油一次，中途可根据需要添加一次，每周对润滑点润滑一次。

（2）每班次使用结束后，检查工作面是否粘有残渣，如有应清扫干净。

（3）每班次结束后，若生产中断，须将设备彻底清洗干净并给各滑润点加油润滑，经检查合格后，挂清洁合格状态标志。

（4）更换模具时，应轻扳、轻放，以免变形损坏；机器使用场所应保持清洁。

六、全自动滴丸机常见故障及排除

（1）滴丸拖尾，丸形不正。处理方法：调高油温。

（2）滴丸表面不光滑，甚至粘连。处理方法：降低油温。

（3）滴速过快，造成丸重偏轻。处理方法：减小压力，或降低滴液和滴盘温度，使滴液稠度加大，从而减缓滴速。

（4）滴速过慢，造成丸重偏轻。处理方法：增大压力或升高滴液和滴盘温度使滴液稠度减小从而加快滴速。

你知道吗

全自动滴丸机一般用于药品制剂、保健品等行业。一台产业化的滴丸机涵盖了多学科专业的设计，包括制药工程、制冷工程、流体力学、电气自动化、机械设计及液压与传动等多学科技术。未来滴丸设备应是滴丸剂研发机构、滴丸机设备制造商、药品生产企业技术互相融和，促进滴丸剂型的发展。

张伯礼院士曾在"健康中国人"专题节目中说道："我国智慧制药将是中药制药下一步重点研究方向，把互联网技术、云计算技术、大数据技术应用到中药生产之中，进行数字制造和智慧制造"。数字制造，即从源头到生产再到产品进行全程的数字监控，利用大数据，提高中药品标准化和一致性。中药制药企业来讲，其综合人才的需求则体现为对"懂生产、懂工艺、懂质控、懂IT"的复合型人才的需求。

天士力拳头产品的复方丹参滴丸（国药准字Z10950111）创建现代中药智能制造模式。天力士自主研发的以高速磁悬浮震动滴丸机为核心，其空气深冷、超高速非接触电磁悬浮振动等6项技术获得国家专有技术，通过欧盟GMP认证，成为我国中药工业智能制造的典范。

目标检测

一、单项选择题

1. 下列不属于中药丸剂生产设备有（　　　）
   A. 泛丸机　　　　　B. 包衣锅　　　　　C. 炼药制丸机　　　D. 滴丸机

2. 下列不是中药丸剂制备方法的有（　　　）
   A. 泛制法　　　　　B. 挤出法　　　　　C. 塑制法　　　　　D. 滴制法

3. 制丸设备的捏合机是用来做（　　　）
   A. 软材　　　　　　B. 颗粒　　　　　　C. 丸条　　　　　　D. 丸粒

4. 制丸机的螺旋推进器是用来做（　　　）
   A. 丸条　　　　　　B. 软材　　　　　　C. 颗粒　　　　　　D. 丸粒

5. 下列不属于全自动制丸机主要结构组成的是（　　　）
   A. 导轮　　　　　　B. 刀轮　　　　　　C. 螺旋推进器　　　D. 滴头

6. 利用全自动制丸机生产时如需改变丸的直径，则需更换（　　　）
   A. 出条口和制丸刀　　　　　　　　B. 出条口

C. 制丸刀　　　　　　　　　　D. 导轮

7. 不能用塑制法生产出来的剂型是（　　）

A. 蜜丸　　　　B. 浓缩丸　　　　C. 滴丸　　　　D. 水蜜丸

8. 泛制法制丸时机械起模常用的设备是（　　）

A. 捏合机　　　　B. 出条机　　　　C. 制丸机　　　　D. 包衣锅

9. 不属于制丸机开机前检查的内容是（　　）

A. 制丸操作间的温度检查

B. 制丸机是否有电

C. 检查制丸机上个班次的使用记录

D. 检查压片生产现场有无与本批生产无关的物料

10. 全自动滴丸机的结构组成主要有（　　）

A. 药物调制供应系统　　　　　　B. 炼药系统

C. 挤出制丸系统　　　　　　　　D. 包衣系统

11. 全自动滴丸机的药物调制供应系统的结构组成有（　　）

A. 炼药机　　　　B. 搅拌机　　　　C. 制冷机　　　　D. 出料槽

12. 全自动滴丸机滴制丸剂偏重的主要原因有（　　）

A. 药液太黏稠，搅拌时产生气泡　　B. 药液太黏稠，滴速过慢

C. 压力过小使滴速过慢　　　　　　D. 压力过大使滴速过快

二、思考题

1. 全自动中药制丸机由哪些部分组成？

2. 全自动滴丸机由哪些部分组成？

3. 生产中影响滴丸质量的因素有哪些？

4. 全自动滴丸机的工作原理是什么？

书网融合……

　　　微课　　　　　划重点　　　　自测题

▶▶ 项目十九 水针剂设备

学习目标

知识要求

1. **掌握** 安瓿超声波洗瓶机、安瓿灌封机、安瓿洗烘灌封联动机和安瓿印字机的基本原理、结构及正确使用。

2. **熟悉** 水针剂的生产工艺过程及主要设备。

3. **了解** 安瓿超声波洗瓶机、安瓿灌封机、安瓿洗烘灌封联动机和安瓿印字机的常见问题、解决办法及维护保养。

能力要求

1. 学会按标准操作规程的要求正确使用安瓿超声波洗瓶机、安瓿灌封机、安瓿洗烘灌封联动机和安瓿印字机。

2. 学会安瓿超声波洗瓶机、安瓿灌封机、安瓿洗烘灌封联动机和安瓿印字机的维护保养，学会应用所学知识判断和排除常见故障，解决生产过程中出现的一般问题。

📋 任务一　水针剂设备认知

📋 岗位情景模拟

情景描述 维生素 C 注射剂的制备：在配制容器中，加处方量80%的注射用水（已通过 N_2 饱和），加维生素 C 溶解后，分次缓缓加入碳酸氢钠，搅拌使完全溶解，加入预先配好的依地酸二钠和亚硫酸氢钠溶液，搅拌均匀，调节药液 pH $6.0 \sim 6.2$，添加 N_2 饱和的注射用水至足量，用微孔滤膜过滤，作为加活性炭工艺组。两工艺组均在 N_2 气流下灌封，最后煮沸15分钟灭菌。

讨论 1. 盛装维生素 C 注射剂的容器是什么？需要什么设备来进行清洗？

2. 维生素 C 注射剂在制备过程中需要用到哪些设备？

3. 维生素 C 注射剂在灌封过程中如何通入 N_2？为什么要通入 N_2？

注射剂制备的工艺设备流程：注射剂制备主要包括制药工艺用水制备、原辅料的准备与处理、配制、灌封、灭菌、检查和包装等过程。注射剂生产设备主要包括制药用水生产设备、配液过滤设备、包装容器清洗设备、溶液灌封设备、干燥灭菌设备、质检及包装设备等。本章主要介绍水针剂生产设备。

水针剂又称最终灭菌小容量注射剂或小针剂，是指容量在 20ml 以下的最终灭菌注射剂。水针剂生产所使用的容器均为安瓿，其特点是通过玻璃烧熔封口，可做到容器密封，并保证无菌。安瓿的规格一般有 1ml、2ml、5ml、10ml、20ml 五种。目前，易折安瓿分色环易折安瓿和点刻痕易折安瓶两种。

水针剂生产工艺过程包括原辅料的准备、配液、过滤、灌封、灭菌、质检、印字、包装等主要步骤，按工艺设备形式的不同可分为单机生产工艺和联动机组生产两种。目前，国内以联动机组生产较为普遍，其生产过程及主要设备如图 19-1 所示。

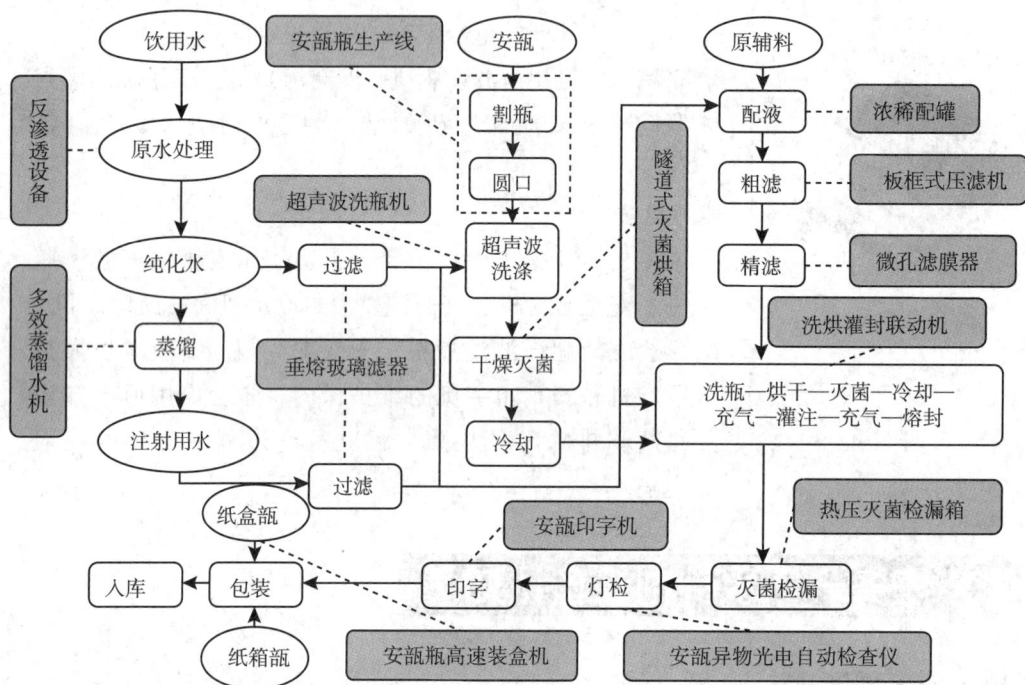

图 19-1　水针剂生产工艺过程及主要设备图

任务二　安瓿洗瓶机

岗位情景模拟

情景描述　安瓿超声波洗瓶岗位：操作人员先把进水阀打开，使储液槽内注满水，打开无盐水阀门，打开注射用水阀门，喷淋正常，打开水泵开关，使超声波清洗槽灌满水，调整进水，使槽内保持一定水位（严禁不到水位打开超声波），打开空气阀门。当槽内水位达到规定水位以后，打开超声开关，超声波清洗机进入洗瓶状态。操作员把安瓿瓶装入进瓶盘，打开调速开关，使转速为 10~26Hz（100~400 支/分钟），按 RUN 键开始生产。

讨论　1. 安瓿超声波洗瓶开始前为什么要在储液槽内先注满水？

2. 安瓿超声波洗瓶在操作时需要注意哪些问题?

3. 安瓿超声波洗瓶操作中怎样保证安瓿瓶不破碎, 提高清洗效率?

超声波安瓿洗瓶机组是目前制药行业最常用于安瓿洗、烘、灌、封联动线的较先进的安瓿洗瓶设备, 有转鼓式和立式超声波安瓿洗瓶机两种。其中, 转鼓式超声波安瓿洗瓶机因破瓶率比立式超声波安瓿洗瓶机高而逐渐被后者所取代。目前, 常用的超声波洗瓶机有 QCL 型立式超声波洗瓶机。

一、超声波洗瓶的原理

超声波洗瓶利用超声波换能器发出的高频机械振荡 (20~40kHz), 在液体清洗介质中疏密相间的向前辐射, 使液体因流动而产生大量非稳态微小气泡, 在超声场的作用下气泡进行生长闭合运动, 即通常所说的 "超声波空化" 效应, 空化效应可形成超过 100MPa 的瞬间高压, 其强大的能量连续不断冲撞被洗对象的表面, 使污垢迅速剥离, 达到清洗的目的。

你知道吗

安瓿的洗瓶设备主要有喷淋式洗瓶机组、气水喷射式洗瓶机组和超声波安瓿洗瓶机组。目前制药企业最常用和效率最高的是超声波安瓿洗瓶机组。

喷淋式洗瓶机组结构简单, 生产效率高, 尤其对 5ml 以下安瓿洗涤效果较好, 曾被广泛采用, 但其亦存在耗水量多、设备占地面积大, 而且洗涤效果欠佳等缺点。

气水喷射式洗瓶机组为利用洁净的洗涤水和过滤后的洁净压缩空气, 通过针头交替喷射安瓿的内壁进行洗涤, 使安瓿达到工艺洁净标准要求。气水喷射式洗瓶机组主要适用于大规格安瓿和曲颈安瓿的洗涤。

转鼓式超声波安瓿洗瓶机在机器工作时, 安瓿注水后经过超声波洗涤, 经超声处理后的瓶子继续下行, 经排列和分离, 以定数瓶子为一组, 由导向装置缓缓推入作间歇转动的转鼓的针管上, 随着转鼓的转动。在后续不同的工位上继续冲循环水→循环水→压缩空气→新鲜水→压缩空气→压缩空气→压缩空气。瓶子在末工位从转鼓上退出, 翻转使压口向上, 从而完成洗瓶工序。

二、立式超声波洗瓶机

立式超声波洗瓶机如图 19-2 所示, 瓶子由输瓶网带输送到走瓶板上, 喷淋槽对瓶子喷水, 瓶子下滑到超声波换能器表面, 利用超声波 "空化" 作用所产生的机械摩擦力, 清除瓶内外黏附较牢固的物质。

图 19 - 2　立式超声波洗瓶机

（一）立式超声波洗瓶机的结构

立式超声波洗瓶机的结构如图 19 - 3 所示，主要由理瓶机构、进瓶机构、洗瓶机构、出瓶机构、主传动系统、清洗水循环系统、气控制系统、加热系统等组成。

1. 理瓶机构　主要为输送带，具有一定的倾斜度，结构为丝网式。

2. 进瓶机构　主要由变距螺杆、提升架组成，变距螺杆可有效地减少倒瓶、缺瓶现象，而且实现简单，只需要旋转运动就可以实现送瓶，有利于输瓶的稳定。

3. 洗瓶机构　分为两部分，一部分为超声波洗瓶，另一部分采用喷淋洗瓶。

4. 出瓶机构　采用同步旋转式拨瓶盘结构，有效防止出瓶时碎瓶现象。

5. 主传动系统　蜗轮蜗杆减速电机位于底部框架内，可变频调速，通过万向联轴器带动分配动力的 T 型箱，具有过载保护功能。

6. 水、气控制系统　由去离子水、注射用水、循环水和压缩空气组成。

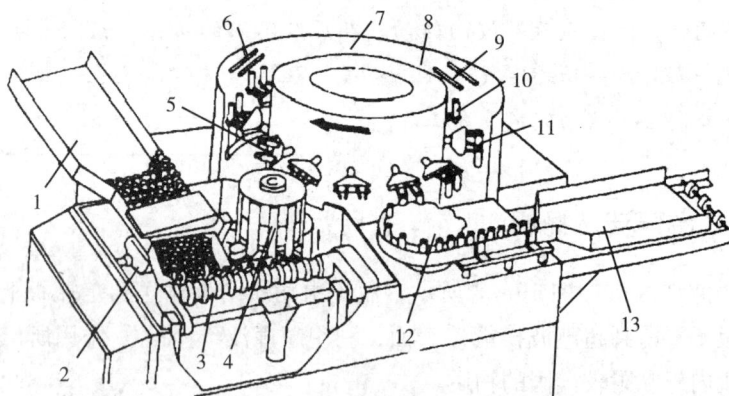

图 19 - 3　立式超声波洗瓶机结构工作示意图

1. 料槽；2. 超声波换能头；3. 送瓶螺杆；4. 提升轮；5. 瓶子翻转工位；

6, 7, 9. 喷水工位；8, 10, 11. 喷气工位；12. 拨盘；13. 滑道

（二）立式超声波洗瓶机的工作原理

料槽中的瓶子下滑经过料槽上方的淋水器，瓶子被注满水后逐渐浸入水中，利用超声波空化作用清除瓶内外黏附较牢固的物质。

瓶子经过超声清洗后，由送瓶螺杆传送到提升轮（图 19 - 4）的提升块上，提升轮旋转带动提升块沿螺旋槽滑动上升，瓶子从水箱底部传递到提升轮的顶部，再与洗瓶转鼓上的机械手进行交接，进入气水冲洗工序。提升轮转动一周，提升块完成一个接瓶、上升、交瓶、下降工作周期。

图 19 - 4　提升轮

洗瓶转鼓周向均匀分布多个机械手，转鼓带动机械手转动。机械手接瓶后，翻转 180°使瓶口朝下，摆环上的射针插入安瓿进行气、水喷射洗涤（图 19 - 5）。

如图 19 - 6 所示，摆环上的射针插入安瓿后，对瓶子内壁进行三次水冲洗和三次吹气，同时固定在喷头架上的喷头喷水冲洗瓶子外壁。摆环做"上升→跟随转鼓转动→下降→快速返回"的运动。

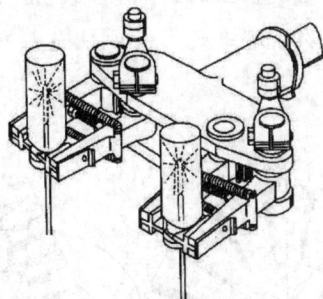

图 19 - 5　夹瓶与翻瓶机械手示意图

图 19 - 6　喷射洗瓶装置

请你想一想

安瓿瓶超声洗涤通过机械手进入摆环，摆环上的射针在进行气、水喷射洗涤过程中需要用到几次水和气，分别是什么水？

洗净后的瓶子在机械手夹持下再翻转 180°瓶口朝上，与出瓶装置交接，由出瓶装置将洗干净的安瓿送入下道烘干工序，出瓶机构采用拨瓶盘结构，玻璃瓶从夹爪机械手处移至出瓶拨瓶盘。图 19 - 7 所示为出瓶装置。

图 19 - 7　出瓶装置

你知道吗

转鼓式超声波安瓿洗瓶机清洗过程和顺序（图 19 - 8）：洗瓶时，将安瓿送入装瓶斗，由输送带送进的一排 9 支安瓿，经推瓶器依次推入针盘的第 1 个工位。当针盘被针管带动转至第 2 个工位时，瓶底紧靠圆盘底座，同时由针管注水。从第 2 个工位至第 7 个工位，安瓿在水箱内进行超声波用纯化水洗涤，水温控制在 60 ~ 65℃，使玻璃安瓿表面上的污垢溶解，这一阶段称为粗洗。当安瓿转到第 10 工位，针管喷出净化压缩空气将安瓿内部污水吹净。在第 11、12 工位，针管对安瓿冲注循环水（经过过滤的纯化水），对安瓿再次进行冲洗。13 工位重复 10 工位送气。14 工位针管用洁净的注射用水再次对安瓿内壁进行冲洗。15 工位又是送气。至此，安瓿已洗涤干净，这一阶段称为精洗。当安瓿转到 18 工位时，针管再一次对安瓿送气并利用气压将安瓿从针管架上推离出来，再由出瓶器送入输送带。

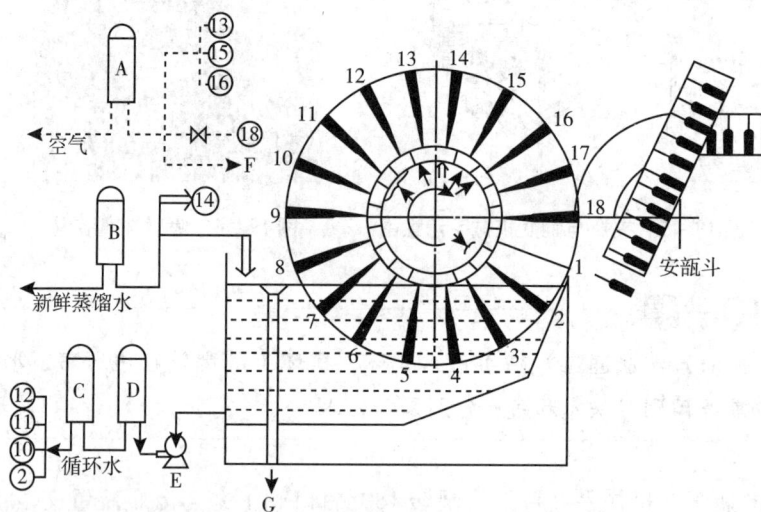

图 19 - 8　转鼓式超声波洗瓶机工作示意图

1. 引瓶；2. 注循环水；3 ~ 7. 超声清洗；8、9. 空位；10 ~ 12. 循环水冲洗；

13. 吹气排水；14. 注新蒸馏水；15、16. 压气吹净；17. 空位；18. 吹气出瓶；

A ~ D. 过滤器；E. 循环泵；F. 吹除玻璃屑；G. 溢流回收

（三）超声波洗瓶机的使用

超声波洗瓶机的使用操作流程如图 19 – 9 所示。

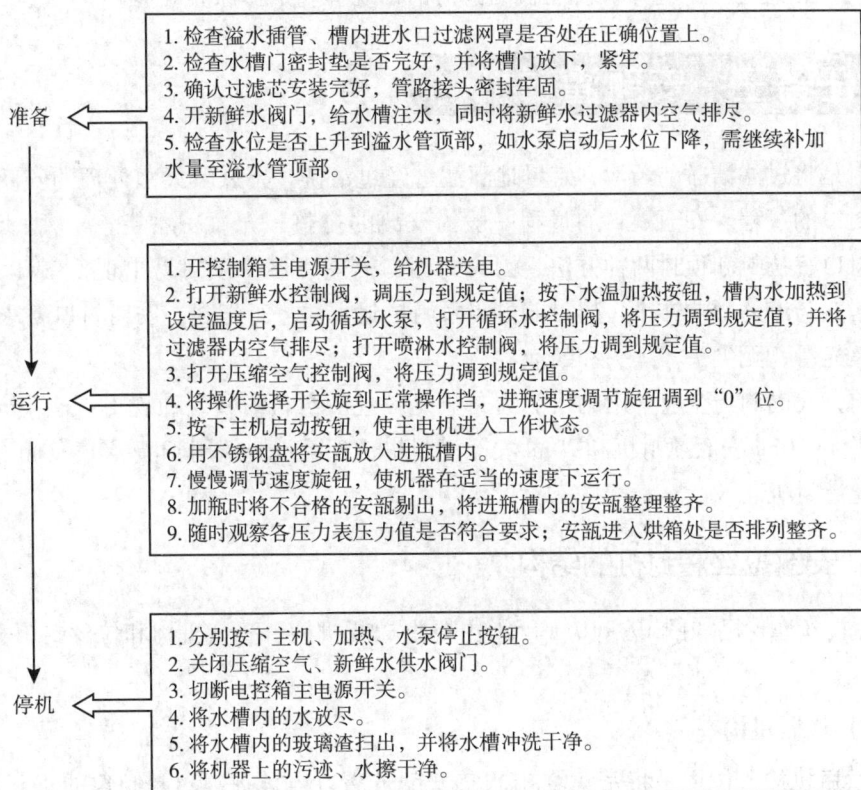

准备 ←
```
1. 检查溢水插管、槽内进水口过滤网罩是否处在正确位置上。
2. 检查水槽门密封垫是否完好，并将槽门放下，紧牢。
3. 确认过滤芯安装完好，管路接头密封牢固。
4. 开新鲜水阀门，给水槽注水，同时将新鲜水过滤器内空气排尽。
5. 检查水位是否上升到溢水管顶部，如水泵启动后水位下降，需继续补加
   水量至溢水管顶部。
```

运行 ←
```
1. 开控制箱主电源开关，给机器送电。
2. 打开新鲜水控制阀，调压力到规定值；按下水温加热按钮，槽内水加热到
   设定温度后，启动循环水泵，打开循环水控制阀，将压力调到规定值，并将
   过滤器内空气排尽；打开喷淋水控制阀，将压力调到规定值。
3. 打开压缩空气控制阀，将压力调到规定值。
4. 将操作选择开关旋到正常操作挡，进瓶速度调节旋钮调到"0"位。
5. 按下主机启动按钮，使主电机进入工作状态。
6. 用不锈钢盘将安瓿放入进瓶槽内。
7. 慢慢调节速度旋钮，使机器在适当的速度下运行。
8. 加瓶时将不合格的安瓿剔出，将进瓶槽内的安瓿整理整齐。
9. 随时观察各压力表压力值是否符合要求；安瓿进入烘箱处是否排列整齐。
```

停机 ←
```
1. 分别按下主机、加热、水泵停止按钮。
2. 关闭压缩空气、新鲜水供水阀门。
3. 切断电控箱主电源开关。
4. 将水槽内的水放尽。
5. 将水槽内的玻璃渣扫出，并将水槽冲洗干净。
6. 将机器上的污迹、水擦干净。
```

图 19 – 9 超声波洗瓶机的使用操作流程图

（四）超声波洗瓶机的操作注意事项

（1）严禁不到水位即打开超声波，水泵禁止在无水状态下运转。

（2）生产结束后一定要先关超声波，再放水。

（3）洗瓶机的过滤器定期清洗，保证注射用水澄明度。

（4）严禁倒瓶进入轨道。

（五）超声波洗瓶机的维护与保养

（1）对直流电机，切忌直接启动和关闭。启动时应使用调压器由最小调到额定使用值；关闭时先由额定使用值调到最小值，再切断电源。

（2）注意进瓶通道内落瓶情况，及时清除玻璃屑，以防卡阻进瓶通道。

（3）定时向链条、凸轮摆杆关节转动处加润滑油，以保持良好的润滑状态。

（4）机器必须每天进行清洗，将水槽水放尽，清除玻璃渣，用水或气将水槽、转鼓冲洗干净；将外部管路、过滤器内的残留水放尽，必要时将过滤芯进再生或更换。

（5）槽内不锈钢过滤网罩每天必须刷洗；检查、清除堵塞的喷嘴。

（6）按使用说明书对设备进行加油润滑。

（7）严格遵守立式超声波洗瓶机的清洁消毒规程和维护保养规程。

任务三 安瓿灌封机 📱微课

灌封是将过滤洁净的药液，定量地灌注进经过清洗、干燥及灭菌处理的安瓿瓶内，并加以封口的过程。安瓿灌封的过程一般为安瓿的排整→充氮→灌装→充氮→封口等工序。封口有拉封和顶封两种方法，因拉封封口严密，不像顶封易出现毛气孔，且拉封时火焰对药液的影响亦小，故目前主要采用拉封方法进行熔封。安瓿封口要求严密，颈端圆整光滑，无尖头、焦头和鼓泡。

目前，我国制药企业常用的安瓿灌封机是拉丝灌封机。共 3 种规格：1～2ml 安瓿灌封机、5～10ml 安瓿灌封机和 20ml 安瓿灌封机，现重点介绍用于灌装 1～2ml 规格的安瓿拉丝灌封机。

一、安瓿拉丝灌封机的结构

安瓿拉丝灌封机如图 19 – 10 所示，主要由送瓶机构、灌装机构和拉丝封口机构等组成。

（一）送瓶机构

1. 供瓶机构 作用是将密集堆排的空安瓿放置在与水平成 45°倾角的进料斗内，按一定的间隔顺序供应到传送齿板上，以满足后面各工位的要求。如图 19 – 11 所示，每一节齿形链槽能容一支安瓿，链槽行走时，安瓿被从安瓿料斗中连续不断地送出。

图 19 – 10　安瓿拉丝灌封机

图 19 – 11　灌封机供瓶机构

2. 移瓶机构 如图 19 – 12 所示，主要由凸轮机构、移动齿板、固定齿板等组成。

移动齿板处于两固定齿板之间，进瓶斗下方的齿形链槽送出的安瓿，由两块移动齿板从下方托起，并转移放至两块固定齿板上的 V 形齿槽上，如此往复动作，完成移瓶动作。

3. 出瓶机构 如图 19 – 13 所示，灌药封口后的安瓿被移瓶齿板搬移到出瓶齿板的齿槽上，出瓶齿板往复摆动，将安瓿推入出瓶斗。

图 19 – 12 灌封机移瓶机构

1. 固定齿板；2. 移动齿板；3. 安瓿；4. 供瓶链槽

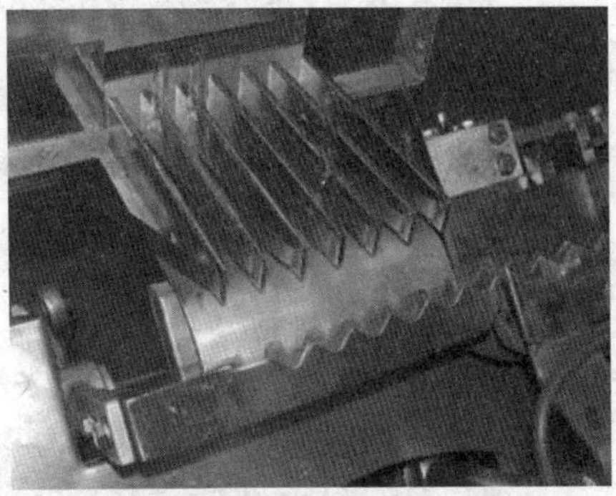

图 19 – 13 灌封机出瓶机构

（二）灌装机构

灌装机构是将药液经计量装置，按工艺要求的一定体积灌注到安瓿中的机构。图 19 – 14 为灌装机构的结构示意图。该灌装机构由三个分支机构组成。

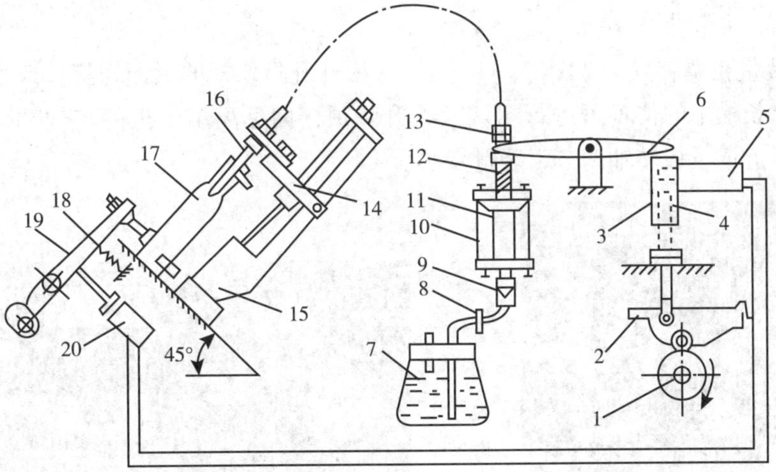

图 19 – 14 安瓿拉丝灌封机灌装机构的结构示意图

1. 凸轮；2. 扇形板；3. 顶杆座；4. 顶杆；5. 电磁阀；6. 压杆；7. 贮液罐；8. 螺丝夹；
9、13. 单向阀；10. 针筒；11. 针筒芯；12. 压簧；14. 针头托架；15. 针头托架座；
16. 针头；17. 安瓿；18. 拉簧；19. 摆杆；20. 行程开关

1. 凸轮－杠杆机构 作用是驱动活塞，将药液从储液罐中吸入针筒内并向针头进行输送。它的原理是：如图 19 – 14，凸轮 1 转动驱动扇形板 2 转换为顶杆 3 的上下运动，再使压杆 6 摆动，最后使筒芯在针筒 10 内往复移动。当筒芯向上移动时，针筒下部产生真空，下单向阀 9 打开，上单向阀 13 关闭，吸入药液；当筒芯向下压时，针筒下部产生压力，下单向阀 9 关闭，上单向阀 13 打开，排出药液；如此循环，完成药液的灌装。图 19 – 15 所示为玻璃灌注泵，图 19 – 16 所示为玻璃单向阀。

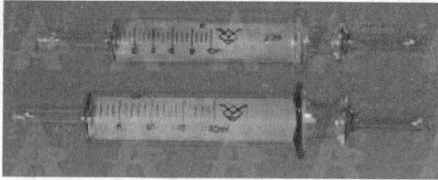

图 19 – 15　玻璃灌注泵

图 19 – 16　玻璃单向阀

拉丝灌封机药液灌装量的调节方法如下。

（1）装量细调装置　如图 19 – 17 所示，顺时针拧调节螺钉，灌装量增加；逆时针拧调节螺钉，灌装量减小。

（2）装量粗调装置　如图 19 – 18 所示，松开升降顶杆的紧固螺钉，改变升降顶杆在扇子板上长槽中的位置可进行粗调。将升降顶杆向远离扇子板的转轴端调节，装量变大；向靠近扇子板转轴调节，装量变小。

图 19 – 17　装量细调装置

图 19 – 18　装量粗调装置

2. 灌注 – 充氮机构　作用是使针头进出安瓿灌注药液与充氮气。针头固定在针头架上，受凸轮机构驱动做上下移动，向上时从安瓿中退出，向下时进入安瓿灌药、充氮。图 19-19 所示为灌注机构。

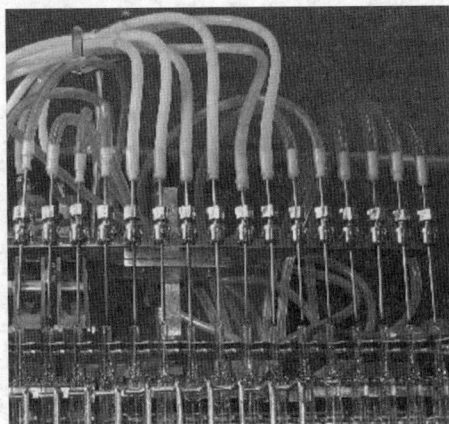

图 19-19　灌注机构

3. 缺瓶止灌机构　作用是当灌注工位出现缺瓶时，能自动停止灌注，以防止药液的浪费和污染机器。

（1）机械式缺瓶止灌装置　结构如图 19-20 和图 19-21 所示。其原理是：当灌注工位缺瓶时，压瓶板受扭簧作用向下摆动，压瓶板下方的触头触压杠杆（相当于行程开关），使钢丝绳产生拉力，拉出连接顶杆与顶杆套筒的横销，顶杆在套筒内只向上滑动，而套筒不运动，筒芯在针筒内不运动，达到不灌注的目的。

图 19-20　止灌行程开关

图 19-21　止灌装置

（2）电磁式缺瓶止灌装置　其原理是：当灌注工位缺瓶时，压瓶板下压无瓶可压，拉簧拉动压瓶杆向下偏转，使止灌行程开关闭合，开关回路上安装有电磁阀，电磁阀因通电产生吸力，拉出连接顶杆与顶杆套筒的横销，虽然凸轮使扇形板上的顶杆上移，但由于起销栓作用的横销被电磁铁拉出，顶杆在套筒内只相对滑动而不能使筒芯运动，玻璃泵即停止工作，针管虽然下降，但没有药液注射出来。

（三）拉丝封口机构

拉丝封口机构的作用是当安瓿瓶颈被火焰加热到熔融时，用拉丝钳将瓶颈以上多余的玻璃夹住拉走，使瓶颈闭合密封。安瓿拉丝封口机构由加热、压瓶和拉丝封口三部分组成（图19-22）。

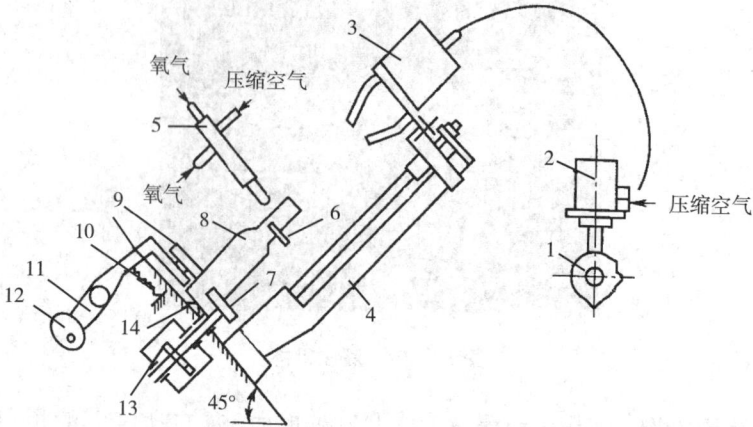

图19-22　安瓿拉丝灌封机气动拉丝封口机构结构示意图
1. 凸轮；2. 气阀；3. 拉丝钳；4. 拉丝钳座；5. 燃气喷嘴；6. 固定齿板；
7. 滚轮；8. 安瓿；9. 压瓶滚轮；10. 拉簧；11. 摆杆；12. 压瓶凸轮；
13. 涡轮蜗杆箱；14. 半球形支头

1. 加热部分　主要由燃气喷嘴和气源等组成，气源有煤气、氧气及压缩空气，燃烧时火焰温度可达1400℃左右。有两组燃气喷枪，使用煤气与氧气混合燃烧，火焰温度高低用阀门控制。前一组为预热喷枪头，后一组为拉丝喷枪头。

2. 压瓶部分　如图19-23所示，压瓶部分主要由压瓶凸轮、压瓶滚轮、摆杆等组成。作用是使安瓿在压瓶凸轮及摆杆作用下被压瓶滚轮压任不能移动，防止拉丝熔封时安瓿随丝钳而移动，使封口不符合要求。

图19-23　安瓿拉丝灌封机加热与转瓶装置

3. 拉丝封口部分　拉丝部件按其传动方式可分为气动拉丝和机械拉丝两种形式。作用是使拉丝钳上下移动及控制拉丝钳口的开启和关闭。气动拉丝是通过气阀和凸轮控制压缩空气进入拉丝钳管道，从而使拉丝钳口开启及关闭。气动拉丝结构简单、维修方便、造价较低，但噪声大，且有排气污染。机械拉丝主要是通过连杆－凸轮机构带动钢丝绳控制拉丝钳口的开启与关闭。机械拉丝噪声低、无污染，但是其结构复杂、制造精度要求高，主要适用于无气源的地方。

图 19 – 24　安瓿拉丝封口机构

钳子的上下运动由凸轮驱动，向下运动时拉丝钳口张开靠近安瓿，在钳口处于最低位时，拉丝钳合拢将安瓿头部钳住，钳子上移时将已熔化的安瓿丝头抽出，使安瓿头部闭合封口。当拉丝钳上升到最高位时拉丝钳张开、闭合两次，将拉出的废丝头丢掉，从而完成拉丝动作。图 19 – 24 所示为安瓿拉丝封口机构。

请你想一想

安瓿灌封机在生产过程中会出现一些危险事件，例如超高温的火焰灼烧皮肤、装有药液的安瓿瓶被火焰灼烧产生裂瓶现象或爆破等安全事件，在实际生产过程的你如何去避免此类事件的发生？

二、安瓿拉丝灌封机的工作原理

安瓿拉丝灌封机的一般工作原理如图 19 – 25 所示。

供瓶 → 移动齿板搬移安瓿 → 前充氮气 → 灌注药液 →
后充氮气 → 瓶颈预热、加热 → 拉丝封口 → 出瓶

图 19 – 25　安瓿灌封机的工作原理

三、安瓿拉丝灌封机的使用

安瓿拉丝灌封机的使用操作流程如图 19 – 26 所示。

开机前
准备检查

> 1. 用75%乙醇清洁、消毒灌封机进料斗、出料斗、齿板。
> 2. 安装灌注系统。
> ① 手部消毒后，取出玻璃灌注器，检查是否漏气。
> ② 将玻璃灌注器分两部分：针筒装入灌注器保护套中，放入皮垫，筒芯套上弹簧和皮垫、保护盖，将两部分组装。
> ③ 灌注器的上出口用较短的胶管连接上单向阀，上单向阀与针头之间用胶管连接，将针头固定在针头架上。
> ④ 将灌注器底部安装在灌注器架上，灌注器上部卡在顶杆套上。
> ⑤ 灌注器下部胶管连接下单向阀，下单向阀与玻璃三通出口处胶管连接，玻璃三通另一出口连接另一个灌注器的下单向阀，玻璃三通中间上出口处用胶管连接，并用螺丝夹夹住。
> ⑥ 玻璃三通下部出口处，用较长的胶管连接下单向阀，放入过滤后的注射用水瓶中，冲洗灌注系统。
> 3. 在各运转部位加润滑油后，顺时针转动用手轮，检查灌封机各部运转情况是否正常。

开机操作

> 1. 取安瓿放入进料斗，取少许安瓿摆放在齿板上。
> 2. 开燃气阀、氧气阀，点燃火焰并调整。启动电机，进行试开机。
> 3. 检查针头插入安瓿的深度和位置是否正常。
> 4. 检查装量是否合符要求。
> 5. 观察封口处安瓿旋转是否顺利、受热是否均匀。
> 6. 观察安瓿拉丝情况是否达到技术要求。
> 7. 各机构运转调至生产所需标准，开始灌封。
> 8. 将灌封系统的下活塞放入澄明度合格的滤液瓶中，密封瓶口，在出瓶斗处放洁净的钢盘装灌封后的安瓿。
> 9. 灌封时，查看灌药情况，每30分钟检查一次装量。
> 10. 灌装过程中，发现灌封不良品用镊子随时挑出。

关机

> 灌封结束后，关闭氧气阀、燃气阀，关闭电源并拔下插头。

清洁消毒

> 拆卸灌注系统并按要求进行清洁消毒。

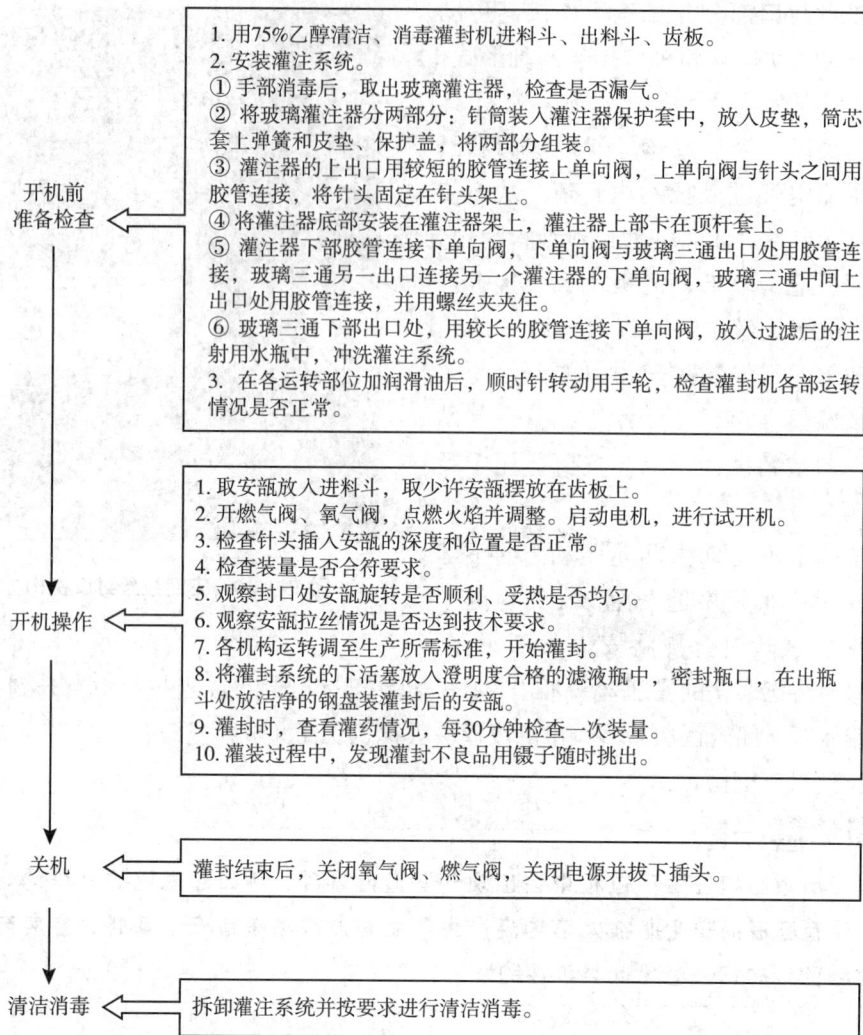

图 19-26 安瓿拉丝灌封机的使用操作流程图

四、安瓿拉丝灌封机常见故障及排除

1. 冲液现象 指在灌注过程中，药液从安瓿内冲起溅在瓶颈上方或冲出瓶外。处理方法：调节针头进入安瓿的位置，使其恰到好处。

2. 束液 指注液结束时，针头处不得有药液滴到安瓿上或机器上。束液不好会弄湿安瓿颈、影响灌装量，还可能造成针剂焦头，或封口时瓶颈破裂等问题。处理方法：①选用设计有毛细孔的玻璃单向阀，使针筒在注液完成后对针筒内的药液有微小的倒吸作用。②可在储液瓶和针筒连接的导管上夹一只螺丝夹，靠乳胶管的弹性作用控制束液。

3. 封口时产生"泡头""瘪头""尖头"现象 多是封口火焰的温度不适造成的。
（1）泡头 ①如煤气太大。处理方法：需调小煤气。②预热枪火头太高。处理方法：可适当降低火头位置。③安瓿压瓶轮未压妥，使瓶子上爬。处理方法：应调整压瓶轮的位置。④钳子太低，造成钳去玻璃太多，安瓿内药液挥发，压力增加，形成泡头。处理方法：需将钳子调高。

（2）瘪头　①瓶口有药液，拉丝后因瓶口液体挥发，压力减少，外界压力大而瓶口倒吸形成瘪头。处理方法：可调节灌装针头位置和大小，不使药液外冲。②回火火焰不能太大，否则会使已圆好的瓶口重熔。

（3）尖头　①预热火焰太大，加热火焰过大，使拉丝时丝头过长。处理方法：可把煤气量调小些。②火焰喷枪离瓶口过远，加热温度太低。处理方法：应调节中层火头，对准瓶口，离瓶 3～4mm。③压缩空气压力太大，造成火力急，温度低于玻璃软化点。处理方法：可将空气量调小一点。

五、安瓿拉丝灌封机的维护与保养

（1）每次开机前必须先用摇手柄转动机器，察看其转动是否有异状，确实判明正常后，才可开车。但请注意，开机前一定要先将摇手柄拉出，使手柄脱离机器。保证操作安全。

（2）燃气头应该经常从火头之大小来判断是否良好，因为焰气头的小孔使用一定时间后，容易被积炭堵塞或因小孔变形而影响火力。

（3）灌封机火头上面要装排气管，能排除热量及燃气中的少量灰尘，同时又能保持室内温度、湿度和清洁，对产品质量和工作人员的健康有好处。

（4）机器必须保持清洁，严禁机器上的油污、药液或玻璃碎屑，以免造成机器损蚀。故必须机器在生产过程中，及时清除药液或玻璃碎屑；交班前应将机器各部清洁一次，并将各部加油一次；每周应大擦洗一次，特别是将平常使用中不容易清洁到的地方擦净，并可以用压缩空气吹净。

任务四　安瓿洗烘灌封联动机

岗位情景模拟

情景描述　安瓿洗烘灌封联动机岗位：立式超声波洗瓶机可完成瓶子的超声波粗洗，瓶外壁清洗，瓶内的三气三水清洗。热风循环隧道灭菌烘箱可对清洗的瓶子进行烘干、灭菌去热源。安瓿拉丝灌封机可完成前充氮、灌药、后充氮拉丝灌封功能。

讨论　1. 安瓿洗烘灌封联动机由哪几部分组成，每部分的作用是什么？

2. 安瓿洗烘灌封联动机每部分设备是否可以单机运行操作生产？

3. 安瓿洗烘灌封联动机在操作过程中需要注意哪些问题？

目前，药品生产企业的安瓿洗烘灌封联动机是将安瓿洗涤、烘干、灭菌以及药液灌封联合起来的生产线，是目前水针剂生产较为先进的生产设备。联动机组分为清洗、干燥灭菌、灌装封口三个工作区。安瓿洗烘灌封联动生产线使各设备间操作协调同步、紧凑，减少半成品的中间周转，使药物受污染的可能性降低到了最小限度。安瓿洗灌封联动机的结构如图 19 - 27 和图 19 - 28 所示。

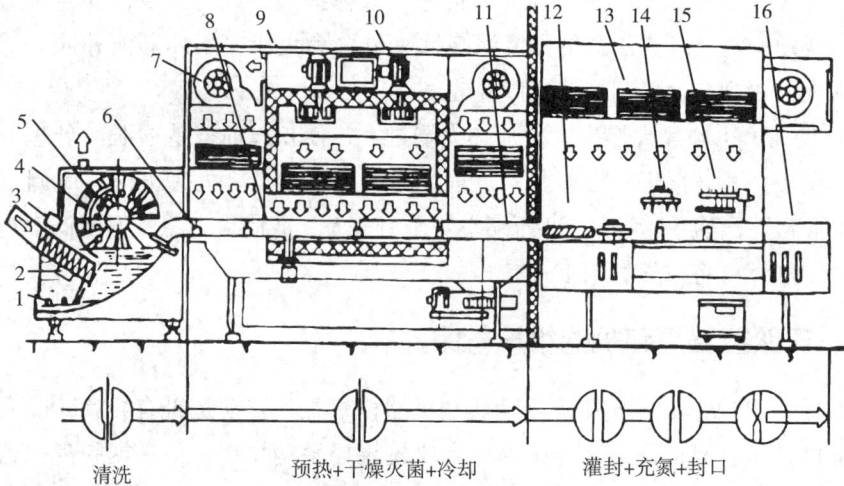

图 19 - 27　安瓿洗灌封联动机结构示意图

1. 水加热器；2. 超声波换能器；3. 喷淋水；4. 冲水、气喷嘴；5. 转鼓；

6. 已洗安瓿及出瓶轨道；7. 预热区风机；8. 高温灭菌区；9. 高温高效过滤器；

10. 高温层流风机；11. 冷却区及风机；12. 不等距螺杆；13. 洁净层流罩；

14. 充气灌药工位；15. 拉丝封口工位；16. 成品出口

图 19 - 28　安瓿洗烘灌封联动机组

一、安瓿洗烘灌封联动机的结构

安瓿洗烘灌封联动机由安瓿超声波洗瓶机、安瓿隧道式热风灭菌干燥机和拉丝灌封机三种设备组成，各设备的工作过程如下。

1. 超声波洗瓶机　首先瓶子由网带进瓶，在斜斗中先注满水，再滑入水池中。经过约 1 分钟的超声波清洗，安瓿由推瓶杆推至喷针上，并被输送到各清洗工位，倒置的安瓿通过各个清洗工位时，不断由热水及压缩空气进行交替内部清洗。各清洗工位冲洗过程：循环水→循环水→压缩空气→新鲜水→压缩空气→压缩空气→压缩空气。安瓿外部由喷射水流清洗。

2. 安瓿隧道式热风灭菌干燥箱 采用层流原理和热空气高速灭菌消毒工艺，使整个容器输送密封隧道系统内的 A 级层流环境下完成容器的预热、干燥、灭菌和冷却工序，其热分布均匀，去热源效果好。分为预热、干燥灭菌和冷却 3 个部分。

3. 拉丝灌封机 采用直线间歇式灌装和封口。安瓿进入传瓶输送带，向前运动至绞龙部件，绞龙将安部整理成有序的状态，并将安瓿逐个地推进至进瓶拨轮，进瓶拨轮连续将安瓿递交给前行走梁部件，安瓿连续运动转变为间歇运动方式。中间行走梁部件将安瓿按步进方式送至下一工位。

5 个间歇工位依次为前充气工位、灌液工位、后充气工位、预热工位和拉丝封口工位。前充气工位可设定为压缩空气，也可设定为氮气；后充气工位则设定为氮气。在灌液岗位，玻璃柱塞泵通过灌针将药液注入安瓿，各灌装泵装量可通过调节手轮来调整，在预热工位，安瓿被喷嘴吹出的氢气和氧气混合燃烧气体加热，同时在滚轮作用下产生自旋运动。在拉丝封口工位，安瓿顶部进一步受热软化

> **请你想一想**
> 安瓿洗烘灌封联动机在运行过程中突然有台设备（如拉丝灌封机）设备出现了故障，在实际生产过程中你将如何处理使影响降到最低？

被拉丝钳拉丝封口，封口后的安瓿经出瓶拨轮推出，被进入接瓶盘中。

安瓿洗、烘、灌封联动机各组成单机，既能单独使用也能联合使用。联合使用时，各台机器的同步配合是个关键，这是由自控装置和同步传动机构共同完成的。

二、安瓿洗烘灌封联动机的使用注意事项

（一）安瓿清洗及干燥灭菌

（1）领取经质量部门批准使用的安瓿。使用时，应核对规格、批号、生产厂家、数量，然后摆选瓶。

（2）洗瓶工艺用水及压缩空气经验证后方可投入使用。

（3）不论采用何种安瓿洗涤方式，安瓿外壁应冲洗，内壁至少用纯化水洗 2 次，每次必须充分除去残水，最后用孔径为 $0.22\mu m$ 滤膜（或其他相应过滤介质）过滤的注射用水洗净、干燥灭菌、冷却。

（4）灭菌后的安瓿宜立即使用或清洁存放。安瓿存放不得超过 2 天，如果超过则必须重新灭菌或重新洗涤、灭菌。

（5）在洗瓶工序，应每班定时检查隧道烘箱温度、洗净后安瓿的洁净度、烘干后安瓿的洁净度与干燥程度。

（二）灌封

（1）灌装管道、针头等使用前用注射用水清洗并煮沸灭菌，必要时应干燥灭菌。

软管应选用不脱落微粒者。品种应专用。

（2）盛药液容器应密闭，置换入的空气宜经过滤。

（3）需充惰性气体的品种在灌封操作过程中要注意压力变化，保证充填足够的惰性气体。

（4）灌封后应及时抽取少量半成品检查澄明度、装量、封口等质量状况。

（5）半成品盛器内应标明产品名称、规格、批号、日期、灌装机及顺序号、操作者姓名，并在 4 小时内灭菌。

（6）容器、管道、工具等洁净要求同配制工序。

（7）在灌封工序，应每班随时检查安瓿的洁净度、药液的色泽和澄明度、封口的长度和外观、封口后半成品的药液装量和澄明度。

三、安瓿洗烘灌封联动机常见故障及排除

1. 碎瓶现象　进瓶拨轮与理瓶进瓶栏栅处碎瓶、进瓶拨轮与走瓶拨块碎瓶、出瓶拨轮出瓶时碎瓶。处理方法：进瓶托板与理瓶盘及围板的平面度，不能高于理瓶盘，理瓶盘移位导致理瓶栏栅与进瓶拨轮配合过紧，理瓶栏栅处瓶子一定要是满的不能缺瓶，可以适当的调节理瓶速度。

2. 错位现象　进瓶拨轮与拨块错位、压塞板与拨块错位、灌针架与拨块错位、压塞拨轮与出瓶拨轮错位。处理方法：以同步带拨块为准调节进瓶拨轮对中，进瓶拨轮下端分度盘有三个 M6 螺钉松开后调节拨轮与拨块的对中，调好后拧紧。

任务五　安瓿印字机

药厂水针剂包装流水线用于印字（品名、规格、批号、商标）的主要设备为安瓿印字机（图 19 - 29），常见规格有 1 ~ 2ml，5 ~ 10ml，20ml 三种。在安瓿瓶印上内容包括品名、剂量、规格含量、生产日期、生产批号、有效期等。该设备具有无级调速，自动进盒、开盒，平稳输送，印字清晰，正确装盒等特点。

图 19 - 29　安瓿高清印字机实物图

一、安瓿印字机的结构

图 19 - 30 所示为安瓿印字机的结构。该机主要由安瓿盘、拨轮、出瓶轨道、转盘、印字轮、字版轮、油墨轮和输送带等组成。

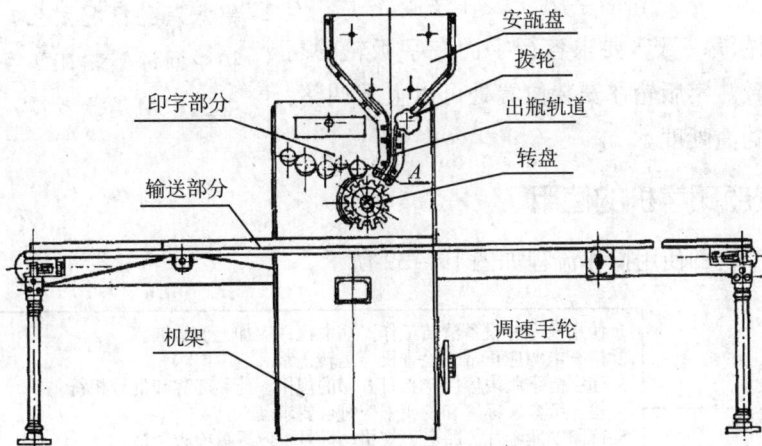

图 19 - 30 安瓿印字机的结构示意图

二、安瓿印字机的工作原理

1. 机器工作过程 人工将安瓿装入安瓿盘内,开机后,安瓿在拨轮松动下沿出瓶轨道下滑,落入逆时针方向转动的转盘槽内。转盘上的安瓿转到与印字轮接触时,进行印字。印过字的安瓿随转盘继续转动,落入下面传送带上的纸盒内,再经人工整理检查,放入说明书、盖上盒盖,由输送带送往贴签机贴签。

2. 字的转印过程 印字轮系统由油墨轮、往复轮、中间油墨轮、字版轮和印字轮组成(图 19 - 31)。油墨由人工加到油墨轮上,经转动的往复轮、中间油墨轮将油墨滚匀,随后,油墨再滚加在字版轮上,字版轮将字印到印字轮上,印字轮再将其上的反字滚压到随转盘转运过来的安瓿上,呈现正字。

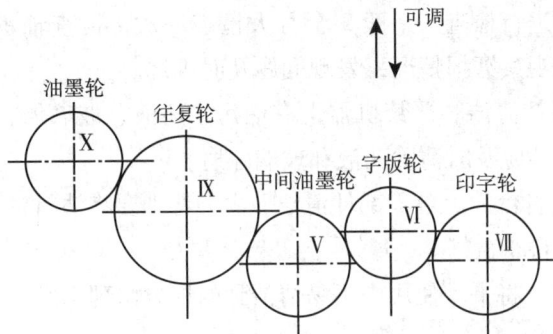

图 19 - 31 印字轮系统示意图

3. 字版的调整 安瓿表面一般印有三行字：第一行是规格，第二行是药名，第三行是由若干数字构成的批号。通常字版上的第一、二行的字模相对不变，故做成一块铜版。第三行因为要经常变动，故做成活字版。铜版和活字版安装在字版轮上，为使印出的字浓淡一致，要求各行字面在字版轮的高度要保持一致。字版轮在安装位置处可以上下调整，以保证印字的清晰度。

请你想一想

安瓿印字机在印字过程中如何避免油墨太多或不上墨等现象，导致最后印字效果太差的情况发生？往复轮和中间油墨轮在印字轮系统中的作用是什么？

三、安瓿印字机的使用

安瓿印字机的使用操作流程如图 19 – 32 所示。

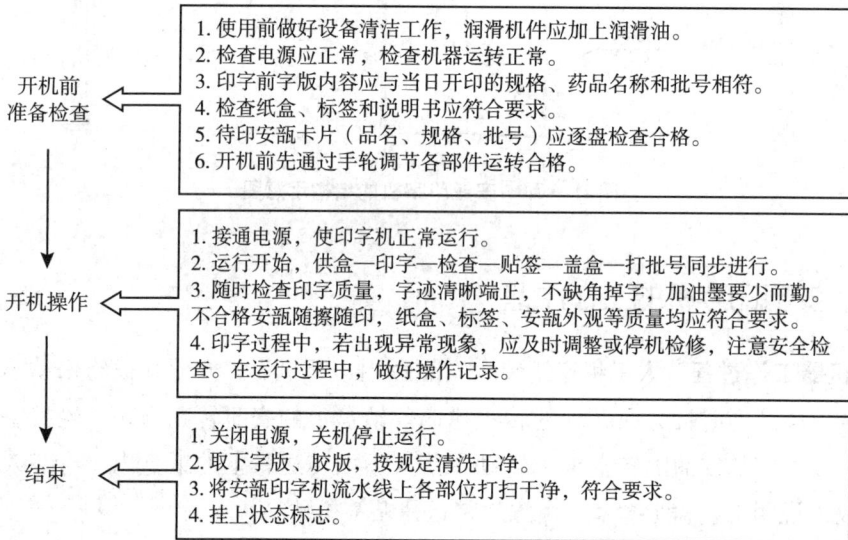

开机前
准备检查

1. 使用前做好设备清洁工作，润滑机件应加上润滑油。
2. 检查电源应正常，检查机器运转正常。
3. 印字前字版内容应与当日开印的规格、药品名称和批号相符。
4. 检查纸盒、标签和说明书应符合要求。
5. 待印安瓿卡片（品名、规格、批号）应逐盘检查合格。
6. 开机前先通过手轮调节各部件运转合格。

开机操作

1. 接通电源，使印字机正常运行。
2. 运行开始，供盒—印字—检查—贴签—盖盒—打批号同步进行。
3. 随时检查印字质量，字迹清晰端正，不缺角掉字，加油墨要少而勤。不合格安瓿随擦随印，纸盒、标签、安瓿外观等质量均应符合要求。
4. 印字过程中，若出现异常现象，应及时调整或停机检修，注意安全检查。在运行过程中，做好操作记录。

结束

1. 关闭电源，关机停止运行。
2. 取下字版、胶版，按规定清洗干净。
3. 将安瓿印字机流水线上各部位打扫干净，符合要求。
4. 挂上状态标志。

图 19 – 32 安瓿印字机的使用操作流程

四、安瓿印字机的维护与保养

（1）定期对机器进行检查。一般 3 个月大检查一次，检查轴承、传动齿轮等活动部件是否转动灵活，观察磨损情况，发现问题及时维修。

（2）机器必须保持清洁。严禁机器上有油污、药液、玻璃屑，尤其是进瓶和印字部分，在生产过程中，应及时清除药液和玻璃碎屑。

（3）交接班前应将台面上各零部件清洁一次，特别要将沾有油墨的部件擦洗干净。长期不使用时，用塑料布盖好。

（4）定期大擦洗，将平常使用中不易清洁到的地方清理干净。

目标检测

一、单项选择题

1. 关于立式超声波洗瓶机，下列说法错误的是（　　）

    A. 定期检查、紧固松动的连接件

    B. 按使用说明书对设备进行加油润滑

    C. 超声波发生器可在无水时启动

    D. 水泵禁止长时间干运转

2. 目前企业常用的、效率最高的洗瓶设备是（　　）

    A. 喷淋式洗瓶机　　　　　　　　　B. 毛刷式洗瓶机

    C. 气水喷射式洗瓶机　　　　　　　D. 超声波式洗瓶机

3. 玻璃瓶超声波洗瓶机工作是，先理瓶、进瓶，接下应是（　　）

    A. 超声波粗洗　　B. 翻瓶　　　　C. 碱洗　　　　D. 酸洗

4. 超声波洗瓶机工作时，提升轮将瓶子传递给（　　），然后瓶子开始接受气水喷射冲淋

    A. 进瓶料斗　　B. 超声换能头　　C. 转鼓上的机械手　　D. 喷射泵

5. 利用超声波"空化"作用所产生的机械摩擦力进行洗瓶的是（　　）

    A. 立式超声波洗瓶机　　　　　　　B. 喷淋式洗瓶机组

    C. 气水喷淋射式洗瓶机组　　　　　D. 毛刷式洗瓶机组

6. 目前国内药厂所采用的安瓿灌封设备主要是（　　）

    A. 洗瓶机　　　B. 压盖机　　　　C. 封口机　　　　D. 拉丝灌封机

7. 安瓿灌封机的结构组成不包括（　　）

    A. 安瓿封口部分　　　　　　　　　B. 安瓿检漏部分

    C. 安瓿传送部分　　　　　　　　　D. 药液灌装部分

8. 安瓿拉丝封口设备热熔时使用的加热方式是（　　）

    A. 水浴加热　　B. 蒸汽加热　　　C. 火焰加热　　　D. 电加热

9. 以下不是安瓿灌封机组成部件的是（　　）

    A. 送瓶机构　　　　　　　　　　　B. 灌装机构

    C. 拉丝封口机构　　　　　　　　　D. 超声波清洗部件

10. 立式超声波洗瓶机洗瓶洁净度不符合要求的原因是（　　）

    A. 压缩空气压力不够　　　　　　　B. 滤芯损坏或堵塞

    C. 冲水充气压力过大　　　　　　　D. 注射用水压力不够

11. 以下不是安瓿洗烘灌封联动机组组成设备的是（　　）

    A. 立式超声波洗瓶机　　　　　　　B. 隧道式热风循环灭菌干燥机

    C. 安瓿印字机　　　　　　　　　　D. 拉丝灌封机

12. 目前制药行业最常用于安瓿洗烘灌封联动线的安瓿洗瓶设备是（　　）
　　A. 立式超声波洗瓶机　　　　　B. 喷淋式洗瓶机组
　　C. 气水喷射式洗瓶机组　　　　D. 滚筒式超声波洗瓶机

13. 关于安瓿灌封机的操作，下列说法错误的是（　　）
　　A. 开机前转动手轮摇动使机器运行 1~3 个循环
　　B. 中途停机时先按绞龙制动按钮，待瓶走完后方可停机
　　C. 若总停时间不长，可让层流风机一直处于开机状态
　　D. 总停机时先按抽风（燃气）停止按钮，再按氧气停止按钮

14. 安瓿印字机的印字部分中与安瓿接触的轮是（　　）
　　A. 油墨轮　　　B. 往复轮　　　C. 印字轮　　　D. 字版轮

15. 安瓿印字、进盒的设备是（　　）
　　A. 安瓿印字机　B. 安瓿灌封机　C. 配液罐　　　D. 立式超声波洗瓶机

二、思考题

1. 超声波洗瓶机的工作原理是什么？
2. 简述安瓿灌封机的结构组成是什么？
3. 安瓿灌封机的灌装机构由几部分组成？各部分的作用是什么？
4. 简述安瓿洗烘灌封联动机组工艺流程。
5. 安瓿印字机的印字轮系统由哪几部分组成？

书网融合……

　　　e 微课　　　　　　划重点　　　　　　自测题

PPT

项目二十 粉针剂设备

学习目标

知识要求

1. **掌握** 螺杆式分装机、气流分装机和西林瓶轧盖机的基本原理、结构及正确使用。
2. **熟悉** 无菌分装粉针剂的生产工艺过程及主要设备。
3. **了解** 螺杆式分装机、气流分装机和西林瓶轧盖机的常见问题、解决办法及维护保养。

能力要求

1. 学会按标准操作规程的要求正确使用螺杆式分装机、气流分装机和西林瓶轧盖机。
2. 学会螺杆式分装机、气流分装机和西林瓶轧盖机的维护保养；学会应用所学知识判断和排除常见故障，解决生产过程中出现的一般问题。

任务一 粉针剂设备认知

粉针剂是指用无菌工艺操作制备的无菌注射剂，是用无菌操作法生产的非最终灭菌注射剂。

根据生产工艺的不同，粉针剂的制备方法有两种。一种是将原料药精制成无菌粉末，在无菌条件下，直接分装到无菌的容器中并进行密封，简称无菌分装法；另一种是将药物配制成无菌水溶液，在无菌条件下经过过滤、灌装、冷冻干燥、压塞轧盖封口，简称冷冻干燥法。

粉针剂的内包容器使用最多的是抗生素玻璃瓶，也称为西林瓶。以抗生素瓶为分装容器的粉针剂生产设备，主要有理瓶机、洗瓶机、分装机、轧盖机和贴签机等。

无菌分装粉针剂生产工艺过程及主要设备如图 20 - 1 所示。

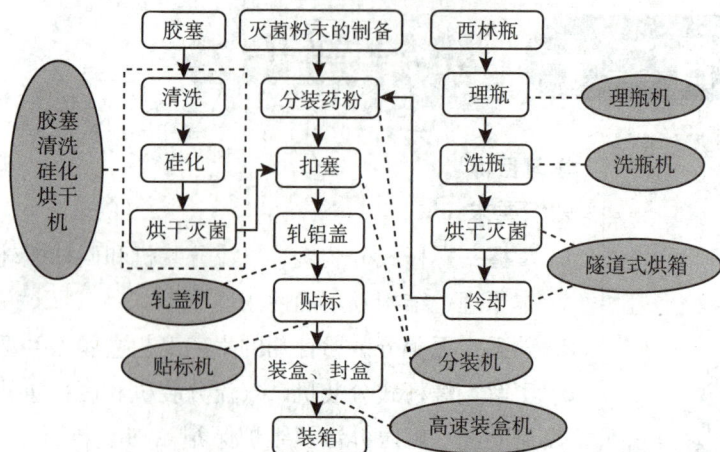

图 20 - 1　无菌分装粉针剂生产工艺过程及主要设备图

任务二　分装机

岗位情景模拟

情景描述　注射用头孢哌酮钠无菌分装：操作人员按下主电机驱动按钮，观察各运动部位转动情况是否正常，充填轮与装粉箱之间有无漏粉，并及时给予调整；调试装量，每台机器抽取每个分装头各 5 瓶，检查装量情况，调试合格后方可正式生产；西林瓶灭菌后由隧道烘箱出口至转盘，目视检查将污瓶破瓶捡出，倒瓶用镊子扶正；西林瓶在 A 级层流的保护下直接用于药粉的分装，分装后压塞，操作人员发现落塞用镊子人工补齐。

讨论　1. 粉针剂无菌分装联动线工艺流程包括哪些步骤？

　　　2. 注射用头孢哌酮钠药粉无菌分装采用什么设备？

分装须在高度洁净的无菌室中按无菌操作要求由分装机来完成。粉针剂分装机是将无菌的粉剂药品定量分装在经过灭菌干燥的玻璃瓶内，并盖紧胶塞密封。常使用的粉针剂无菌分装机有螺杆式分装机和气流分装机，这两种分装机都是按体积进行计量分装。

一、螺杆式分装机

螺杆式分装机是通过控制螺杆的转速，利用螺距与螺槽所形成螺带容积来量取定量粉剂，再分装到西林瓶内。有单头和多头螺杆之分。

（一）螺杆式分装机的结构

螺杆式分装机主要由进瓶拨轮、拨瓶转盘、饲料器、分装头、振荡器理塞与盖塞机构和控制装置组成。图 20 - 2 所示为双头螺杆分装机。

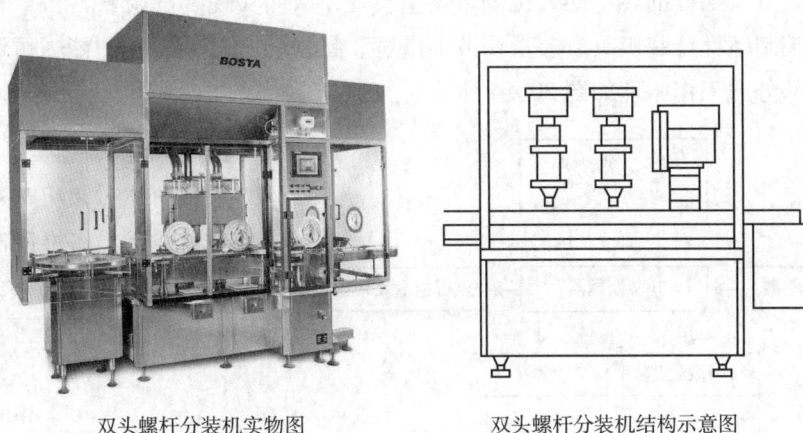

双头螺杆分装机实物图　　　　双头螺杆分装机结构示意图

图 20 - 2　双头螺杆分装机

(二) 螺杆式分装机的工作原理

螺杆式分装机的工作过程是：输送带进瓶→拨瓶进入转瓶盘→分装药粉→塞胶塞→出瓶。

1. 计量调节机构

（1）机械传动螺杆分装头　如图 20 - 3 所示，机械传动螺杆分装头主要由传动齿轮、单向离合器、料斗、导料管、计量螺杆、送药嘴等组成。

工作原理：粉剂置于粉斗中，在粉斗下部有落粉头，其内部有单向间歇旋转的计量螺杆，当计量螺杆转动时，即可将粉剂通过落粉头下部的开口定量地加到玻璃瓶中。为使粉剂加料均匀，料斗内还有一搅拌桨，连续反向旋转以疏松药粉。

如将偏心距调节螺栓上的调节螺母顺时针旋转，偏心距变大，螺杆每次转动的圈数增加，则落粉量增加；如将调节螺母逆时针旋转，偏心距变小，螺杆转动圈数减少，则落粉量减少。

机械传动螺杆分装头结构比较复杂，调节烦琐。近年来，由微机控制、步进电机驱动的螺杆分装头已取代了机械传动系统。

（2）微机控制螺杆分装头　用微机控制的螺杆分装机的分装头由微机控制系统、伺服电机、螺杆、送粉嘴及搅拌器组成。微机控制螺杆分装机用单片计算机控制伺服电机，伺服电机驱动分装螺杆，装量的设定由计算机键盘输入。其原理是微机控制系统发出指令，使伺服电机的步

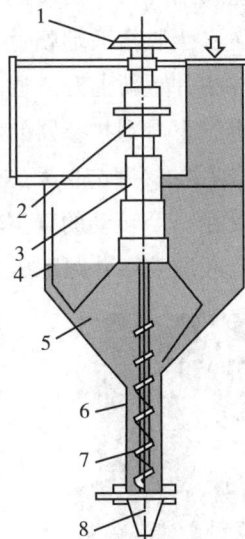

图 20 - 3　螺杆式分装头结构示意图

1. 传动齿轮；2. 单向离合器；3. 支撑座及螺杆套筒；4. 搅拌器；5. 料斗；6. 导料管；
7. 计量螺杆；8. 送药嘴

进数改变，分装螺杆的转动圈数也随之发生改变，从而实现装量调节。

微机控制螺杆分装机具有装量调节范围宽、螺杆转速可调、生产能力可调等优点。微机控制部分的工作原理如图 20 - 4 所示。

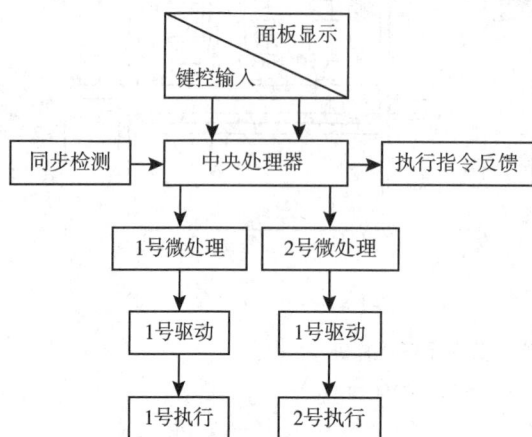

图 20 - 4　分装机微机控制部分工作原理图

请你想一想

螺杆式分装机在灌装药粉过程中装量不准所产生的原因及处理办法是什么？

以上两种螺杆分装头，当螺杆与导料管相碰时，都会自动停止分装并发出声光信号报警。

2. 塞胶塞机构

（1）输塞、扣塞原理　将处理好的胶塞加入胶塞料斗，当电磁振荡器振荡时，料斗内的胶塞便沿着料斗内壁的双行螺旋轨道向上跳动。当胶塞小端朝上时，可顺利通过理塞位置；当胶塞大端朝上时，到达理塞位置便被凸形弹簧片挤到轨道边缘缺口处而掉入料斗中并重新上升。通过理塞位置的胶塞继续上升到最高处，落入料斗外的输塞轨道并继续下滑到扣塞器的位置，由扣塞器完成接塞和扣塞动作。

（2）常用的接塞与压塞方式　①由一个往复动作的机械手进行接塞与压胶塞（图 20 - 5）；②由一个转动的真空轮吸住胶塞，再滚压进入瓶口（图 20 - 6）；③由一个转动真空圆盘吸取胶塞并跟踪压塞进入瓶口（图 20 - 7）。

图 20 - 5　机械手装置　　　图 20 - 6　真空转轮装置　　　图 20 - 7　真空转盘装置

（三）螺杆式分装机的使用

螺杆式分装机的使用操作流程如图 20-8 所示。

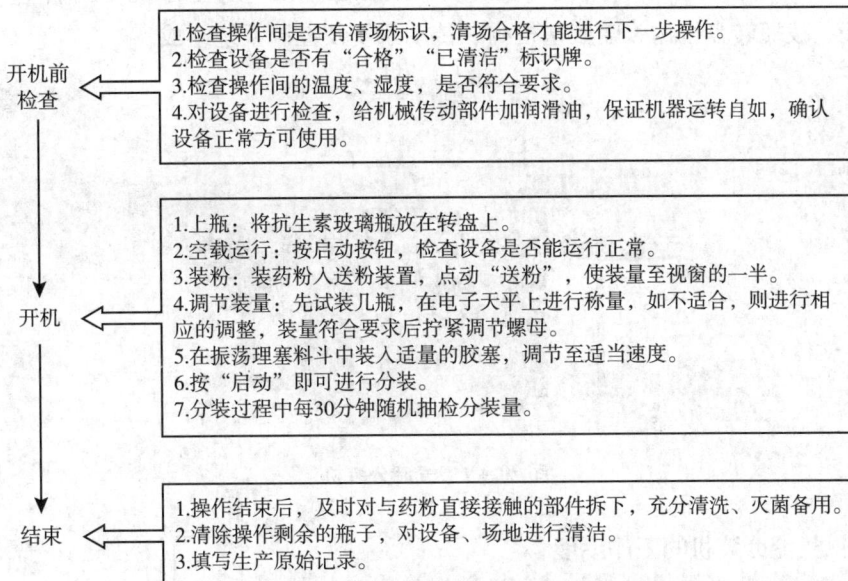

开机前
检查
→
1.检查操作间是否有清场标识，清场合格才能进行下一步操作。
2.检查设备是否有"合格""已清洁"标识牌。
3.检查操作间的温度、湿度，是否符合要求。
4.对设备进行检查，给机械传动部件加润滑油，保证机器运转自如，确认设备正常方可使用。

开机
→
1.上瓶：将抗生素玻璃瓶放在转盘上。
2.空载运行：按启动按钮，检查设备是否能运行正常。
3.装粉：装药粉入送粉装置，点动"送粉"，使装量至视窗的一半。
4.调节装量：先试装几瓶，在电子天平上进行称量，如不合适，则进行相应的调整，装量符合要求后拧紧调节螺母。
5.在振荡理塞料斗中装入适量的胶塞，调节至适当速度。
6.按"启动"即可进行分装。
7.分装过程中每30分钟随机抽检分装量。

结束
→
1.操作结束后，及时对与药粉直接接触的部件拆下，充分清洗、灭菌备用。
2.清除操作剩余的瓶子，对设备、场地进行清洁。
3.填写生产原始记录。

图 20-8 螺杆式分装机的使用操作流程图

（四）螺杆式分装机常见故障及排除

1. 装量差异 造成装量差异的三种可能原因：①螺杆位置过高，转动停止时仍有一部分药粉落入瓶内，造成装量偏多；②螺杆位置过低，造成落粉时散开落到瓶外，造成装量偏少；③单向离合器不灵，使螺杆反转或刹车后仍向前转动一个角度。处理方法：对①、②项，重新调整螺杆位置；对③项，则检修单向离合器或调换。

2. 分装头内发生油污污染药粉 主要原因是螺杆套筒（或支撑座内）轴承密封不严。处理方法：是拆卸分装头，更换轴承或密封圈，清洗灭菌后重新安装，调试合格后再使用。

3. 不能正常盖胶塞 主要原因是：①胶塞硅化时硅油过多；②胶塞振荡器振动弹簧不平衡；③机械手或压塞轮位置有偏差。处理方法：根据实际情况调节。

4. 经常自动停车并亮灯报警 主要原因有：①药粉湿度过大或漏斗绝缘体受潮，有金属屑嵌入造成导电。②控制器本身故障。处理方法：可拔掉出粉嘴上的传感线插座，检查控制器是否仍亮红灯。

二、气流分装机 ⓔ 微课

气流分装机的原理是依靠真空气压吸取定量容积粉剂，再通过净化干燥的压缩空气吹入抗生素瓶内。气流式主要有单轮气流、双轮气流、单轮双孔气流等。本机特点为：负压吸粉，正压送粉；装量误差小；速度快，效率高；设备性能稳定，是一种较先进的分装设备。

（一）气流分装机的结构

如图 20 – 9 所示，气流分装机主要由粉剂分装系统、真空系统、压缩空气系统、输瓶系统、拨瓶转盘机构、盖胶塞机构、传动系统及控制系统组成。

图 20 – 9　气流分装机

（二）气流分装机的工作原理

其工作程序分为进空瓶、装粉、盖胶塞、出瓶四步骤。其工作原理为：搅粉斗内搅拌桨转动将装粉筒落下的药粉保持疏松，并协助将药粉装进分装头的定量分装孔中。接通真空，药粉被吸入定量分装孔内并由粉剂隔离吸附塞阻挡，让空气逸出；当粉剂分装头回转180°至卸粉工位时，净化压缩空气通过接口、吹粉阀门将药粉吹入抗生素瓶内。分装盘后侧有与装粉孔数相同且和装粉孔相通的圆孔，靠分配盘与真空、压缩空气依次相通，实现分装头在回转间歇中的吸粉和卸粉。分装头的工作原理如图 20 – 10 所示。

剂量孔的容积可通过调节分装孔内活塞的深度而改变。分装孔内的隔离塞有活塞柱和吸粉柱两种形式，在其与药粉接触的头部压制有能滤粉的隔离片，隔离片能阻止药粉通过，但不影响气流通过。图 20 – 11 所示为隔离塞。

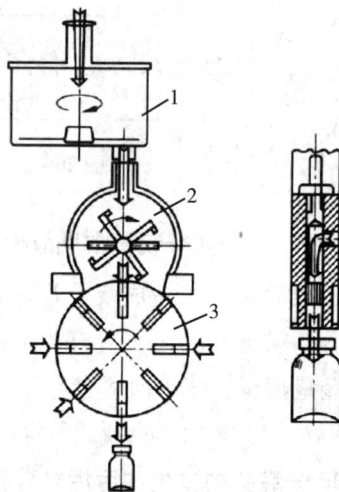

图 20 – 10　粉剂分装原理示意图
1. 装粉筒；2. 搅粉斗；3. 粉剂分装盘

盖胶塞机构主要由供料漏斗、胶塞料斗、振荡器、垂直滑道、喂胶塞器、压胶塞头及其传动机构和升降机构组成。作用是自动将胶塞盖在分装好药粉的瓶口上。

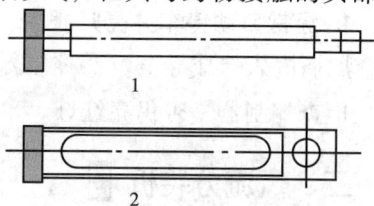

图 20 – 11　隔离塞示意图
1. 烧结金属活塞柱；2. 烧结金属吸粉柱

经分装药粉后，药瓶由拨瓶转盘送到塞胶塞工位。胶塞由振荡器整理后滑入落塞轨道，再由塞胶塞装置将胶塞塞入瓶口。

（三）气流分装机常见故障及排除

1. 装量差异 可能原因：真空度过大或过小，隔离塞堵塞或位置不准确，料斗内药粉量过少。处理方法：检查真空泵并调节真空度到合适程度；清理隔离塞和装量孔；注意观察并及时添料。

2. 盖塞效果不好、缺塞或弹塞 盖塞效果不好或缺塞可能是胶塞硅化不适或加盖位置不当；弹塞可能是胶塞硅化时硅油量过多或瓶子温度过高而引起瓶内空气膨胀。处理方法：调整瓶盖位置；减少硅油用量；降低瓶子温度后再用。

3. 缺灌原因 分装头内粉剂吸附隔离塞堵塞。处理方法：根据药料物料特性选用相应的隔离塞；及时清理或更换隔离塞。

4. 设备停动原因 缺塞、缺瓶、瓶位置不正、防尘罩未关严等。处理方法：视故障指示灯的显示做相应处置。

（四）气流分装机的维护与保养

（1）经常检查各传动部位，定期加注润滑油。

（2）使用真空泵应注意检查泵内的油面，若油位低到正常油面以下时，应及时补充。

（3）对于装粉部件，在工作结束时应及时拆卸清洗，并烘干消毒，对不能烘干消毒的塑料部件可用酒精消毒后，再用电吹风吹干备用。

任务三 西林瓶轧盖机

粉针剂分装、塞胶塞后，为防止药粉吸收空气中的水分，确保药物在储存期内的质量，要及时进行轧盖操作。轧盖机就是用铝盖对装完粉剂、盖好胶塞的玻璃瓶进行再密封。西林瓶轧盖机按执行部件分为单头式和多头式；按轧盖施力方式分为挤压式（开合式）和滚压式（旋转式）。铝盖分有中心孔铝盖、两接桥、三接桥、开花铝盖、撕开式铝盖和不开花铝盖。

一、常用西林瓶轧盖机

国内最常用的是三刀式多头滚压式轧盖机和单刀式多头滚压式轧盖机。该两种设备具有轧盖严实、美观，铝盖、铝塑盖兼容性好，胶塞不松动，密封性能好，结构简单，轧刀调整较为简便，操作和维护简单易行等特点。

（一）三刀式多头滚压式轧盖机

三刀式多头滚压式轧盖机的轧盖装置由三组滚压刀头及连接刀头的的旋转体、铝盖压边套、心杆皮带轮组及电机组成。三刀式多头滚压式轧盖机如图 20 – 12 所示。

图 20 - 12　三刀式多头滚压式轧盖机

其工作原理及工作过程为：盖好胶塞的抗生素瓶由进瓶装置送入拨瓶转盘，拨瓶转盘带着瓶子间歇移位，经过输盖轨道出口处的挂盖机构时，挂铝盖，再经过压板将铝盖压在瓶口上。拨瓶转盘再转动至轧盖工位停歇时，瓶子正好处于轧盖装置的正下方，此时，三组滚压刀头由皮带轮组与偏心轮驱动，在高速旋转的同时还整体向下运动，先由滚压刀中心位置的铝盖压边套盖住铝盖，只剩下待压轧的部分露在外面，在继续下降过程中，滚压刀头在沿压边套外壁下滑的同时，在高速旋转离心力作用下向心收拢，滚压铝盖边沿使其收口包结实瓶口。

（二）单刀式多头滚压式轧盖机

图 20 - 13 所示为单刀多头滚压式轧盖机的轧头。该轧盖机主要由进瓶转盘、拨瓶盘、轧盖头、轧盖刀、铝盖振荡器等组成。其工作原理及工作过程为：塞好胶塞的西林瓶由进瓶转盘送入轨道，经过输送轨道时铝盖供料振荡器将铝盖放置在瓶口上，由拨瓶盘将瓶子送入轧盖位置，底座将瓶子顶起，由轧盖头压紧瓶口，同时瓶子也旋转，轧盖刀旋转中压紧铝盖下边缘，将铝盖下缘轧紧包封在瓶颈上。

图 20 - 13　单刀多头滚压式轧盖机轧头

请你想一想

西林瓶滚压式轧盖机在轧盖过程中铝盖密封性不严或未轧的原因是什么？如何解决故障问题？

二、西林瓶滚压式轧盖机的使用

西林瓶滚压式轧盖机的使用操作流程如图 20 - 14 所示。

开机前检查	←	1.检查操作间是否有清场标识，清场合格才能进行下一步操作。 2.检查轧盖机容器具是否有"合格""已清洁"标识牌。 3.检查轧盖间的温度、湿度，是否符合要求。 4.对设备进行检查，给机械传动部件加润滑油，保证机器运转自如，确认设备正常方可使用。
开机	←	1.空车运转检查，启动电机检查运转有无异常声响、震动、检查轧盖机各部位运转情况是否正常。 2.轧盖机运转正常后，将铝盖倒入料斗中。首先拿少许空西林瓶盖上胶塞放在轧道中，调试检查轧盖质量情况。 3.调试正常后，将塞好塞的西林瓶放到轧盖机进料旋转转盘中，开动机器开始正式轧盖。 4.轧盖过程中，要随时目检轧盖的质量是否有裙边，轧盖不正等要随时抽检轧盖的松紧情况。 5.轧盖合格的半成品放到灭菌的容器中，交给中间站，容器中要放标签，标明品名、规格、机台号、操作者。
结束	←	1.操作完毕后，关闭电源，按清洁操作规程对设备进行清洁。 2.将盛装铝塑盖料斗中的剩余铝塑盖取出返回准备岗位。 3.填写生产原始记录。

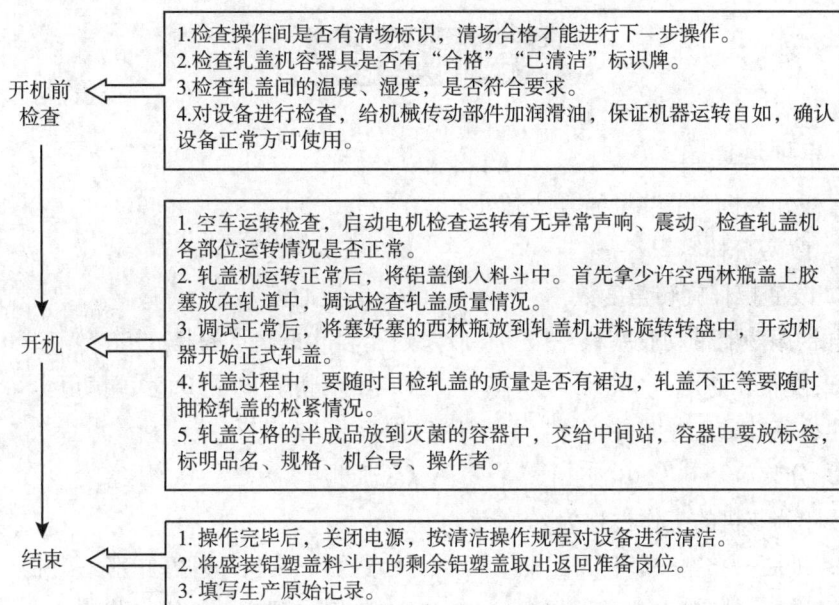

图 20 - 14　西林瓶滚压式轧盖机的使用操作流程

三、西林瓶滚压式轧盖机的使用注意事项

（1）轧盖机运行中手或工具不得伸入转动部位，轧道上有倒瓶现象可用镊子夹起。

（2）检查轧盖松紧时，拇指、食指、中指、竖立，逆时针转动不得松动；如果有松动时，要停机调整。

（3）如果轨道口有卡瓶现象应停机清除玻璃屑，检查碎瓶原因，并排除故障，方可开机。

四、西林瓶滚压式轧盖机的维护与保养

（1）设备在使用前，仔细检查各线路是否连接正确，各部件是否有松动的现象，如有，要及时固紧。

（2）设备在使用时严格按照标准操作规程运行。

（3）设备在使用完后，检查各转动部位的润滑情况。

（4）每个月进行一次电气回路的检查，如有故障应及时排除。

（5）轴承内每半年加一次润滑脂。

（6）调整振荡器支承弹簧，调整出铝盖轨道与接落盖轨道接头位置。

（7）调整上压头的高低位置。

目标检测

一、单项选择题

1. 螺杆分装机调节装量的方法是（　　）
    A. 改变量杯容积　　　　　　　　B. 调节计量泵
    C. 改变螺杆旋转角度数　　　　　D. 更换冲模

2. 电磁振荡器带动胶塞料斗振荡将胶塞送至料斗最高点的是（　　）
    A. 随机状态　　　B. 侧立状态　　　C. 小端朝上　　　D. 大端朝上

3. 西林瓶轧盖工序是在（　　）工序后进行
    A. 分装　　　B. 冻干　　　C. 质检　　　D. 压塞

4. 螺杆分装机的工作过程为（　　）
    A. 进瓶—扣塞—装粉—出瓶　　　　B. 进瓶—装粉—理塞扣塞—出瓶
    C. 进瓶—装粉—理塞—扣塞　　　　D. 加料—理塞—扣塞—装粉

5. 下列不属于螺杆分装机装量不准原因的是（　　）
    A. 计量螺杆与落粉头空隙不相配　　B. 计量螺杆步数调节不对
    C. 电磁振荡力太小　　　　　　　　D. 药粉有结块

6. 螺杆分装机大清时需要拆下消毒的零件是（　　）
    A. 分转盘　　　B. 药粉斗　　　C. 计量螺杆　　　D. 以上都是

7. 螺杆分装机扣塞时掉塞的原因可能是（　　）
    A. 计量螺杆位置不合适　　　　　　B. 分转盘位置不合适
    C. 药粉斗位置不合适　　　　　　　D. 理塞斗位置不合适

8. 粉针螺杆分装机控制控制粉剂分装的量是通过改变（　　）来实现的
    A. 药粉密度　　　　　　　　　　　B. 容器大小
    C. 螺杆的转数　　　　　　　　　　D. 药粉种类

9. 粉针气流分装机吸粉和卸粉的完成主要靠与分装盘相连的（　　）
    A. 真空和压缩空气　　　　　　　　B. 压缩空气
    C. 真空　　　　　　　　　　　　　D. 水蒸气

10. 粉针剂气流分装机不具备的功能是（　　）
    A. 装粉　　　B. 盖胶塞　　　C. 出瓶　　　D. 轧盖

11. 粉针分装机按计量方式分为螺杆分装机和气流分装机，它们都是按（　　）计量
    A. 重量　　　B. 大小　　　C. 流量　　　D. 体积

12. 下列不会使螺杆分装机产生装量差异的是（　　）
    A. 单向离合器不灵　　　　　　　　B. 螺杆位置过高
    C. 螺杆位置过低　　　　　　　　　D. 螺杆转速改变

13. 下列不会使气流分装机产生装量差异的是 （　　　）

　　A. 真空度过大或过小　　　　　　B. 个别活塞位置不准确

　　C. 分装机防尘罩未关严　　　　　D. 料斗内药粉量过少

二、思考题

1. 如何调节机械控制的螺杆分装机的装量？

2. 简述螺杆式分装机和气流分装机的工作原理。

3. 无菌分装粉针剂生产过程中的主要设备有哪些？

4. 气流分装机的装量差异大是由什么引起的？如何解决？

5. 气流分装机的装量如何调节？

6. 国内最常用的西林瓶轧盖机有哪几种？

书网融合……

e 微课　　　　　　划重点　　　　　　自测题

▷▷ 项目二十一 输液剂设备

学习目标

知识要求

1. **掌握** 玻璃瓶输液剂灌封机和软袋输液剂联动生产线设备的基本原理、结构及正确使用。

2. **熟悉** 玻璃瓶输液剂灌封机和软袋输液剂的生产工艺过程及主要设备。

3. **了解** 玻璃瓶输液剂灌封机和软袋输液剂联动生产线关键设备的日常维护与保养。

能力要求

1. 学会按标准操作规程的要求正确使用玻璃瓶输液剂灌封机和软袋输液剂联动生产线设备。

2. 学会玻璃瓶输液剂灌封机和软袋输液剂联动生产线设备的维护保养；学会应用所学知识判断和排除常见故障，解决生产过程中出现的一般问题。

任务一 输液剂设备认知 📱微课

玻璃瓶大输液剂生产线主要由送瓶机组、外洗机、洗瓶机组、灌装机、加胶塞机、翻胶塞机、轧盖机等设备构成。其生产工艺流程如下：玻璃输液瓶由等速等差进瓶机（或进瓶转盘）送入外洗机，刷洗瓶外表面，然后由输瓶机进入滚筒式清洗机（或箱式洗瓶机），洗净的玻璃瓶直接进入灌装机，灌装机灌装好由配液工序输送来的药液后，立即封口（经胶塞机、翻胶塞机、轧盖机），然后灭菌。灭菌完毕，贴标签、打批号、装箱，入库。玻璃瓶大输液联动生产线工艺设备流程如图 21-1 所示。本内容主要介绍玻璃瓶大输液剂灌装和封口设备。

软袋输液剂联动生产线，主要包括非 PVC 共挤膜输送部分、印字部分、口管整理输送和预热部分、软袋焊接成型部分、口管热合整型部分、软袋废边剔除部分、药液灌注部分、盖子整理输送和预热部分、盖子焊接部分、PLC 控制系统、液压控制系统、气动控制系统、传动系统、不锈钢机架等。非 PVC 膜软袋输液剂生产联动线工艺流程如图 21-2 所示。

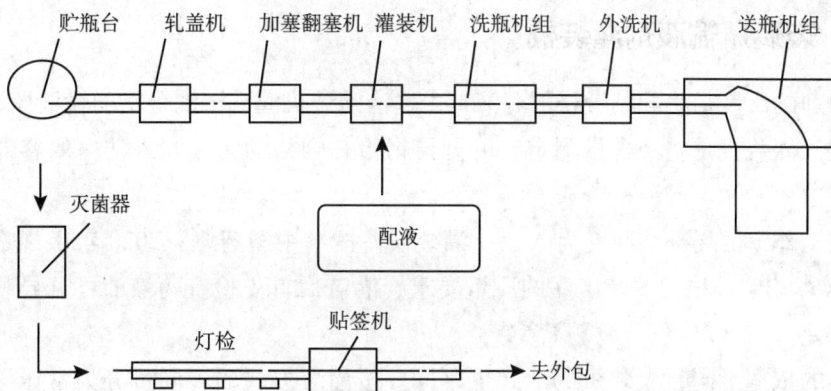

图 21-1 玻璃瓶输液剂联动生产线生产工艺过程及主要设备图

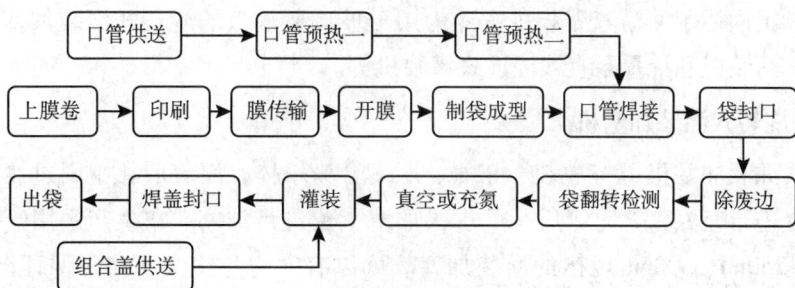

图 21-2 非 PVC 膜软袋输液剂生产联动线工艺流程图

任务二 玻璃瓶输液剂灌封机

🗒 岗位情景模拟

情景描述 100ml 0.9%氯化钠玻璃瓶注射液的生产：将 100ml 玻璃瓶放置在超声波粗洗机进行超声波粗洗，粗洗后的玻璃瓶传出到精洗工位，由精洗机进行精洗后传送到灌装工位。精洗后的玻璃瓶传入到灌装工位，由灌装机进行灌装加塞后传送到轧盖工位。由轧盖机进行上盖并将铝盖胶塞、瓶口扎紧。上瓶机将灌装、轧盖后的玻璃输液瓶推上灭菌小车，卸瓶机将灭菌后的玻璃输液瓶推出灭菌小车。灯检机用于输液瓶经灌封灭菌后的产品检验，贴标机对灯检合格的产品进行贴标，最后完成装箱入库。

讨论 1. 100ml 0.9%氯化钠玻璃瓶注射液的生产过程中主要用到了哪些制药设备？

2. 灌装机进行灌装药液主要有哪几种灌装机？你认为上述注射剂生产采用的是哪种灌装机？

一、玻璃瓶输液剂灌装机

输液剂的灌装是将配制合格的药液，由输液灌装机灌入清洗合格的输液瓶（或袋）内的过程。灌装机是将经含量测定、可见异物检查合格的药液灌入洁净的容器中的生产设备。

灌装工作室的局部洁净度为 A 级。灌装误差按《中国药典》2020 年版规定为标准容积的 0%～2%。根据灌装工序的质量要求，灌装后首先检查药液的可见异物，其次是灌装误差。

分类的依据不同，灌装机的形式也不同。按灌装方式的不同可分为常压灌装、负压灌装、正压灌装和恒压灌装 4 种；按计量方式的不同可分为流量定时式、量杯容积式、计量泵注射式 3 种；按运动形式的不同可分为直线式间歇运动、旋转式连续运动 2 种。目前，国内使用的输液灌装机主要为用于玻璃瓶输液的旋转式灌装加塞机、旋转式量杯负压灌装机和计量泵直线注射式灌装机等。

（一）旋转式灌装加塞机

旋转式灌装加塞机可将灌装、充氮、压塞合为一体，灌装后在中间过渡拨轮可增加充氮装置进行充氮，充完氮后马上进入加塞工位进行加塞。在生产中用于玻璃输液瓶 100ml、250ml、500ml 规格的灌装加塞。可以有效避免交叉污染，保证药品质量，提高药品合格率，同时减少人工和洁净室面积，提高生产效率。

1. 旋转式灌装加塞机的结构　主要分进瓶机构、微机控制系统、灌装蠕动泵、机架、机械传动系统、振荡理塞、盖塞机构、出瓶机构、运行连锁控制系统等单元；灌装机主体及相关部件均采用不锈钢材料。自动完成理瓶、进瓶、前充氮、灌装、后充氮、理塞、加塞等工序。

2. 旋转式灌装加塞机的工作原理　洗好的瓶经过出瓶机构将瓶送到灌装工位进行静止灌装（采用定点静止时间、恒流原理灌装），完成灌装过程，再将灌满的瓶挤出灌装工位输送至加塞工序。保证在低压下可完成灌装，避免药液灌装时因压力大而将药液溢出瓶外。

（二）旋转式量杯负压灌装机

1. 旋转式量杯负压灌装机的结构　主要由进瓶机构、拨轮机构、托瓶定位机构、定位瓶肩机构、真空系统、导轨装置、药液量杯和传动装置等组成（图 21-3）。

2. 旋转式量杯负压灌装机的工作原理　灌装机上方置有 10 个计量杯，量杯与瓶肩定位套用硅橡胶管连接，灌装机工作时，瓶子由输瓶螺杆与拨瓶星轮送入转盘的托瓶装置上，托瓶装置在圆柱凸轮导轨控制下，在绕主轴公转的同时还做升降运动。当托瓶装置上升使瓶子的瓶肩与瓶肩定位套对接形成密闭空间时，通过真空管道瞬间抽成真空，量杯中的药液因负压而流入瓶内。药液灌装结束后，托瓶装置使瓶子下降，出瓶拨轮将瓶子拨出转盘。

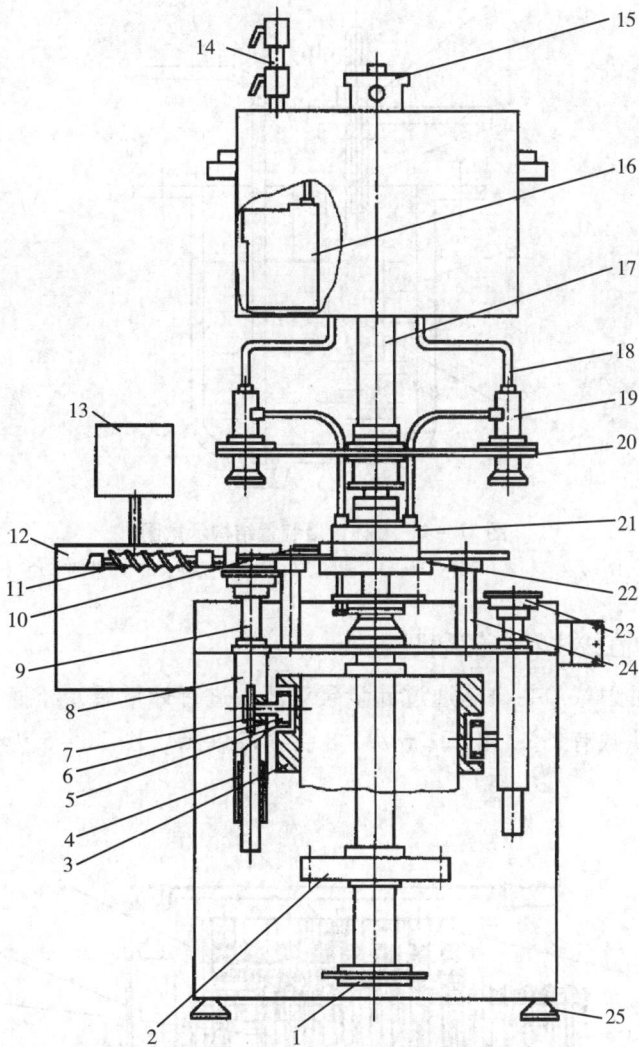

图 21 – 3　旋转式量杯负压灌装机结构示意图

1. 减速机；2. 齿轮；3. 导槽（导轨）；4. 轴套；5. 滚子；6. 滚轴；7. 滚轴套；
8. 套筒；9. 托瓶杆；10. 真空管；11. 进瓶螺杆；12. 输送带支撑架；13. 控制箱；
14. 量杯进药管及阀；15. 立轴润滑油杯；16. 量杯；17. 主轴；18. 输液管；
19. 瓶身定位套；20. 上转盘；21. 真空分配盘；22. 配座台；23. 托盘；
24. 出瓶拨轮；25. 机架支座

3. 旋转式量杯负压灌装机的装量调节　量杯式计量装置如图 21 – 4 所示，由计量杯、计量调节块、调节螺母等组成。量杯式计量装置是通过改变量杯的容积进行定量，注入量杯的药液超过溢流缺口就流入盛料桶，此为计量粗定位。装量的精确计量是通过调节计量调节块在计量杯中所占的体积来实现的。旋动调节螺母使计量调节块上升，量杯容积变大，则装量增加；旋动调节螺母使计量调节块下降，量杯容积变小，则装量减少。

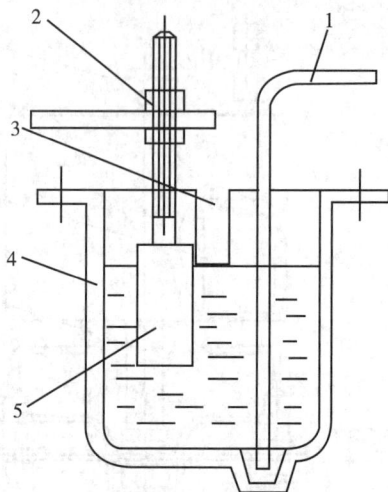

图 21 - 4　量杯计量装置结构示意图

1. 吸液管；2. 调节螺母；3. 量杯缺口；4. 计量杯；5. 计量调节块

（三）计量泵直线注射式灌装机

计量泵直线注射式灌装机是通过计量泵对药液进行计量后，经直线式排列的喷嘴灌入容器。灌装头数有 2 头、4 头、6 头、8 头、12 头等。图 21 - 5 为八泵直线式灌装机的结构示意图。

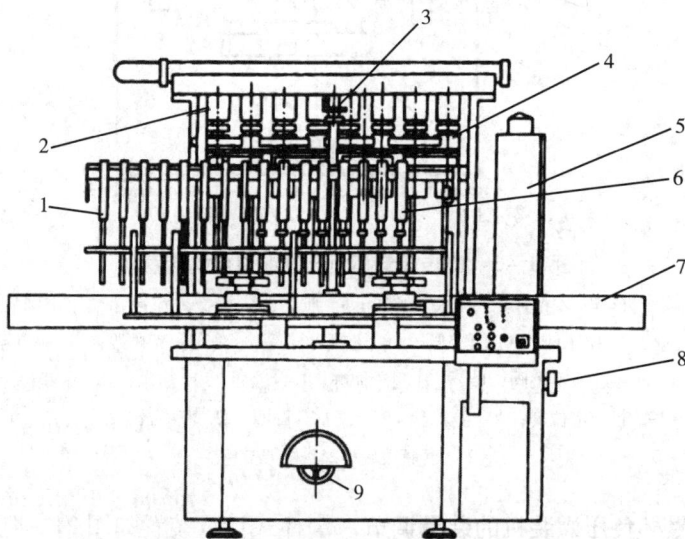

图 21 - 5　八泵直线式灌装机结构示意图

1. 预充氮头；2. 进液阀；3. 灌装头位置调节手柄；4. 计量缸；5. 线箱；

6. 灌装头；7. 灌装台；8. 产量调节手柄；9. 装置调节手柄

1. 计量泵直线注射式灌装机的结构　主要由输瓶机构、灌装机构、挡瓶机构、动力装置等组成。

2. 计量泵直线注射式灌装机的工作原理 机器工作时，输送带上送来的瓶子，每8个一组由两个星轮分隔定位，V形卡瓶板卡住瓶颈定位，瓶口对准充氮头和灌装头出口，先由8个充氮头向瓶内预充氮气，灌装时边充氮边灌液。灌装结束后，卡瓶板离开瓶颈，星形分隔轮放行，8个瓶子由输送带输出。

3. 计量泵直线注射式灌装机的装量调节 八泵直线式灌装机的计量泵由曲柄带动，其调节装置如图21-6所示。当曲柄带动活塞杆3往下运动时，活塞5上部形成真空，单向阀芯6开启，单向阀芯8在弹簧9与真空的作用下关闭，液体吸进入泵内。当曲柄带动活塞杆往上运动时，活塞上部形成正压，单向阀芯6在弹簧力和液体压力作用下关闭，单向阀芯8在液体压力的作用下开启，液体被压出单向阀，注入药瓶。

装量调节原理：曲柄的长度决定了活塞的行程。粗调活塞行程，达到灌装量后，再进行装量的精确调整。调整方法是，松开螺母2调整曲柄标牌上的连杆轴，使之与曲柄中心轴之间的距离改变，从而改变计量泵活塞的行程，调整合适后，将螺母2锁紧。调整时松开螺母2，右旋把手1，曲柄变短，装量减少；左旋把手1，曲柄变长，装量增加。图21-7所示为计量泵。

> **请你想一想**
>
> 旋转式量杯负压灌装和计量泵直线注射式灌装药液的主要不同点有哪些？他们是如何来实现药液灌装的？

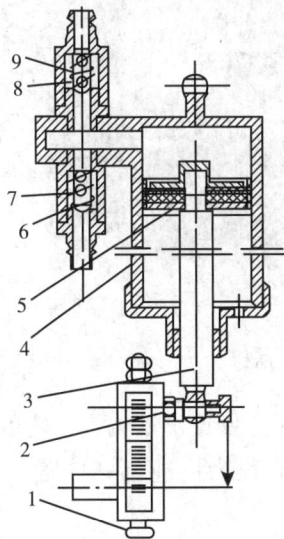

图21-6 计量泵计量装置的结构示意图
1.把手；2.螺母；3.活塞杆；4.泵体；
5.活塞；6、8.阀芯；7.弹簧；9.弹簧

图21-7 计量泵

二、玻璃瓶输液剂封口设备

玻璃瓶输液剂的一般封口过程包括盖隔离膜、塞胶塞及轧铝盖三步。封口设备是与灌装机配套使用的设备，药液灌装后必须在洁净区内立即封口，免除药品的污染和氧化。必须在胶塞的外面再盖铝盖并轧紧，封口完毕。

目前，我国使用的胶塞有翻边型橡胶塞（符合国家标准 GB9890 - 88）和"T"型橡胶塞两种规格，多采用天然橡胶制成。封口设备由塞胶塞机、翻胶塞机、轧盖机构成。

（一）塞胶塞机

塞胶塞机主要用于"T"型胶塞对 A 型玻璃输液瓶封口，可自动完成输瓶、螺杆同步送瓶、理塞、送塞、塞塞等工序。该机设有无瓶不供塞、堆瓶自动停机装置。

（二）翻胶塞机

翻胶塞机主要用于翻边型胶塞对 B 型玻璃输液瓶进行封口，可自动完成输瓶、理塞、送塞、塞塞、翻塞等工序的工作。该机采用变频无级调速，并设有无瓶不送塞、无瓶不塞塞、瓶口无塞停机补塞、输送带上前缺瓶或后堆瓶自动停启，以及电机过载自动停车等全套自动保护装置。

（三）轧盖机

轧盖装置是轧盖机的核心部分，其作用是将铝盖紧密牢固地包封在瓶口上。图 21 - 8 所示为轧盖机。

图 21 - 8 输液轧盖机

1. 轧盖机的结构 一般由电磁振荡理盖与输盖装置、揿盖头、轧盖头、玻璃瓶输送装置、传动系统和电气控制系统组成。工作流程为：进瓶→挂盖→压盖→轧盖→出瓶。

2. 轧盖机的工作原理

（1）理盖 给电磁振荡器通电，电磁振荡器生产的高频微振使铝盖能够在料斗中旋振并沿螺旋轨道爬行，轨道上只有盖口朝上的铝盖才能通过小缺口从料斗输出，电磁振荡理盖装置如图 21 - 9 所示。

（2）输盖 从料斗出来的铝盖进入输盖槽道并移动下行，再经翻转变为盖口朝下，到达输盖槽道末端由弹簧片收住，槽道末端有一个下凸形压条构成的揿盖头，当已塞过胶塞的输液瓶经过输盖槽末端时，会自动带走一个铝盖，随后在揿盖头的压力下铝盖就戴在瓶嘴上，如图 21 - 10 所示。

图 21-9　电磁振荡理盖装置

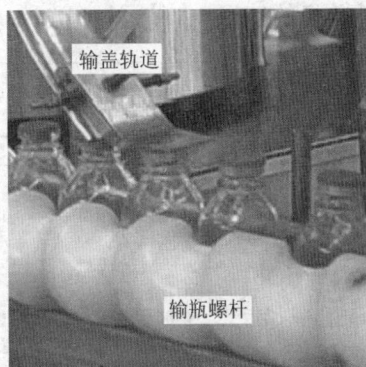

图 21-10　揿盖头

（3）轧盖　轧头如图 21-11 所示，是轧盖机的主要部件。轧头由压瓶头、移动凸轮收口座、滚轮、轧刀和压紧弹簧等组成。

每个轧头上有三把轧刀，呈 120° 分布，并随凸轮收口座一起转动，收口座在回转的同时，还受一导轨驱动，沿不转的压瓶头中心线做轴向上下往复移动。轧盖的工作过程为：几组轧头绕主轴旋转，每组轧头在周转的同时，凸轮又沿圆周导轨向下移动，压瓶头抵住铝盖上平面，凸轮收口座下移，三个滚子沿斜面向外，使三把轧刀向铝盖下沿收紧滚压，将铝盖轧紧变形并包封住瓶口。图 21-12 所示为多头轧盖机。

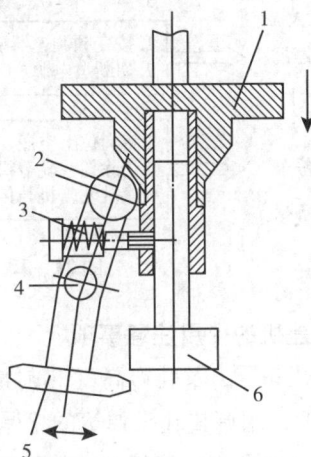

图 21-11　轧头的结构及原理示意图

1. 移动凸轮收口座；2. 滚轮；3. 压紧弹簧；4. 转销；5. 轧刀；6. 压瓶头

图 21-12　多头轧盖机

3. 轧盖机的使用 如图 21 – 13 所示。

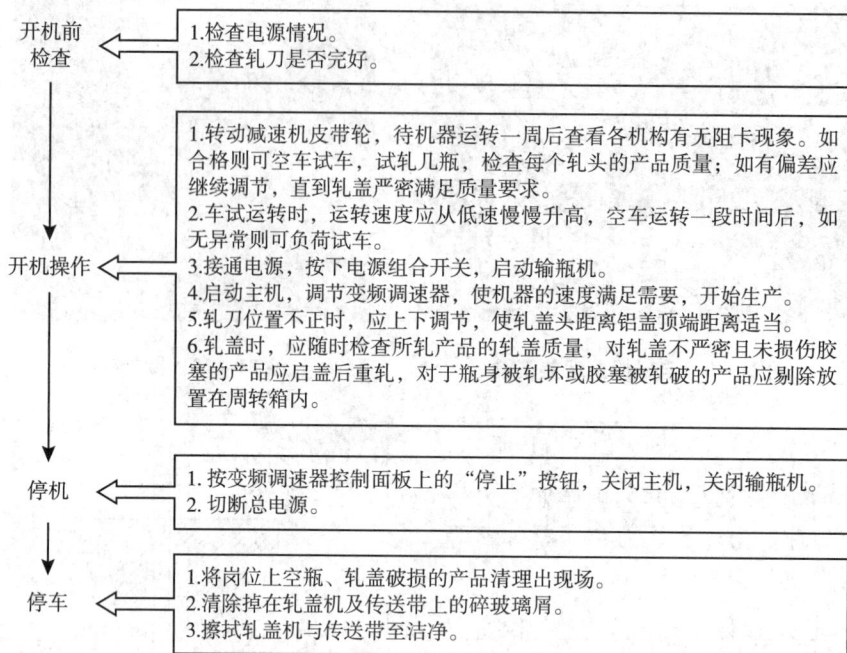

```
开机前          ┌─────────────────────────────────────────────┐
检查      ◄──── │ 1.检查电源情况。                                │
               │ 2.检查轧刀是否完好。                             │
               └─────────────────────────────────────────────┘
  │
  ▼
               ┌─────────────────────────────────────────────┐
               │ 1.转动减速机皮带轮，待机器运转一周后查看各机构有无阻卡现象。如 │
               │   合格则可空车试车，试轧几瓶，检查每个轧头的产品质量；如有偏差应 │
               │   继续调节，直到轧盖严密满足质量要求。              │
开机操作   ◄──── │ 2.车试运转时，运转速度应从低速慢慢升高，空车运转一段时间后，如 │
               │   无异常则可负荷试车。                           │
               │ 3.接通电源，按下电源组合开关，启动输瓶机。          │
               │ 4.启动主机，调节变频调速器，使机器的速度满足需要，开始生产。 │
               │ 5.轧刀位置不正时，应上下调节，使轧盖头距离铝盖顶端距离适当。 │
               │ 6.轧盖时，应随时检查所轧产品的轧盖质量，对轧盖不严密且未损伤胶 │
               │   塞的产品应启盖后重轧，对于瓶身被轧坏或胶塞被轧破的产品应剔除放 │
               │   置在周转箱内。                                │
               └─────────────────────────────────────────────┘
  │
  ▼
停机       ┌─────────────────────────────────────────────┐
      ◄──── │ 1.按变频调速器控制面板上的"停止"按钮，关闭主机，关闭输瓶机。 │
           │ 2.切断总电源。                                  │
           └─────────────────────────────────────────────┘
  │
  ▼
           ┌─────────────────────────────────────────────┐
停车   ◄──── │ 1.将岗位上空瓶、轧盖破损的产品清理出现场。          │
           │ 2.清除掉在轧盖机及传送带上的碎玻璃屑。            │
           │ 3.擦拭轧盖机与传送带至洁净。                     │
           └─────────────────────────────────────────────┘
```

图 21 – 13　轧盖机的使用操作流程图

4. 轧盖机的使用注意事项

（1）轧头压力及轧刀高度的调整　将输液瓶放在中心拨轮缺口，根据玻瓶高度调整轧力高度，用调整轧头弹簧的松紧来调节轧刀压力。

（2）输送带速度必须与灌装机输送带速度保持一致，调速时必须在运转时进行。

5. 轧盖机的维护与保养

（1）定期给机器加注润滑油。

（2）机身中蜗轮蜗杆减速器一般每半年更换一次润滑油，以后每年一次。

（3）生产结束后，必须将机器擦拭干净，保证外形清洁。

（4）易损部件磨损后，应及时更换。

任务三　软袋输液剂联动生产线设备

岗位情景模拟

情景描述　葡萄糖大容量注射液的生产：称取定量的葡萄糖进行稀配、浓配，用 SRD4A 型非 PVC 膜软袋大输液生产线操作，在洁净度 A 级，温度 18～26℃、相对湿度 45%～65% 完成制袋药液灌封，灌封药液后的袋子经主传送机构从口管固定夹中滑出，落在出袋轨道上，送入上袋工序。将灌封药液后的袋子摆放在灭菌车上，平铺摆放整齐，车满后每车贴上灭菌指示带，注明品名、规格、批号并挂待灭菌标示卡。核对灭菌指示带效果和标示卡后,撕下灭菌指示带,贴在第一袋待灯检产品上,将待灯检产品送上输送轨道,输送到 RJL 检漏机上进行检漏。按照灯检岗位操作规程在 RDJ 灯检上进行逐袋灯检。在包装室操作工将用 DXD450 多功能枕式板块全自动包装机塑封好的产品放入箱内,最后完成全过程生产。

讨论 1. 葡萄糖大容量注射液的生产过程中主要用到了哪些制药设备?

2. 非 PVC 膜软袋大输液生产线包括哪些生产工序?

软袋(多层非 PVC 共挤膜)输液代表输液产品最高水平,集制袋、灌装、封口一次成型。图 21-14 所示为软袋输液产品。

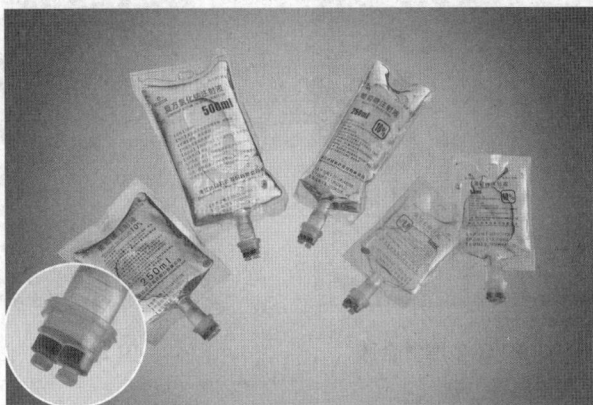

图 21-14 软袋输液产品

一、软袋输液剂联运生产线的结构

软袋输液剂联动生产线如图 21-15 所示,该联动线主要用于制药厂大输液车间软袋输液的生产。该生产线由制袋成形、灌装与熔封口三大部分组成,可自动完成上膜、印字、口管整理、口管预热、开膜、袋成形口管热封、袋冷却、撕废边、袋传输转位、袋成形检漏、灌装充气、口盖整理、热熔封口、出袋等工序。

图 21-15 软袋输液剂联动生产线

软袋输液的包材多是非 PVC 多层复合膜（图 21 - 16）。该膜在一万级净化区（局部百级）内生产，采用双重盘绕的方式进行收卷，与药品接触的内表面紧密贴合，可避免加工、运输和储存时的二次污染。

非 PVC 多层复合膜软袋由膜、口管、盖三部分组成。软袋的口管与盖如图 21 - 17 所示。

图 21 - 16　非 PVC 多层复合膜

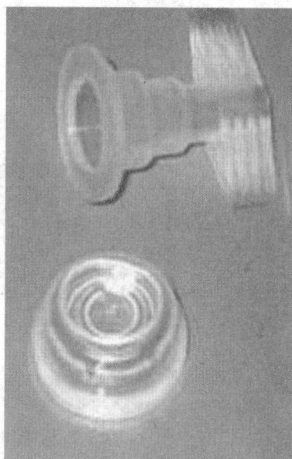

图 21 - 17　口管与盖

二、软袋输液剂联动生产线的工作原理

1. 上膜工位　如图 21 - 18 所示，上膜工位是生产线的第一个工位，它的作用是把非 PVC 膜卷，在规定的程序控制下，向后面的各工位提供膜材。上膜工位由退卷滚筒、缓冲滚筒和导向滚筒组成。膜卷用气胀轴固定在卷轴上；缓冲滚筒储存膜材，用传感器控制电机起、停；采用导向滚筒导向，保证膜在行进中始终保持同一状态，平稳送膜。当膜卷耗尽或者断裂时，能实现无膜报警。

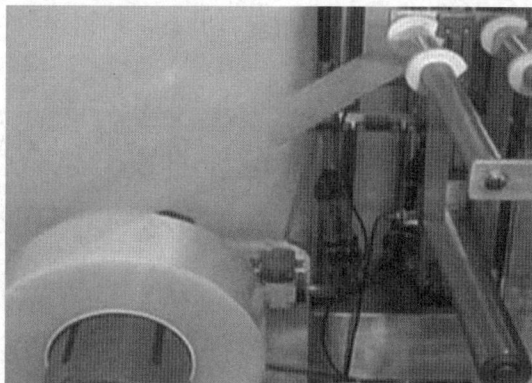

图 21 - 18　上膜工位

2. 印字工位　如图 21 - 19，印字工位采用烫印技术，将印刷铜版（带有产品名称、规格、使用说明、注意事项、批准文号等）和活字版（带有生产日期、有效期）加热后，依靠热量的传递，将色带上的颜料与色带基材剥离转印到非 PVC 膜上。印字工位由印字气缸、印刷板、色带滚筒装置及电加热装置组成。印刷温度、印刷时间、印刷压力均可调。如果色带到达终端或断裂，旋转编码器可检测并声光报警或使机器停止工作。热烫印膜如图 21 - 20 所示。

图 21 - 19　印字工位

图 21 - 20　热烫印膜

3. 膜传输工位　其拉膜的动作是通过伺服电机驱动完成的，非 PVC 膜靠气爪夹紧进行膜传送。图 21 - 21 所示为膜传送气爪。

在传送膜材的同时，使用固定的开膜刀将膜材分为两层，以备口管放入膜材中，图 21 - 22 所示为开膜工位。

图 21 - 21　膜传送气爪

图 21 - 22　开膜工位

4. 口管整理与传送工位　由螺旋振荡器整理口管，采用气动轨道输送，伺服电缸进行分隔，气爪抓取口管并与同步传送带的夹具进行交接，整个过程自动进行。图 21 - 23 所示为螺旋振荡器，图 21 - 24 所示为口管传送装置。

图 21-23　螺旋振荡器

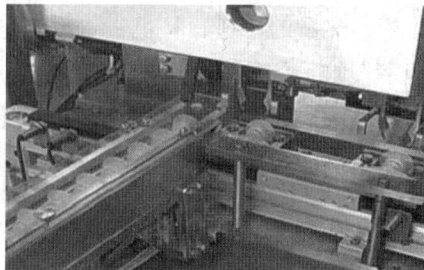

图 21-24　口管传送装置

5. 口管预热工位　因为口管比较厚实，而膜比较薄，为使口管与膜材可靠受热熔合，减少微漏的几率，制袋灌封设备设置口管预热工位。采用电热方式先对口管进行两次预热，以保证口管的焊接质量。可通过调节预热工位的加热温度、时间及压力参数，保证膜材与口管的焊接达到最佳状态。图21-25 所示为口管预热工位。

图 21-25　口管预热装置

6. 制袋工位　作用是完成开膜、口管加入、口管预焊、袋子周边焊接、周边切割等工序。生产线采用开膜刀将印刷好的非 PVC 两层膜材分开，同步带上预热过的口管自动进入两膜开口之间，热合模具快速运动对管口预焊和对袋子周边进行焊接。随后由安放于袋成形模具上的裁剪刀将袋子切割成型。模具由气液增压缸控制开合。袋子热封成形与裁剪成形为同一工位，避免因错位问题影响袋形美观，保证各袋形状一致。如图21-26 所示为制袋工位。

> **请你想一想**
> 软袋在试生产过程中为什么会出现微粒超标和澄明度问题？在软袋生产过程中如何避免塑屑和渗漏问题？

在口管进行终焊的同时，另一组气缸驱动冷却板对软袋的表面进行冷却（图12-27）。

图 21-26　制袋工位

图 21-27　口管终焊与袋成型工位

7. 撕废边工位 如图 21 - 28 所示，撕废边装置的气缸夹紧袋口，由气爪撕掉制袋切割后多余的废料，使袋形美观。自动撕边，既减少了人工撕边带来的负面影响，还可有效保护模具表面和切刀，延长其使用寿命。

图 21 - 28 撕废边装置

8. 袋传送交接工位 制袋机构和灌装机构之间的袋体传送机构为平移翻转联动机构。本工位的作用是通过机械手，将待灌封袋子从制袋部分送入灌装部分的夹具中。主要完成软袋的抓取、传送、剔除废品、真空检漏、翻转、交接等工序。图 21 - 29 为袋传输装置。

袋子转位与真空检漏装置如图 21 - 30 所示，进行真空检测时还可以吸走袋子中的微粒，提高药液的澄明度。交接后的软袋呈竖直状态，方便后面进行灌装与封口。

图 21 - 29 袋传输装置

图 21 - 30 转位与真空检漏装置

9. 灌装工位 灌装系统由稳压储液罐、控制阀、质量流量计和微处理控制单元组成。每个灌装头的装量均可通过人机界面输入或改变，装量调节方便，并能做到无袋不灌装；还设有排气装置，减少袋中的气体。图 21 - 31 所示为灌装计量装置。

灌装系统有在线清洗和在线消毒装置，如图 21 - 32 所示。通过触摸屏控制，可以实现清洗液对稳压储液罐、药液管道、质量流量计和灌装阀进行彻底清洗。将清洗液换成高温蒸汽即可进行在线消毒。

图 21 –31　灌装计量装置

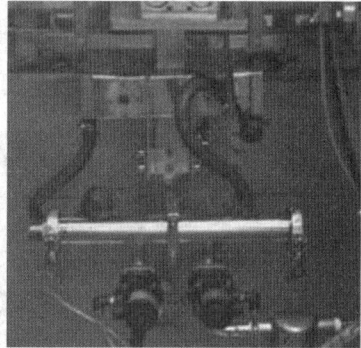

图 21 –32　在线清洗与消毒装置

10. 盖整理与热封工位　该盖整理工位采用螺旋振荡器整理外盖并用轨道输送（图 21 –33）。

热封工位由加热装置、封口装置、排气装置等组成（图 21 –34）。封口采用非接触式热熔焊接技术，能保证焊接质量，不会产生颗粒。当盖和袋子传送到位时，由伺服控制系统控制的加热片向前运动到管口与盖之间，同时对管口和盖加热，达设定时间后，加热装置后退，排气装置排出袋内部分气体，压盖头下行进行压合封口。热封工位还具有"无袋不上盖，无药不上盖"功能。

图 21 –33　螺旋振荡器与输送轨道

图 21 –34　热封工位

11. 出袋工位　本工位的气爪具有抓取、传送、释放袋子的功能。灌封完成后的软袋产品用气爪从灌装线的同步带上取下来，平稳整齐地摆放在输送带上，对于设备自检不合格的产品将自动剔除至废袋收集箱内。图 21 –35 所示为出袋工位。

三、软袋输液剂联动生产线的使用

软袋输液剂联动生产线使用操作流程如图 21 –36 所示。

图 21 –35　出袋工位

控制系统准备工作	1. 开总电源。 2. 打开电机，启动开关、加热保护断路器等保护开关。 3. 安装膜材和色带，将接口及组合盖置相应的振荡送料器内。 4. 关闭设备安全门，将钥匙旋钮置门保护有效状态。 5. 打开冷却水阀门，供应冷却水。 6. 打开加热功能，给各工位模具升温，检查温度是否达到设定值。 7. 送气后检查各个传感器有无松动等异常情况。 8. 开药液泵，检查灌装管路有无漏液情况。
气动系统准备工作	1. 检查总压缩管路的气压是否达要求。 2. 按下压缩空气开关，给设备供应压缩空气。 3. 检查各部分气路有无压缩空气泄漏现象。 4. 检查各气缸送气后是否回到初始位置。 5. 检查各工位部件有无螺丝松动、工件位置不正确等现象。 6. 检查压缩空气过滤器内是否有积水。
参数设定	1. 打开触摸屏电源，等系统自检完毕，在触摸屏显示开机画面输入操作级密码，进入主菜单画面。 2. 在主菜单按参数设定按钮进入到参数设定主画面。选择参数设定画面，移动光标选择要设置的参数，输入设置值并按"ENTER"确认。 3. 所有参数设置完成后按返回退到主菜单。
手动操作	1. 选择相应的操作工位。 2. 给相应的操作工位供电。 3. 选择关联有效。 4. 选择相应的手动操作功能进行手动操作，查看设备运行是否正常。
自动运行	1. 给所有电源供电。 2. 选择所有工位都关联。 3. 释放所有手动操作功能。 4. 检查、调整使各工位回到原点。检查机械有无卡阻，如不在原点，手动循环一周调整到原点。 5. 按自动运行，制袋灌封系统全部开始工作。运行过程中，检查印字的位置是否处于膜的中央，如不在中央，及时调整色带的位置；每生产半小时检查印字、热合、封口是否符合要求；每生产半小时，检测装量一次，若装量有偏差，及时进行调整。
停机	1. 按停止按钮，自动循环中断。 2. 按红色紧停自锁按钮，程序中断，关闭电机、加热等电源。
清场	1. 对设备进行清洁。 2. 将所有废弃物及与下批生产无关的材料撤离生产区。 3. 将机器上的膜材用内包装袋套上并扎紧；将振荡送料器中剩余的接口及组合盖用镊子取出放至相应的内包材贮存桶内，密封保存。 4. 填写批生产记录；填写并悬挂状态标志。

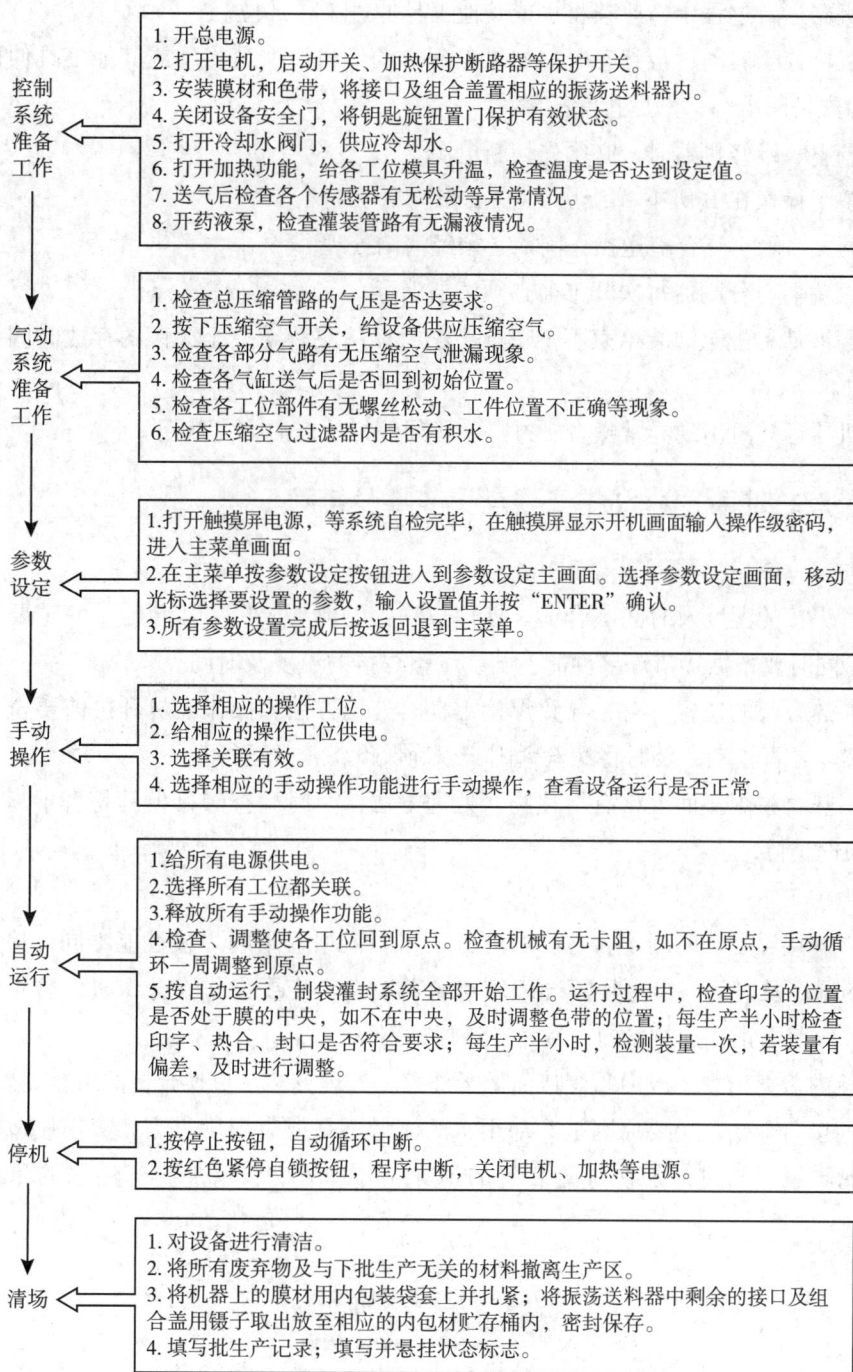

图 21-36　软袋输液剂联动生产线使用操作流程图

四、软袋输液剂联动生产线的使用注意事项

1. 机器运转过程中，严禁将手或其他工具伸进工作部位。

2. 机器处于启动运行状态时，如果出现自动停机，严禁将手或其他工具伸进工作部位必须先切断电源，然后排除故障。

3. 调整、维修机器时，必须先切断电源。

4. 整个操作在 B 级下 A 级层流罩下操作。

5. 膜、口管、复合盖送操作间前必须经清洁处理。

6. 振荡器、分割器每次开工前必须清洁消毒。

7. 药液从稀配至灌装结束不得超过 4 小时；从灌装结束至灭菌的存放时间不得超过 2 小时。

8. 机器运转时出现异常噪音、过热，必须停机检查后方可使用。

五、软袋输液剂联动生产线常见故障及排除

1. 接口与膜焊接处出现渗漏现象

（1）焊接的温度及时间不合适。处理方法：更换不同厂家接口时，一定要先作充分试机，同时要根据接口焊接性能不同，调整焊接的温度及时间。

（2）热合膜的位置不对，导致焊接不良。处理方法：操作人员开机前要全面检查相关的螺丝是否松动，及时将螺丝紧固，以确保设备正常运行。

（3）热合膜焊接面上粘有熔化物。处理方法：及时检查焊接模具是否干净，发现熔化物及时清除。

2. 焊盖不牢

（1）焊接温度、时间不合适。处理方法：要依据盖子的焊接性能不同，检查、调整焊接的温度及时间。当更换不同厂家组合盖时，一定要先作充分试机，防止出现送盖阻卡，取盖不正，加热不匀，从而导致焊接不良。

（2）内盖突出太多或内盖焊接面低于外盖。处理方法：更换合格的组合盖。

（3）接口烫伤。主要原因是冷却用水的流量不足或者温度过高，烫伤接口除影响袋子外观质量，同时还加快焊盖装置的损坏。处理方法：增加冷却用水的量或降低水温。

目标检测

一、单项选择题

1. 输液剂的包装有（　　）

    A. 玻璃瓶　　　　　B. 塑料瓶　　　　　C. 非 PVC 软袋　　D. 以上均是

2. 旋转式恒压灌装加塞机灌装容量的调整方法是（　　　）

    A. 改变压缩空气压力　　　　　　　　B. 改变活塞行程

    C. 改变量杯容积　　　　　　　　　　D. 调节触摸屏各气动隔膜泵开关时间

3. 输液剂灌装机的灌装方式有常压灌装、正压灌注、负压灌装、恒压灌装四种。量杯容积式属于（　　　）

    A. 负压灌装　　　　B. 恒压灌装　　　　C. 常压灌装　　　　D. 正压灌注

4. 旋转式恒压灌装加塞机可以完成（　　　）工艺

    A. 输瓶、灌装、压塞　　　　　　　　B. 输瓶、灌装、充氮、压塞、轧盖

    C. 输瓶、灌装、充氮、压塞　　　　　D. 以上都不对

5. 下列关于旋转式量杯负压灌装机说法不正确的是（　　　）

    A. 此灌装机属于间歇式灌装机

    B. 托瓶装置使瓶子上升与肩定位套对接，药液因压差而流入瓶内

    C. 机器转速突变时，可能会造成计量误差

    D. 具有无瓶或缺瓶不灌装功能

6. 玻璃输液瓶轧盖机的工作时，先进瓶、挂盖，接下应是（　　　）

    A. 理盖　　　　B. 压盖　　　　C. 灌装　　　　D. 充氮

7. 塑料软袋大输液属于（　　　）包装类型

    A. 封闭式　　　　B. 开放式　　　　C. 半开放式　　　　D. 以上都不对

8. 非 PVC 多层共挤膜输液袋的优点不包括（　　　）

    A. 抗低温

    B. 可重复使用

    C. 输液时自动回缩避免输液二次污染

    D. 可热压灭菌

9. 非 PVC 软袋大容量注射剂联动设备主要工位数为（　　　）

    A. 8　　　　　　B. 9　　　　　　C. 10　　　　　　D. 11

10. 软袋输液灌装设备上具有"无袋不上盖，无药不上盖"功能的工位是（　　　）

    A. 制袋工位　　　　B. 灌装工位　　　　C. 热封工位　　　　D. 出袋工位

11. 非 PVC 膜输液剂生产线的制袋部分不包括工位（　　　）

    A. 去废边　　　　B. 印字　　　　C. 开膜　　　　D. 自动上盖

12. 焊盖不牢的原因可能是（　　　）

    A. 装量不对　　　　　　　　　　　　B. 印字不清晰

    C. 焊接温度不合适　　　　　　　　　D. 没撕废边

二、思考题

1. 玻璃瓶输液剂灌装机主要有哪几种？

2. 玻璃瓶输液剂封口设备主要有哪几个部分构成？

3. 轧盖机的结构和工作流程是什么？

4. 软袋输液剂联动生产线的生产工艺流程是怎样的？

5. 软袋输液剂联动生产线的整个操作时在哪个洁净度级别完成的？

书网融合……

e 微课　　　　划重点　　　　自测题

项目二十二　包装设备

学习目标

知识要求

1. **掌握**　制袋包装机、泡罩包装机、数粒装瓶机的结构和原理。
2. **熟悉**　瓶包装生产线其他设备的结构、原理和性能。
3. **了解**　制袋包装机、泡罩包装机、数粒装瓶机的常见故障及排除。

能力要求

1. 学会按标准操作规程的要求使用制袋包装机、泡罩包装机、瓶装生产线。
2. 学会制袋包装机、泡罩包装机、数粒装瓶机的维护保养，会判断并排除常见故障。

任务一　制袋包装机

岗位情景模拟

情景描述　板蓝根颗粒制剂分装（每袋装10g）：操作工领取待装颗粒及复合膜名称、批号、物料周转卡，并具有检验合格报告单，按照SOP操作，安装好复合膜，在加料斗中加入物料，通过数字温度控制器设定好封口温度，横封温度（120±2）℃、纵封温度（110±2）℃，分装速度60袋/分钟，生产过程中，每15分钟测一次平均袋重9.7~10.3g，并及时调节，如实记录。生产中要注意观察包装后的袋是否有网纹不清晰、密封不严密、漏粉、批号印制不清等情况，发现异常应及时调节，生产中及时加料，保证料斗存料容积的1/3~2/3。

讨论　1. 板蓝根颗粒剂需要配备什么设备完成分装操作？

　　　　2. 常用的包装材料有哪些？

　　　　3. 包装袋的常用形式有哪些？

制袋包装机是指设备上面放上卷膜，机器自动成袋（尺寸大小可调）、计量、充填、封合、分切、热压批号等功能，对药物进行袋包装的设备。目前应用广泛的制袋包装机是全自动颗粒包装机。

一、全自动颗粒包装机的结构

全自动颗粒包装机主要由进料斗、成型器、纵封器、横封器、切刀、计量调节机构、打码机构等部分组成。如图 22 – 1、图 22 – 2 所示。

图 22 –1　全自动颗粒包装机实物图

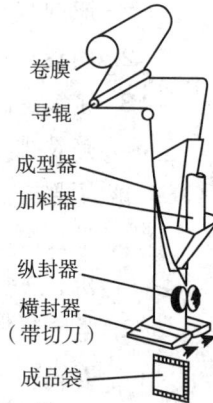

图 22 –2　全自动颗粒包装机结构示意图
1. 卷筒薄膜；2. 导辊；3. 成型器；4. 加料器；
5. 纵封滚轮；6. 横封辊（带切刀）；7. 成品袋

你知道吗

全自动颗粒包装机直接用卷筒状的热封包装材料，自动包装所有的细小颗粒及粉末状药品，包括自动完成计量充填、制袋（背封、三边封、四边封、插角袋、手拎带、四边烫袋）、自动打孔、打码、计数、封口和切断等多种功能。常用于包装散剂、颗粒剂、片剂、丸剂及流体和半流体等物料。

二、全自动颗粒包装机的工作原理

工作时，卷筒薄膜经多道导辊被引入象鼻形成型器。在成型器下端，薄膜逐渐卷曲成圆筒，接着被纵封器加热加压封合，同时薄膜受到纵封滚轮的作用被拉送。计量后的物料由加料斗与成型器内壁组成的充填筒被导入袋内。横封器将其横向封口，纵封器的回转轴线与横封器的回转轴线成空间平行，切刀将封好的料袋从横封边居中切断分开，得到三边封口袋。用于易流动颗粒或流动性差的粉粒状物料的包装。

三、全自动颗粒包装机的使用

全自动颗粒包装机的操作流程如图22-3。

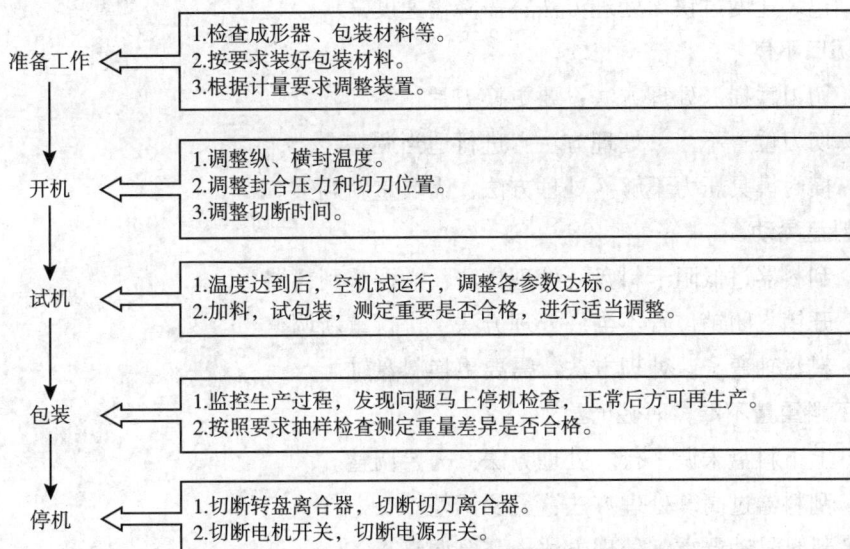

准备工作
1.检查成形器、包装材料等。
2.按要求装好包装材料。
3.根据计量要求调整装置。

开机
1.调整纵、横封温度。
2.调整封合压力和切刀位置。
3.调整切断时间。

试机
1.温度达到后，空机试运行，调整各参数达标。
2.加料，试包装，测定重要是否合格，进行适当调整。

包装
1.监控生产过程，发现问题马上停机检查，正常后方可再生产。
2.按照要求抽样检查测定重量差异是否合格。

停机
1.切断转盘离合器，切断切刀离合器。
2.切断电机开关，切断电源开关。

图22-3 全自动颗粒包装机操作流程图

四、全自动颗粒包装机常见故障及排除

全自动颗粒包装机较常见故障有运转有异常声、包装袋封口不良、包装袋不封口、包装袋封边不齐、包装袋封口夹料和切口不良等。

1. 运转有异常声 立即停机断电检查。

(1) 各传动齿轮配合不恰当。处理方法：重新调整。

(2) 横封纵封压力过大。处理方法：重新调整。

2. 包装袋封口不良

(1) 封合压力不均匀。处理方法：调整压力。

(2) 模具齿口不干净。处理方法：须用铜刷清理。

(3) 包装材料质量不好。处理方法：更换包材。

3. 包装袋不封口

(1) 封合温度不够。处理方法：调整温度。

(2) 加热件烧毁。处理方法：进行调整。

4. 包装袋封边不齐

(1) 成型器变形或不良。处理方法：要进行校正及更换。

(2) 包装材料安装调整不当。处理方法：要进行调整。

5. 包装袋封口夹料

（1）下料时间不当。处理方法：进行调整。

（2）物料流动性差。处理方法：需更换。

（3）包装速度过快。处理方法：需降慢速度。

6. 切口不良

（1）切刀磨损。处理方法：要更换刀片。

（2）切刀位置不当。处理方法：进行适当调整。

（3）横封模具压力不够。处理方法：需要重新调整。

7. 料盘晃动

（1）刮料器过低阻卡料盘。处理方法：需调整刮料器。

（2）开销、闭销位置不当。处理方法：进行重新调整。

（3）料盘轴弯了。处理方法：需要更换料盘轴。

8. 下料重量不准，时轻时重

（1）上下料盘未调平行。处理方法：需要调整。

（2）刮料器过高。处理方法：需要调整。

（3）料盘晃动严重。处理方法：需要调整。

9. 不拉袋

（1）线路故障。处理方法：检查线路。

（2）拉袋接近开关损坏。处理方法：更换拉袋接近开关。

（3）自动包装机控制器故障。处理方法：更换自动包装机控制器。

（4）步进电机驱动器故障。处理方法：更换步进电机驱动器。

> **请你想一想**
>
> 药品包装材料对药品质量的有何影响？国家对药品包装材料有何要求？

任务二 泡罩包装机 ▸微课

📋 岗位情景模拟

情景描述 人工牛黄甲硝唑胶囊包装过程：将检查合格的模具安装到铝塑包装机上，将铝塑包装机调至工作状态，安装铝塑包材。调节加热开关设定温度，热合加热95℃；批号加热135℃。达到要求后将合格的胶囊装入下料斗中，开机运行，每板装药10粒，包装合格品清点数量摆在周转容器中，每个容器中装500板，挂上标记单。

讨论 1. 物料如何准确落入泡罩窝？

2. 胶囊剂包装生产的环境有何要求？

泡罩包装机是指将被包装药物充填在底材由模具成型的泡罩状凹坑中，上面覆有铝箔，用热合方法将药品封合，经打印批号，冲切成泡罩板的机械。泡罩板所使用的材料有印刷涂布黏合层和保护层材料，分别被称为黏合剂和保护剂；用作盖材的是药用铝箔，形成凹坑用的 PVC 塑料硬片材料。常用泡罩包装可分为 PVC 片/铝箔、铝/铝、铝/塑/铝三种包装形式。常用的泡罩包装机为铝塑泡罩包装机。

一、泡罩包装机的结构

泡罩包装机的结构主要由机架、PVC 支架、充填台、成型上模、上料机、加热器、铝箔支架、热压辊、冲裁装置、压痕装置、打字装置、牵引装置等组成，如图 22 - 4 和图 22 - 5 所示。

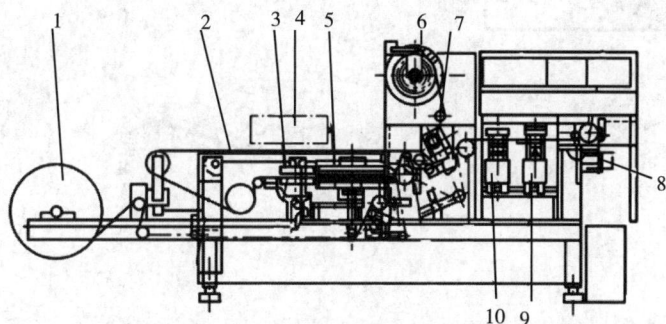

图 22 - 4　DPH 泡罩包装机结构示意图

1. PVC 支架；2. 充填台；3. 成型上模；4. 上料机；5. 加热器；
6. 铝箔支架；7. 热压辊；8. 冲裁装置；9. 压痕装置；10. 打字装置

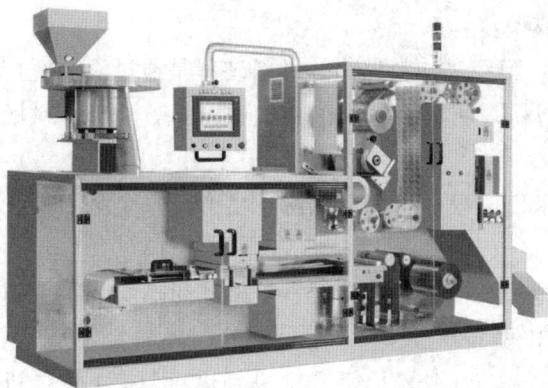

图 22 - 5　DPH 泡罩包装机实物图

请你想一想

药品包装必须按照规定印有或者贴有标签并附有说明书。标签或者说明书包含哪些内容呢？

二、泡罩包装机的工作原理

泡罩包装机工艺流程如图 22 - 6 所示。

①薄膜卷筒⇨②薄膜加热板⇨③水泡眼成形⇨④自动充填系统（选项）⇨
⑤铝箔卷筒⇨⑥热封合装置⇨⑦打码装置⇨⑧分割⇨⑨冲切⇨⑩成品

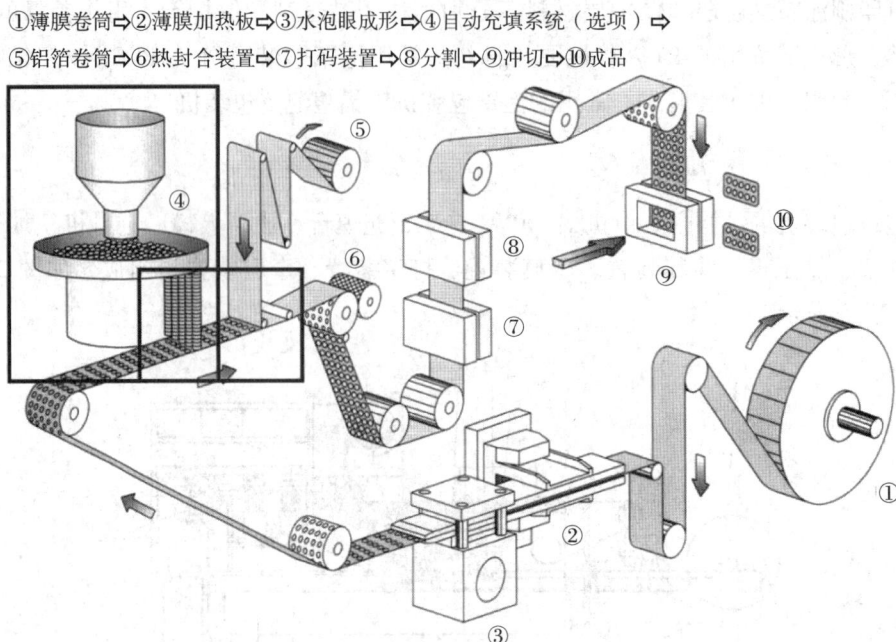

图 22 –6　泡罩包装机工艺流程图

1. 加热软化 PVC 膜　PVC 膜经 PVC 快退螺母、摆杆、PVC 导向装置牵引至成型上下加热板加热软化。

2. 泡罩成型　软化后的 PVC 膜于成型下板处，由吹气模吹气形成泡罩窝，同时设备设有冷却水装置，将 PVC 膜冷却成型。

3. 加料检整　制成泡罩窝的 PVC 膜经过加料器时，加料装置是通过滚动搅拌器转动，滚动搅拌器转动时会不断搅动药品，使药品进入落料槽中，药品沿着落料槽喂入下方的泡窝中。

4. 印刷　根据所包装新产品要求，一般会将药品名称、生产厂家、服用方法等印刷在铝箔上，然后与 PVC 膜压合。

5. 两膜汇合　铝箔经铝箔快退螺母、摆杆、转接辊、支架、铝箔调节座牵引至热封位置并与 PVC 膜对齐，覆盖在 PVC 膜上方。

6. 热封合　PVC 膜、铝箔在铝箔调节座处汇合后，前进到热封上模下方，进行热封合。

7. 压痕　热封后的铝塑包装前进到压痕装置位置，进行压痕。

8. 冲裁　最后，牵引装置、止退装置并进入冲裁位置并被裁成一片片成品板块，完成包装过程。

整个包装过程由牵引装置、止退装置配合，牵动包装膜前进。

三、泡罩包装机的使用

泡罩包装机的操作流程如图 22 –7。

准备工作 ← 1.检查设备、包装材料等。
2.按要求装好PVC膜、铝箔。

↓

开机操作 ← 1.打开电源，开启触摸屏开关。
2.设置PVC上下加热板、热封温度并启加热。
3.开启压缩空气。

↓

试机 ← 1.达到预设温度后，空机试支行，调整上下膜的行程、设备支行速度，使其正常运行。
2.先进行空包装，检查热封、压痕、冲裁是否正常。

↓

包装 ← 1.加料于料斗，开启加料器，开始生产，如生产过程发现问题，马上停机检查，正常后方可再开机生产。
2.按照要求抽样检查测定包装是否合格，监控整个生产过程。

↓

停机 ← 1.关闭各加热开关，触摸屏开关、压缩空气等。
2.切断电机开关，切断电源开关。

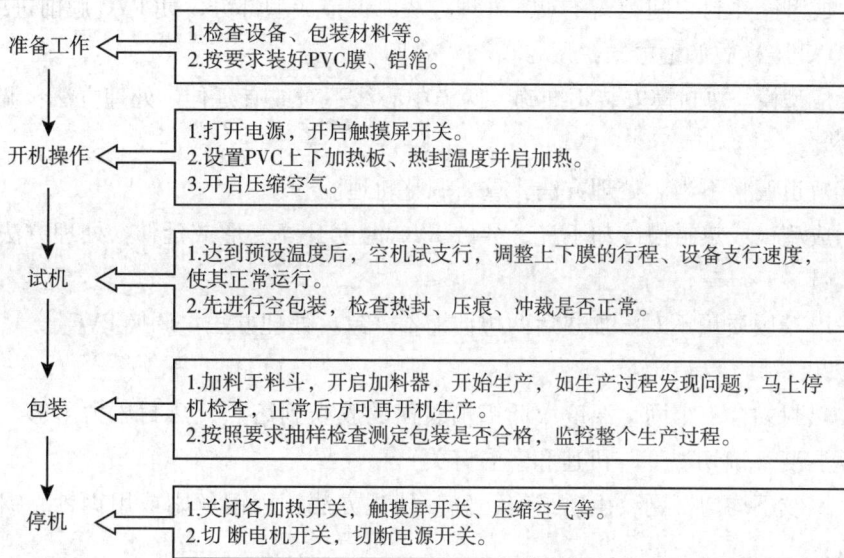

图 22 - 7 泡罩包装机操作流程图

四、泡罩包装机的使用注意事项

（1）使用前需检查冷却水、压缩空气是否到位。

（2）开启加热时，需先将压缩空气开启，使得热封气缸离开铝箔表面，以免长时间受热熔断。

（3）生产过程注意不要用手触摸加热部位，以免烫伤。

（4）正式生产前，先要确定泡罩成型、热封、冲裁是否正常，才可加料生产。否则易造成药品和包装材料的浪费，及设备故障。

（5）成形、热封、压痕等部位压力不宜过大，否则影响使用。

（6）生产结束后，按 SOP 进行车间的清场及设备的清洁。

五、泡罩包装机常见故障及排除

泡罩包装机较常见故障有泡罩成型不良、热封不良、铝箔被压透等。

1. 泡罩成型不良

（1）成型模的上下模不平行。处理方法：调节立柱盖形螺母使上下模吻合时密封良好。

（2）密封圈损坏。处理方法：更换密封圈。

（3）空气压力不宜。处理方法：调节压力至适合大小。

（4）吹气时间不对。处理方法：调整吹气凸轮位置。

2. 塑片泡罩未能准确进入热封模孔

（1）走过或未走到位，行程未调对。处理方法：测量每板行程长度，如有差距，可调节调节手柄缩小或增大行程。

（2）成型至热封之间距离不对。处理方法：调节成型部分，使 PVC 膜前进或后退。

3. PVC 膜横向偏位或单边紧松

（1）成型模与热封模安装不准确，两模中心线不对或有延伸。处理方法：调整成型模与热封模。

（2）轨道调整不当。处理方法：重新调整轨道。

（3）成型模或热封模冷却不良，导致 PVC 温度升高变形或延伸。处理方法：增加冷却水流量。

（4）PVC 膜质量不对，加热后两边伸缩不一致。处理方法：调换 PVC。

4. 热封不良

（1）热封黏合不牢固，温度太低铝箔表面的胶未到熔点，热封压力不够。处理方法：调高温度（确切温度与机速和室温有关）。

（2）网纹不均匀，网纹生锈或有污物。处理方法：用钢丝刷或用钢针、锯条磨尖清理污物。

（3）热封模的上下模不平行。处理方法：调节上下模平面平行。

5. 热封铝箔被压透

（1）热封温度太高。处理方法：降低热封温度。

（2）热封压力太大。处理方法：降低热封压力。

（3）网纹板上有污物。处理方法：清除网纹板上的污物。

6. 铝箔斜皱

（1）铝箔单边松紧。处理方法：调节调程板，向前或向后移动，改变转节辊平行度。

（2）铝箔压辊不平行。处理方法：使压辊与轨道平面平行。

（3）成型模或热封模安装不正。处理方法：调整成型模或热封模。

7. 冲裁不良

（1）冲裁直向偏位，行程式未调对。处理方法：调节冲裁移动手柄使冲切站向前或向后移动。

（2）冲裁横向偏位，冲裁（牵引）模安装不正。处理方法：重新调整冲裁（牵引）模或轨道。

你知道吗

铝塑泡罩包装主要是由聚氯乙烯片（PVC）和 0.02mm 厚的铝箔制成。泡罩包装已成为西药片剂和胶囊的最主要的包装方式。我国中药片剂、散剂、胶囊、粒丸等包装，正逐步从纸袋、简易塑料袋、玻璃瓶包装变为铝塑泡罩包装。泡罩包装具有防潮、携带方便、安全卫生等优点，随着药品缓释技术的发展，该包装市场将更加广阔。当药品需要遮光保存时，可采用双铝泡罩包装，铝是地壳中储量最丰富的金属元素，又具有诸多优秀的性能，是一种理想的可用于食品及其他产品包装的金属材料，铝对人体是安全的，双铝泡罩包装是药品做到良好的密封遮光性，会使药品质量更稳定。

任务三 瓶包装生产线

岗位情景模拟

情景描述 阿莫西林克拉维酸钾片分装：生产前用75%乙醇擦拭、风干模具和设备，将空瓶放于理瓶机上，开启铝箔封口机、自动理瓶，将糖衣片放于料斗中，数片装瓶机开始计数、装瓶，随时检查瓶口是否封口和外观质量。瓶包结束后，填写请检单，通知QA取样检验。按照相关工业规程进行清洁，由QA检验合格，发放清场合格证，做好相关记录。

讨论 1. 阿莫西林克拉维酸钾片需要配备什么设备完成分装操作？

　　　 2. 瓶包装常用的包装材料有哪些？

　　　 3. 数粒装瓶机计数原理是什么？

固体成形药物如片剂、胶囊剂、丸剂等采用瓶包装形式非常广泛。瓶包装生产线一般包括理瓶机、数粒机、塞入机、旋盖机、封口机、贴标签机等，如图22-8所示。其中数粒机是至关重要的一个环节，目前应用广泛的数粒装瓶机是电子数粒机。

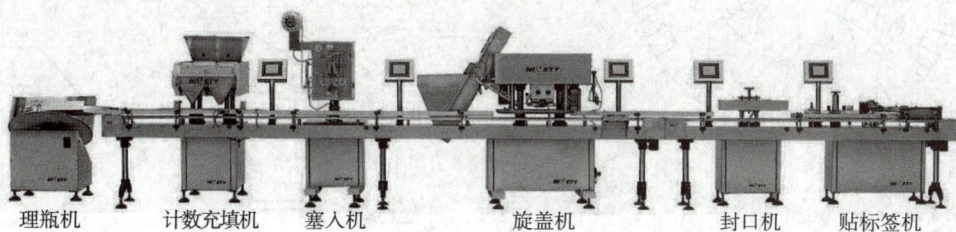

理瓶机　　　计数充填机　　塞入机　　　　旋盖机　　　　封口机　　贴标签机

图 22-8　固体制剂塑瓶包装线

一、理瓶机

（一）理瓶机的结构

全自动理瓶机主要由贮料斗、理瓶盘、翻瓶机构、出瓶机构、传感器、控制系统等组成（图22-9）。

（二）理瓶机的工作原理

人工或自动将产品装入储料舱，并通过提升机构导入料桶，根据产品规格转盘以一定的速度旋转，将产品沿桶壁导入分瓶机构，再经理瓶输送带进入理瓶机构，理顺瓶口方向，再经理瓶输送带和扶正带将产品翻转至正确方向，导出进入下道工序（产品输送带）。如图22-10所示。

图 22 - 9 全自动理瓶机实物图

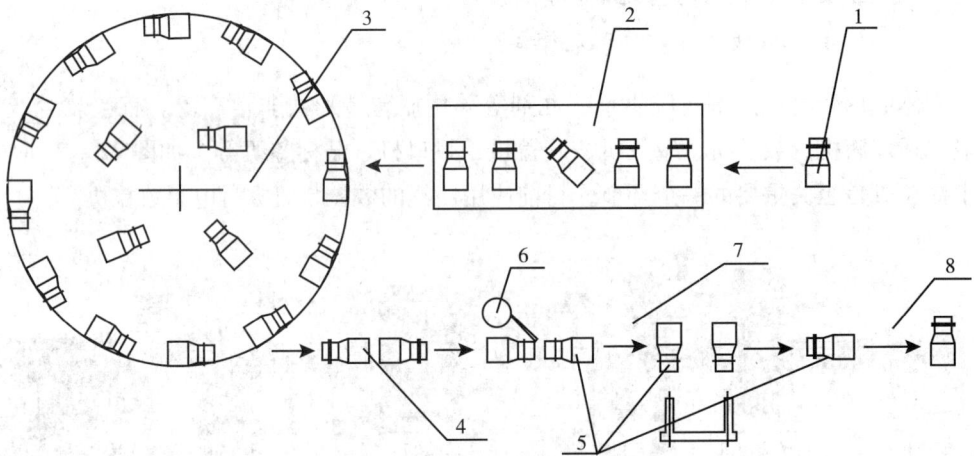

图 22 - 10 理瓶的结构及原理图

1. 产品；2. 储料舱；3. 料桶；4. 分瓶机构；5. 理瓶机构；

6. 定向钩；7. 理瓶输送带；8. 扶正带

二、数粒机

按照工作原理的不同，数粒技术可分为三代：机械数粒技术、光电数粒技术和静电场数粒技术。其中第三代静电场数粒技术的成熟度和稳定性有待观察。因此，目前国内使用的数粒技术以第一代和第二代为主。

机械式数粒技术又可分为转盘式和履带（条板）式，本书介绍圆盘筛动数粒机（转盘式空位法计数）。光电式数粒技术又分为振盘式和转盘式，本书介绍多通道电子数粒机（振盘式红外计数）。

（一）圆盘筛动数粒机（转盘式空位法计数）

1. 圆盘筛动数粒机的结构　筛动数粒机主要是由带围边的平底圆盘、数片模板、驱动电机、落药接斗等所组成，如图 22 - 11 和图 22 - 12 所示。

图 22 − 11　圆盘筛动数粒机实物图

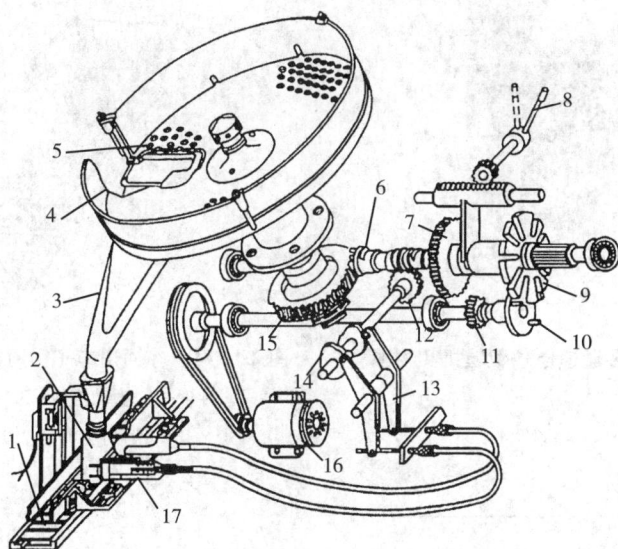

图 22 − 12　圆盘筛动数粒机结构图

1. 输瓶带；2. 药瓶；3. 落药斗；4. 托板；5. 带孔模版；6. 蜗杆；7. 直齿轮；
8. 手柄；9. 槽轮；10. 拨销；11. 小直齿轮；12. 蜗轮；13. 摆动杆；14. 凸轮；
15. 大蜗轮；16. 电机；17. 定瓶器

2. 圆盘筛动数粒机的工作原理　工作时，圆盘内存积一定数量的药片或胶囊，药粒一边随孔板转动，一边靠自身的重量沿斜面滚到孔板的最低处落入小孔中，填满小孔的药片随孔板旋转到圆盘缺口处，通过落片斗落入药瓶。注意孔板速度不能过高（0.5 ~ 2r/min），因为必须要与输瓶带上的药瓶移动频率匹配，并且速度太快将产生离心力，药粒不能在孔板上靠自重滚动。当改变装瓶粒数时，只需要更换孔板即可。

你知道吗

空位法数粒是数粒机的经典和基础，广泛应用于固体制剂的灌装岗位，但数粒的精度低是其应用过程中存在的最大障碍，正逐步趋于淘汰。药厂可以从实际出发，配备相应的缺粒检测装置。如人工智能光电扫描系统，以通过补片装置及时补入瓶内，也可剔除缺片药瓶。还可使用人工智能 CCD 图像视觉系统，以对空位扇区进行缺粒图像分析，从而判断是否缺粒。不过检测装置价格一般要远远大于这种数粒机的价格。

（二）多通道电子数粒机

1. 多通道电子数粒机的结构　电子数粒机主要由振动盘供料系统、升降调节机构、瓶子定位系统、传送系统、错误剔瓶系统、PLC 控制系统、机架等部分组成。如图 22 – 13 和图 22 – 14 所示。

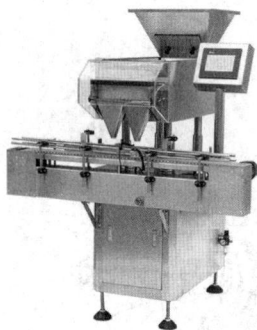

图 22 – 13　多通道电子数粒机实物图

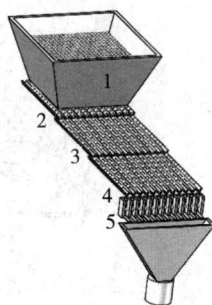

图 22 – 14　多通道电子数粒机结构示意图
1. 料斗；2. 振动槽板；3. 计数通道；
4. 滑动阀门；5. 漏斗

你知道吗

药品的包装分内包装与外包装

内包装系指直接与药品接触的包装，如安瓿、注射剂瓶、片剂或胶囊剂泡罩包装铝箔等。药品内包装的材料、容器（药包材）的更改，应根据所选用药包材的材质，做稳定性试验，考察药包材与药品的相容性。外包装系指内包装以外的包装，按由里向外分为中包装和大包装。外包装应根据药品的特性选用不易破损、防潮、防冻、防虫鼠的包装，以保证药品在运输、贮藏过程中的质量。

2. 多通道电子数粒机的工作原理　工作时，药粒装入料仓，通过适当调整三级振动送料器的振动频率，使药粒沿着振动槽板的多条轨道变成连续不断的条状直线下滑至落料口，逐粒落入多条光学检测通道内。当药粒下落时，通过光电传感器（电眼）产生的脉冲信号输入到高速 PLC 编程控制器，再通过电路和程序的配合实现计数功能，并收集在通道下阀门上，达到设定装瓶量时，关闭通道上阀门，同时打开下阀门，使下料斗内的药粒通过料嘴落入药瓶内，然后关闭下阀门，打开上阀门、驱动汽缸，使药瓶下移一个瓶位。如此循环往复，完成药粒的计数装瓶过程。

3. 多通道电子数粒机的使用

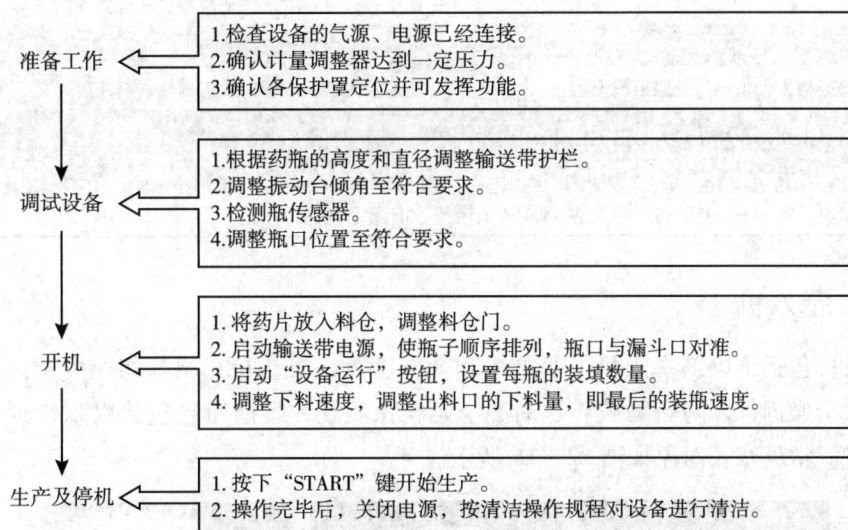

准备工作	1.检查设备的气源、电源已经连接。 2.确认计量调整器达到一定压力。 3.确认各保护罩定位并可发挥功能。
调试设备	1.根据药瓶的高度和直径调整输送带护栏。 2.调整振动台倾角至符合要求。 3.检测瓶传感器。 4.调整瓶口位置至符合要求。
开机	1.将药片放入料仓，调整料仓门。 2.启动输送带电源，使瓶子顺序排列，瓶口与漏斗口对准。 3.启动"设备运行"按钮，设置每瓶的装填数量。 4.调整下料速度，调整出料口的下料量，即最后的装瓶速度。
生产及停机	1.按下"START"键开始生产。 2.操作完毕后，关闭电源，按清洁操作规程对设备进行清洁。

图 22 - 15 多通道电子数粒机操作流程图

4. 多通道电子数粒机的使用注意事项

（1）控制一级料道的送料速度，应保证进入二级料道的药片顺序排列不重叠，而且在三级料道上药片之间应有一定间隙。

（2）直线料道的振动源在出厂时已经调好，用户不得私自调整。

（3）每天作业前用压缩空气清洁圆形计数管道内部和光电管表面，保证光电计数通道的畅通。

（4）在对设备进行机械操作前，必须先停机，必要时关闭电源和气源。

（5）设备运转时，防护门、窗、罩等均不得打开。

5. 多通道电子数粒机常见故障及排除 电子数粒机较常见故障有数粒不准确等。

（1）光电探头不计数。开机前通道内光电计数探头内有物体存在，处理方法：保证通道内无异物，重新开机。

（2）光电计数探头自己计数。

1）如探头前有杂物。处理方法：应及时清洗通道、探头。

2）通道板固定不紧，在振台或是生产后有和电眼的相对运动，造成了人为的药粒信号。处理方法：检查关门机构，固定通道板，严格防止通道板有相对运动。

（3）药片计数不准确，多粒或少粒。药片计数不准确的主要原因及故障排除见表 22 - 1。

表 22 - 1　药片计数不准确的主要原因及故障排除

药片计数不准确的主要原因	故障排除
气源压力不够	气源要保证大于 0.5MPa 压力
漏斗口没对准瓶口	漏斗口要对准瓶口
换瓶不及时	调整输送带速度，保证换瓶快速可靠
漏斗堵塞	清除漏斗内堵塞积存的药片
直线送料器振幅太大，药片受振出现上跳	通过直线料道的调速按钮调整送料速度
一级料道送料太快，药片在三级料道上重叠，同时进入计数管道	通过直线料道的调速按钮调整送料速度
计数阀门没有关闭，下一瓶的药片落入前一瓶中	关闭计数阀门

三、塞入机

塞入机包括干燥剂塞入机、塞纸机和药棉塞入机等。在充填药物瓶内塞入纸、棉花或袋状干燥剂，以防药物破碎、潮湿与延长保质期，目前瓶装包装以塞纸或袋状干燥剂为多。常见塞入对象如图 22 - 16 所示。

袋状干燥剂　　　　卷盘纸　　　　药棉

图 22 - 16　塞入机塞入对象

（一）干燥剂塞入机的结构

干燥剂塞入机主要由送料、断料与塞入等部件组成（图 22 - 17）。

（二）干燥剂塞入机的工作原理

工作时，采用光电定位、步进电机驱动、智能控制送料长度等技术，控制干燥剂带传送的松紧度、自动识别干燥剂连接缝处的标识；同时，在输送带侧面装有光电传感器对缺瓶与堵瓶进行检测，将此信号传至 PLC 编程控制器，由其发出投料、停止、定瓶或放瓶等机台运行指示，准确快速地将袋装干燥剂进行自动切割、自动塞入瓶内。

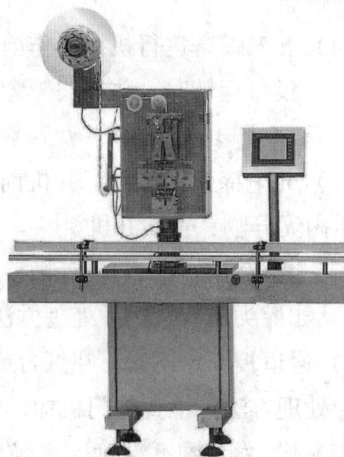

图 22 - 17　干燥剂塞入机实物图

四、旋盖机

(一) 旋盖机的结构

旋盖机主要由输送轨道、送盖装置、旋盖装置、压盖装置等组成（图 22 - 18）。

(二) 旋盖机的工作原理

工作时，将需旋盖的瓶子放在设备进口处链板上（或从其他流水线直接送到链板上），由调距装置将瓶子分割成等距排列进入落盖区域。在瓶子被两边夹瓶装置夹紧向前移动时自动将瓶盖套上，压盖装置在旋盖前先将瓶盖压至预紧状态，在三对高速旋转的耐磨橡胶轮的作用下，瓶盖紧紧地旋在瓶身上。在旋盖过程中，接触瓶身和瓶盖的均为非金属零部件，最大程度减少了对瓶身和瓶盖的磨损，整个旋盖过程噪音小、速度快。

图 22 - 18　旋盖机实物图

五、电磁感应封口机

(一) 电磁感应封口机的结构

电磁感应封口机主要由电源供应器、感应器、升降机构、冷却系统及其他选配件构成（图 22 - 19，图 22 - 20）。

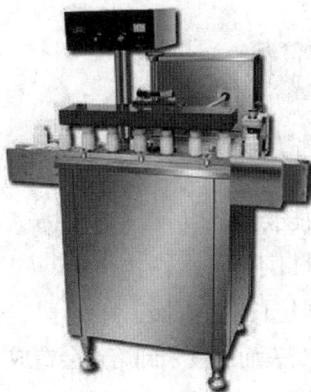

图 22 - 19　电磁感应封口机实物图

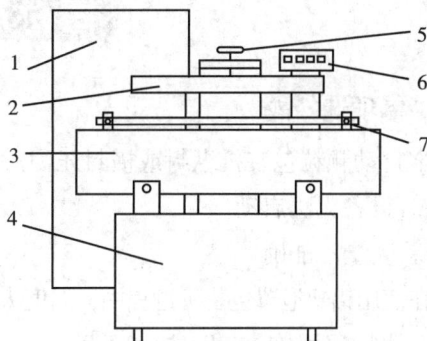

图 22 - 20　电磁感应铝箔封口机结构图

1. 电源箱；2. 感应器；3. 输送带；4. 机架；
5. 升降机构；6. 控制箱；7. 挡瓶杆

(二) 电磁感应封口机的工作原理

工作时，先将纸垫、铝箔、密封层三合一密封片塞入瓶盖，当旋好盖的瓶子随输送带经过封口机的感应器密封线圈下方时，感应线圈产生的交变磁力线穿过瓶盖内的复合铝箔，在铝箔上感应出环绕磁力线的电流——涡流；涡流直接在铝箔上形成一个闭合电路，使电能转化为热能，在极短时间内加热至需要的温度，将铝箔中的纸板层与铝箔层之间的粘结剂熔化，胶水被纸板吸收、纸板与铝箔分离；铝箔表面的密封层也受热熔化，使铝箔与容器口紧密粘牢，达到封瓶的目的。

请你想一想
药品包装有什么具体要求？

你知道吗

药品包装、标签和说明书管理规定是执业药师《药事管理与法规》科目考试比较常见的考点之一。主要内容如下。

1. 药品包装、标签及说明书必须按照国家药品监督管理局规定的要求印刷，不得加入未经批准的内容，也不得夹带未经批准的宣传产品和资料。

2. 所用文字必须以中文为主，并使用规范化汉字。

3. 药品的通用名必须用中文显著标示，通用名与商品名用字的比例不得小于1：2。

4. 药品商品名称必须经国家药品监督管理局批准后，方可标注。

5. 内包装应能保证药品在生产、运输、贮藏及使用过程中的质量，并便于医疗使用。

6. 外包装应根据药品的特性选用不易破损的包装，保证药品在运输、贮藏和使用过程中的质量。

7. 内包装必须标注药品名称、规格及生产批号。

8. 药品的最小销售单元的包装必须印有或贴有标签并附有说明书。

9. 由于尺寸原因，标签标注项目有限时，应注明"详见说明书"的字样。

目标检测

一、单项选择题

1. 全自动颗粒包装机纵封或横封压力过大可能会造成（　　）
   A. 设备无法启动　　　　　　B. 封口不严
   C. 装量不准确　　　　　　　D. 制袋长度不固定

2. 在使用铝塑泡罩包装机过程中，温度太低铝箔表面的胶未到熔点会造成（　　）
   A. 网纹不均匀　　B. 加料不良　　C. 粘合不牢固　　D. 铝塑起皱

3. 受热成塑性的塑膜片材被吸（吹）成规定形状的光滑泡罩的结构是（　　）
   A. 成型器　　　B. 填充器　　　C. 加热器　　　D. 放卷部

4. 胶囊的包装过程中，包装好的板块在（　　）上打印出批号以及压出撕裂线等
   A. 夹送装置　　B. 打印装置　　C. 成型器　　　D. 冲裁部

5. 电子数粒机清洁时，以下元件中一般不需要清洁的是（　　）
   A. 电子元件　　B. 气动元件　　C. 汽缸弹簧　　D. 阀

6. 电子数粒机结构不包括（　　　）

 A. 供料斗　　　　B. 压盖装置　　　C. 振动输送装置　D. 下料装置

7. 理瓶机主要结构不包括（　　）

 A. 振动电机　　　B. 拨瓶电机　　　C. 翻瓶板　　　　D. 滑动阀

8. 药包装生产线不包括（　　）

 A. 理瓶机　　　　B. 数粒机　　　　C. 包衣机　　　　D. 旋盖机

9. 全自动颗粒包装机的结构不包括（　　　）

 A. 切刀　　　　　B. 排出阀　　　　C. 横封器　　　　D. 成型器

10. 电磁感应封口机主要的结构不包括（　　　）

 A. 感应器　　　　B. 通风系统　　　C. 升降机构　　　D. 冷却系统

11. 全自动颗粒包装机是（　　　）

 A. 内包装设备　　　　　　　　　　B. 外包装设备

 C. 内、外包装都可以　　　　　　　D. 以上都不是

12. 全自动颗粒包装机可以用于包装（　　　）

 A. 颗粒剂　　　　B. 粉剂　　　　　C. 液体　　　　　D. 以上都可以

13. 铝塑泡罩包装机是（　　　）

 A. 外包装设备　　　　　　　　　　B. 内包装设备

 C. 内、外包装都可以　　　　　　　D. 以上都不是

14. 铝塑泡罩包装机不可以用于包装（　　　）

 A. 丸剂　　　　　B. 片剂　　　　　C. 粉针剂　　　　D. 胶囊剂

15. 在充填药物瓶内加入纸或袋状干燥剂防止药物破碎、潮湿的设备是（　　　）

 A. 理瓶机　　　　B. 旋盖机　　　　C. 塞入机　　　　D. 封口机

二、思考题

1. 某药厂在使用铝塑泡罩包装机对硬胶囊剂进行包装时，出现泡罩成型不良的现象。请分析出现问题的原因，并提出解决办法。

2. 在使用电子计数充填机生产过程中药片计数不准确，多粒或少粒。请分析出现问题的原因，并提出具体解决方案。

3. 简述理瓶机的工作原理。

4. 全自动颗粒包装机生产时，出现包装袋封口不良的现象。请分析出现问题的原因，并提出解决办法。

书网融合……

微课　　　　划重点　　　　自测题

参考答案

项目一

一、选择题

1. A　2. B　3. A　4. C　5. D　6. D　7. A　8. C　9. B　10. C　11. D　12. C

项目二

一、选择题

1. BC　2. BCD　3. ABD　4. BC　5. ABCD　6. AC　7. BD

项目三

一、选择题

1. C　2. D　3. D　4. B　5. C　6. C　7. B　8. C　9. B　10. B

项目四

一、单项选择题

1. D　2. B　3. A　4. D　5. C　6. A　7. A

二、多项选择题

1. ABCD　2. ABCD　3. ABCD

项目五

一、选择题

1. B　2. D　3. B　4. A　5. B　6. D　7. B　8. D　9. B　10. A

项目六

一、单项选择题

1. D　2. B　3. D　4. D　5. C

二、多项选择题

1. ABCD　2. AB　3. AC　4. ABCD　5. ABCD

项目七

一、单项选择题

1. D　2. D　3. D　4. D　5. D

二、多项选择题

1. AB　2. AB

项目八

一、单项选择题

1. D　2. D　3. C　4. D　5. A　6. A　7. A

二、多项选择题

1. ABD　2. AB　3. AC　4. ABCD　5. ABCD　6. ABC

项目九

一、单项选择题

1. D 2. B 3. C 4. D 5. B 6. A 7. A 8. D 9. D 10. B

项目十

一、单项选择题

1. D 2. A 3. B 4. D 5. B

项目十一

一、单项选择题

1. A 2. D 3. B 4. B 5. C 6. C 7. A 8. B 9. D 10. A

项目十二

一、单项选择题

1. D 2. C 3. D 4. D 5. C 6. B 7. D 8. B

项目十三

一、单项选择题

1. B 2. D

二、多项选择题

1. ABCD 2. ABCD

项目十四

一、单项选择题

1. A 2. C 3. B 4. A 5. C

二、多项选择题

1. ABCDE

项目十五

一、单项选择题

1. A 2. A 3. C 4. C 5. D 6. C

二、多项选择题

1. ABC 2. ABC 3. ABC 4. ABC 5. ACD 6. ABCD 7. ABC 8. ABCD 9. ABCD

项目十六

一、单项选择题

1. B 2. C 3. A 4. A 5. C 6. A 7. A 8. B 9. D

二、多项选择题

1. ABCD 2. CD 3. ABCD 4. ABCD 5. AB 6. ABCD

项目十七

一、单项选择题

1. B 2. A 3. B 4. D 5. D

二、多项选择题

1. ABCD　2. ABC　3. ABCD　4. ABCD　5. ABCD　6. ABCDE　7. ABCD

8. ABCD　9. ABCD

项目十八

一、选择题

1. B　2. B　3. A　4. A　5. D　6. A　7. C　8. D　9. D　10. A　11. B　12. D

项目十九

一、选择题

1. C　2. D　3. A　4. C　5. A　6. D　7. B　8. C　9. D　10. C　11. C　12. A　13. D

14. C　15. A

项目二十

一、选择题

1. C　2. C　3. D　4. B　5. B　6. B　7. D　8. C　9. A　10. D　11. D　12. A　13. B

项目二十一

一、选择题

1. D　2. D　3. A　4. C　5. C　6. B　7. C　8. B　9. D　10. C　11. D　12. C

项目二十二

一、选择题

1. A　2. C　3. A　4. B　5. A　6. B　7. D　8. C　9. B　10. B　11. A　12. D　13. B

14. C　15. C